全球生态环境遥感监测 2013 年度报告

廖小罕 施建成 等 编著

科学出版社

北京

内 容 简 介

"全球生态环境遥感监测年度报告"旨在利用全球的多源卫星遥感数据，遴选合适的主题，对反映全球生态环境变化的多种要素进行动态监测，形成一系列全球、重点区域和全国的生态环境遥感数据产品，完成全球范围、热点区域和全国不同时间尺度、不同空间分辨率的生态环境遥感监测和评价，编制基于遥感信息的全球、重点区域和全国生态环境分析的年度评估报告。年报关注与全球生态环境、人类可持续发展密切相关的要素的变化动态，正在逐步形成较为全面的监测体系，力求从生态、环境、社会、人文等多个层面反映全球生态环境变化的状态。

本书集成了2013年度报告的四个分报告，包括陆地植被生长状况、大型陆表水域面积时空分布、大宗粮油作物生产形势、城乡建设用地分布状况等内容，面向各国政府、研究机构和国际组织的遥感、生态、全球变化和农业估产等领域的研究和管理人员，可为环境问题研究和制定环境政策提供依据。这些报告及数据产品可在国家综合地球观测数据共享平台网站（www.chinageoss.org/dsp/home/index.jsp）免费获取，欢迎各研究机构、政府部门和国际组织下载使用。

审图号：GS（2014）1176号

图书在版编目（CIP）数据

全球生态环境遥感监测2013年度报告／廖小罕等编著．－北京：科学出版社，2014.12

ISBN 978-7-03-042503-4

Ⅰ.①全… Ⅱ.①廖… Ⅲ.①环境遥感—应用—生态环境—全球环境监测—研究报告—2013 Ⅳ.①X835

中国版本图书馆CIP数据核字（2014）第263345号

责任编辑：彭胜潮 苗李莉 朱海燕／责任校对：韩 杨
责任印制：赵德静／装帧设计：北京美光设计制版有限公司

科 学 出 版 社 出版
北京东黄城根北街16号
邮政编码：100717
http://www.sciencep.com

中国科学院印刷厂 印刷

科学出版社发行 各地新华书店经销

*

2014年12月第 一 版 开本：889×1194 1/16
2014年12月第一次印刷 印张：19 3/4
字数：540 000

定价：228.00元
（如有印装质量问题，我社负责调换）

全球生态环境遥感监测2013年度报告

编写委员会

主　任　　廖小罕　国家遥感中心

　　　　　　施建成　遥感科学国家重点实验室／中国科学院

　　　　　　　　　　遥感与数字地球研究所、北京师范大学

副主任　　李加洪　国家遥感中心

　　　　　　牛　铮　遥感科学国家重点实验室／中国科学院

　　　　　　　　　　遥感与数字地球研究所、北京师范大学

　　　　　　梁顺林　北京师范大学

　　　　　　宫　鹏　清华大学

　　　　　　吴炳方　中国科学院遥感与数字地球研究所

　　　　　　陈　军　国家基础地理信息中心

　　　　　　张松梅　国家遥感中心

《陆地植被生长状况》报告编写组

组　长：梁顺林

成　员：（按贡献大小排列）

李升峰　刘素红　高志海　田国良　牛　铮　千怀隧　刘　闯　柳钦火
张松梅　刘　爽　范贝贝　李世华　肖志强　赵　祥　江　波　仲　波
梁博毅　公慧珍　顾礼彬　陈思怿　李佳祺　赵　静　王立钊

《大型陆表水域面积时空分布》报告编写组

组　长：宫　鹏

成　员：（按贡献大小排列）

付　薇　孙芳蒂　段洪涛　胡变运　殷永元　刘　爽
梁　璐　程　渠　王晓昳　李丛丛　李纹宇

《大宗粮油作物生产形势》报告编写组

组　长：吴炳方

成　员：（按贡献大小排列）

René Gommes　张　宁　张　淼　曾红伟　邹文涛　郑　阳　闫娜娜
Anna van der Heijden　李中元　陈　波　冯学良　常　胜　邢　强
Jiratiwan Kruasi

《城乡建设用地分布状况》报告编写组

组　长：陈　军

成　员：（按贡献大小排列）

陈利军　廖安平　李　然　詹庆明　翟　健　鲁　楠　彭　舒　武　昊
何超英　张宏伟　韩　刚　刘吉羽　张宇硕　匡文慧　周　文　李　阳
封　宇　梁玉晶　刘爱琳　乌仁图雅

全球生态环境遥感监测2013年度报告工作专家组

组　　长：郭华东

副组长：李加洪　牛　铮

成　　员：（按姓氏汉语拼音排序）

曹春香　陈　军　陈良富　高志海　宫　鹏　宫阿都　李增元　梁顺林
林明森　刘　闯　刘纪平　柳钦火　卢乃锰　千怀遂　唐新明　王　成
王　桥　王纪华　吴炳方　吴志峰　徐　文　殷永元　张增祥

全球生态环境遥感监测2013年度报告工作顾问组

组　　长：徐冠华

副组长：童庆禧　郭华东

成　　员：（按姓氏汉语拼音排序）

陈拂晓　陈镜明　傅伯杰　谷树忠　何昌垂　金亚秋　李纪人　李朋德
李小文　刘纪远　孟　伟　秦大河　施建成　唐守正　田国良　王光谦
吴国雄　武国祥　徐希孺　姚檀栋　张国成　周成虎

　　近代以来，全球气候变暖、水资源匮乏、环境污染、生物多样性锐减、土地荒漠化等重大生态环境问题日益突出，不仅影响全球经济、社会的可持续发展，而且以越来越快的速度威胁着人类生存的基础。因此，生态环境的保护问题受到国际社会的高度关注。

　　中国政府一贯重视生态环境的保护和建设，在科学研究、政策制定和行动落实等层面开展生态环境研究与保护等工作。作为重要的技术保障措施，中国逐步建立了气象、资源、环境和海洋等地球观测卫星应用体系，观测能力日益提高。同时，作为地球观测组织（GEO）的创始国和联合主席国，中国正努力推动在GEO框架下向世界开放共享地球观测数据并提供相关的全球信息产品和服务。

　　为满足全球生态环境变化监测和积极应对全球变化的需要，在中国参加GEO工作部际协调小组的领导下和国务院办公厅、财政部的支持下，科学技术部按照"部门协同、内外结合、成果集成、数据共享、国际合作"的基本思路，于2012年启动了"全球生态环境遥感监测年度报告"工作。为保证年报工作的高效组织和年报质量，国家遥感中心（GEO中国秘书处）与遥感科学国家重点实验室共同组建生态环境遥感研究中心，建立了年报工作合作的长效机制，成立了顾问组、专家组和编写组。在全球空间遥感信息报送和年度报告工作专项（1061302600001）和863计划地球观测与导航技术领域相关研究成果的共同支持下，各编写组以GEO框架下国家综合地球观测数据共享服务工作为依托，进一步整合和分析数据形成年报。

　　2013年5月，科学技术部向国内外正式公开发布了《全球生态环境遥感监测2012年度报告》陆地植被生长状况和陆表水域面积分布状况两个分报告及其数据集产品，全球生态环境变化遥感分析首次出现了中国公布的权威数据，在国内外产生了广泛和积极的影响。为了满足国际社会和公众的需要，《全球生态环境遥感监测2013年度报告》的内容扩展为陆地植被生长状况、大型陆表水域面积时空分布、大宗粮油作物生产形势、城乡建设用地分布状况四个方面，既保持了继承性，又强调发展性和对全球生态热点内容的跟踪。继承性体现为在上年度陆地植被和水域面积监测成果的基础上，进一步分析全球植被生长变化对全球变化和重大事件的响应，并加强对全球水循环和供水安全更为重要的大型水域的面积变化动态监测。新增加的大宗粮油作物生产形势，既关系全球粮食安全，又与农业生态环境保护紧密相关，而全球城乡建设用地变化更是影响近几十年全球生态环境变化，乃至全球经济社会发展的最重要因素之一。

2013年度报告中相关数据集产品的构建，除使用了MODIS、AVHRR、TM等国外卫星传感器观测数据外，还进一步加大了风云气象卫星、中巴资源卫星、环境减灾卫星等国产卫星观测数据的应用，支持了2013年度报告工作的顺利开展。

全球生态环境遥感监测年报是一项开拓性和长期性的工作，今后将进一步扩展监测内容，加强数据产品的完善、验证和综合分析，每年选择合适的主题形成报告向全球发布，致力于为各国政府、研究机构和国际组织的环境问题研究和制定环境政策提供依据，加深社会公众对全球生态环境状况的理解，同时为推动中国GEO工作的深入开展作出积极贡献。

目 录

第二部分　大型陆表水域面积时空分布

目 录

第三部分　大宗粮油作物生产形势

第四部分　城乡建设用地分布状况

目 录

第一部分
陆地植被
生长状况

全球生态环境
遥感监测
2013
年度报告

>> 2012年全球陆地植被
生长状况

>> 全球陆地植被生长变化
及其显著区分析

>> 1982～2012年全球陆地植被
生长动态变化

>> 中国植被生长及其变化

全球生态环境
遥感监测
2013
年度报告

一、引 言

1.1 背景与意义

为满足全球尺度、长时间序列陆地生态环境遥感监测的需求，国家高技术发展研究计划（863计划）在地球观测与导航技术领域组织国内优势科技力量，研发了具有自主知识产权的全球陆表特征参量遥感数据集产品（GLASS）生产系统，生成了在国际上独具特色的长时间序列全球陆地植被叶面积指数（LAI）遥感产品（空间分辨率优于5km，时间分辨率8天，全年监测46次），于2012年首次向全球发布。叶面积指数是单位地表面积上植物单面绿叶面积的总和，是陆地植被的一个重要结构参数，可有效反映植物光合叶面积大小、植被冠层结构和健康状况等信息，已经成为揭示陆地植被生态环境状况的重要遥感产品。

植被是在全球陆地中分布范围最广、面积最大（覆盖全球绝大多数陆表）且变化最为丰富的自然地理要素和地理景观，也因此成为遥感领域最为重要的一个研究对象。作为陆地生态系统中的生产者，植被具有固碳释氧、调节气候、涵养水源、防风固沙、净化环境、促进土壤形成与发展、维护生物多样性和生态平衡等生态环境功能，以及食物生产、提供原材料和满足文化、休闲、观赏等生产、人文和美学等方面的功能，因此植被对于维护全球生态安全和生态环境、保障粮食安全和人文多样性、夯实可持续发展基础等都具有不可替代的作用。对全球LAI的遥感监测，不仅可直接获取全球乃至各大洲、各个国家甚至更小地理范围内植被的生长状况及其时空变化格局，而且有助于从全球宏观视野视角加强对全球植被现状、波动变化与演替，以及全球植被对全球气候变化的生态响应等方面的研究。因此，全球LAI的监测是一项极为重要、同时兼具极高理论与实践价值的基础性研究工作。

与2012年度报告[①]相比，2013年度报告主要有以下变化：①增加了2011～2013年LAI的变化分析以及近三年LAI变化显著区典型案例分析；②加强了LAI研究成果的生态学、地理学成因分析，以及与全球气候变化的生态响应分析；③增加了世界各国及中国各省份31年LAI变化的榜单排序与分析；④增加了国产卫星LAI产品在典型区域的分析。

1.2 监测内容与指标

1.2.1 监测内容

LAI遥感监测内容主要包括：①2012年全球LAI的空间分布特征与规律；②2013年与前两年全球LAI空间分布特征的变化与成因分析；③全球LAI的时空演变特征与成因分

---

① 2012年度报告及相关数据产品可在国家综合地球观测数据共享平台网站（www.chinageoss.org/dsp/home/index.jsp）免费获取。

析；④全球LAI时空变化对全球气候变化和相关极端事件的生态响应。

LAI监测的时间跨度为1982～2012年，由于在年报编制后期已经生产出来2013年LAI遥感产品，因此年报增加了2013年LAI的分析内容；同时还包括对全球主要生态系统类型以及主要国家与中国各省份等行政单元的LAI分析内容。

1.2.2 监测指标

表征植被生长状况的监测指标采用最大叶面积指数（MLAI）和平均叶面积指数（ALAI）两个指标，并在此基础上衍生出相应的LAI距平等指标。具体各指标含义如下：

（1）最大叶面积指数：指一年中LAI的最大值，反映一年中植物生长最旺盛期或时间点的植被生长状态。

（2）平均叶面积指数：指一年中多次遥感监测获得的LAI平均值，反映一年中植被生长的平均水平。

（3）年叶面积指数距平（ΔLAI）：即当年LAI与多年LAI平均值的差值，本年报为1982～2012年平均值。相应的有最大叶面积指数距平（ΔMLAI）和平均叶面积指数距平（ΔALAI）。

（4）叶面积指数年际差值（DLAI）：指不同年际间LAI的差值。相应的有最大叶面积指数年际差值（DMLAI）和平均叶面积指数年际差值（DALAI）。

（5）叶面积指数比值（RLAI）：特指2012年与1982～2012年平均值的比值，反映的是2012年LAI与过去31年LAI平均水平相比的变化方向与幅度。相应的有最大叶面积指数比值（RMLAI）和平均叶面积指数比值（RALAI）。

1.3 数据及方法

GLASS-LAI是一个长时间序列全球遥感LAI产品，该产品的时间跨度为1982～2013年。其中，2000～2013年的GLASS-LAI产品由MODIS地表反射率数据生产，空间分辨率为1km。由于2013年在马来半岛南部区域、苏门答腊岛中部区域，以及加里曼丹岛西部区域卫星数据缺失，因此采用线性插值方法拟合进行填补，即利用2012年的LAI数据叠加1982～2012年31年的LAI变化趋势得出。具体数据拟合范围为：左上角，4.3°N，99.7°E；左下角，0.2°S，99.7°E；右上角，4.3°N，110.1°E；右下角，0.2°S，110.1°E。1982～1999年的GLASS-LAI产品基于AVHRR数据生成，空间分辨率是0.05°。上述产品均由国家遥感中心与北京师范大学全球变化数据处理分析中心共同发布（www.bnu-datacenter.com/，www.nrscc.gov.cn/，www.chinageoss.org/gee/）。

目前，已有国内多家高校和科研院所对GLASS-LAI产品进行验证，与现有的多种LAI全球产品进行比较分析，GLASS-LAI产品不仅在时间序列上连续平滑，而且其精度明显优于现有的全球LAI产品，该产品具有长时间序列和高精度的特点。

1.4　全球陆地主要生态系统

　　本报告涉及的全球陆地生态系统类型分类体系参考联合国粮农组织（FAO）的生态区分类体系。该体系将全球分为20个生态区（实际上相当于生态系统），包括19个陆地生态区和1个水域生态区。由于陆地各生态区的地理景观基本上都是由植被决定的，因此生态区类型的命名上也多半是基于相应的植被类型（图1-1）。

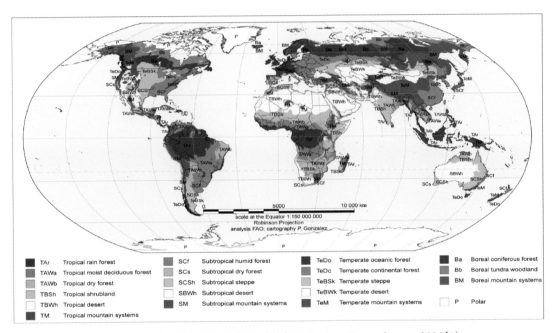

图1-1　全球主要生态区分布图（引自FAO，http://www.fao.org. 2006年）

　　本报告中LAI所涉及和对应的全球生态区和主要植被类型都是依据此分类系统以及所确定的边界范围。由于自然和人为因素的影响，10多年前确定的生态系统类型与边界范围可能与当前的实际情况并不完全一致。

除南极洲外，全球陆地总面积为13443.42万km²。具体各生态区面积比例见图1-2。

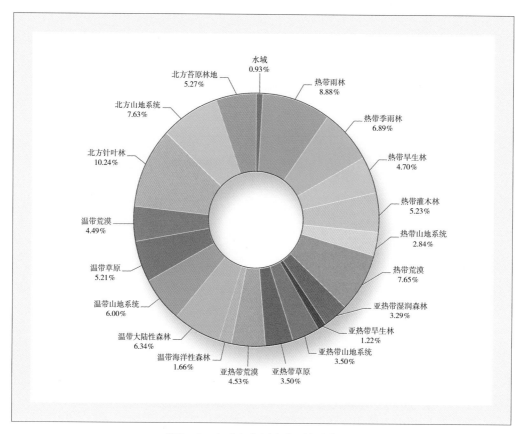

图1-2 全球生态区分布面积比例图

全球19种主要生态区植被类型、植被景观与分布特征，以及遥感影像特征分别参见附表1和附表2。许多生态区都属于复合生态系统类型，包含多种植被类型，本报告选取热带雨林、温带草原和寒温带针叶林三个典型区进行深入分析。

二、2012年全球陆地植被生长状况

2.1 全球陆地植被生长概况

2.1.1 叶面积指数等级划分

根据2012年全球MLAI和ALAI的监测结果和空间分布特征，全球MLAI和ALAI均可分为五个等级，分别为极高值区、高值区、中值区、低值区和极低值区。其中MLAI相应区间范围分别为4.0～6.0、3.0～4.0、1.2～3.0、0.5～1.2和<0.5，ALAI相应区间范围分别为：4.0～6.0、2.0～4.0、1.2～2.0、0.5～1.2和<0.5。

全球陆地MLAI和ALAI的五个等级区对应的全球主要生态系统类型有所不同，其对应的生态系统类型列表见表2-1。

表2-1 全球陆地LAI不同等级区与全球生态系统类型对应表

等级名称	MLAI		ALAI	
	等级标准	生态系统类型	等级标准	生态系统类型
极高值区	4.0～6.0	热带雨林	4.0～6.0	热带雨林
高值区	3.0～4.0	热带季雨林、热带旱生林、亚热带湿润森林、温带针叶林、温带海洋性森林和温带大陆性森林等6种	2.0～4.0	热带季雨林、亚热带湿润森林和温带海洋性森林等3种
中值区	1.2～3.0	热带山地系统、亚热带山地系统、亚热带旱生林、温带山地系统、温带草原、北方苔原疏林和北方山地系统等7种	1.2～2.0	热带山地系统、温带大陆性森林、热带旱生林和温带针叶林等4种
低值区	0.5～1.2	热带灌丛、亚热带干草原等2种	0.5～1.2	热带灌丛、亚热带山地系统、亚热带旱生林、温带山地系统、温带草原、北方苔原疏林、北方山地系统和亚热带干草原等8种
极低值区	<0.5	热带荒漠、亚热带荒漠和温带荒漠3种	<0.5	热带荒漠、亚热带荒漠和温带荒漠3种

2.1.2 植被生长概况

2012年全球MLAI和ALAI分布格局与全球生态区的分布格局基本一致（图2-1），说明MLAI和ALAI可以很好地反映全球生态区和全球植被的分布特征，但这并不是简单的对应关系。

MLAI指标主要反映全球陆地夏季植被生长状况。全球MLAI极高值区主要分布在南美亚马孙流域、非洲刚果盆地和东南亚岛屿区的热带雨林；高值区主要分布在北美东部及中西部、欧亚大陆中纬度和东部、非洲和南美雨林两侧，以及澳大利亚东部沿岸的森林区；中值区总体分布于高值区的南北两侧；低值区主要分布在北美西南部、南美西部、非洲南部、西亚和中亚，以及澳大利亚中部广大地区为主的草原区；极低值区主要分布在北非、西亚和中国西北的荒漠地区，以及北极周边陆地。全球MLAI极高值区、高值区、中值区、低值区和极低值区的面积所占比例分别为15.37%、16.25%、24.67%、23.28%和20.43%，各等级面积所占比例大体相当。

全球ALAI极高值主要分布区域基本与MLAI分布格局一致，即南美亚马孙流域、非洲刚果盆地和东南亚岛屿为主的热带雨林；高值区分布范围较前者明显缩小，主要局限于MLAI高值区分布区域的沿岸和雨林两侧地区，这显然是由于中高纬度森林区部分森林景观因乔木树种和林下灌木草本冬季落叶所导致；ALAI中值区全球分布格局与MLAI中值区类似，但范围有所扩大，其中最大差别就是60°～75°N原来属于MLAI高值区的区域成为中值区；低值区和极低值区分布格局基本没有发生变化，但范围均有所扩大。即两种LAI的全球空间分布格局基本一致，只不过ALAI指标中低值区范围比MLAI明显扩大。全球ALAI极高值区、高值区、中值区、低值区和极低值区的面积所占比例分别为6.94%、11.72%、18.66%、26.62%和36.06%，全球ALAI指标中低值区（包括超低值区）超过3/5，主要是由于中高纬地区季节变化导致。

总之，两种LAI指标反映的全球植被生长状况反映侧重点不同，各有所长。

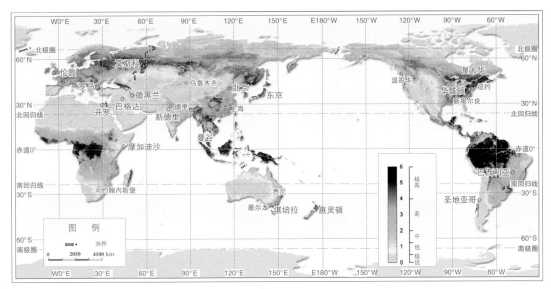

(a) MLAI

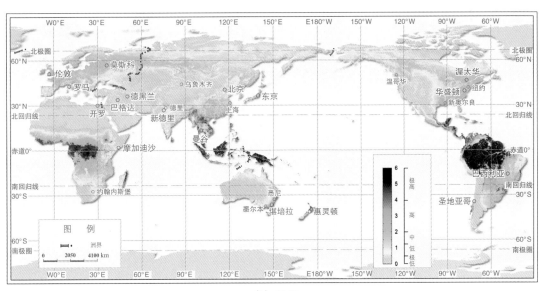

(b) ALAI

图2-1 2012年全球LAI空间分布图

2.1.3　季节生长状况

为更好地反映2012年全年陆地植被生长的季节变化，将2012年分成4个时间段：北半球的3～5月，植被总体处于生长期；6～8月植被处于茂盛期；9～11月，中高纬地区植被处于叶子逐步减少时期；12月、1～2月中高纬地区植被处于休眠期。计算4个时间段植被平均叶面积指数的季节变化（图2-2）。南半球物候季节变化特征总体相反，使得植被叶面积指数分布格局也总体呈相反态势。

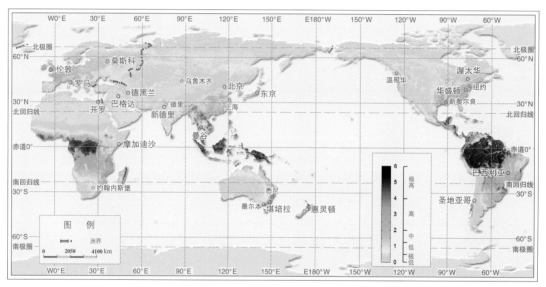

(a) 3～5月

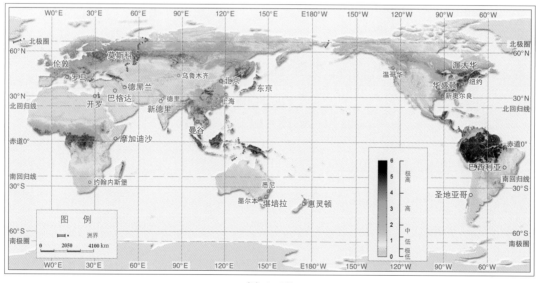

(b) 6～8月

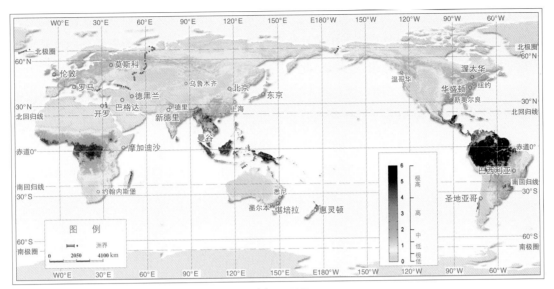

(c) 9～11月

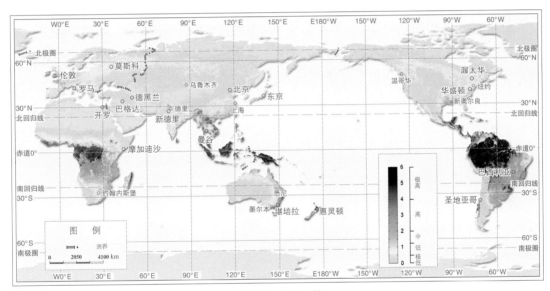

(d) 1～2月和12月

图2-2　2012年全球季节平均LAI分布图

陆地植被生长状况

11

主要为热带雨林的极高值区和主要为荒漠的低值区LAI分布格局四季基本保持稳定，而高值区和中值区的分布格局则发生了变化。以北半球为例，通常作为夏季6～8月的高值区在亚欧和北美均呈纬度地带性分布，此外还主要分布在两大陆的东部，但在通常作为春秋季的3～5月和9～11月（两者的植被平均叶面积指数图几乎一致），中值区主要保留在两大陆东部以及退缩到欧亚大陆西北部和北美中部，冬季的1～2月和12月则进一步退缩，这与该等级区域常绿阔叶林、落叶阔叶林和针叶林的分布格局基本一致。南半球的表现则有所不同，6～8月高值区分布范围退缩程度不如北半球，这与干湿变化对热带植被影响大于温度影响有关（徐群，2010）。总体而言，寒温带地区针叶林LAI季节变化幅度最大，其次是暖温带湿润区的落叶阔叶林、亚热带湿润区的常绿阔叶林和半湿润半干旱区的草原，变化幅度相对最小的是热带雨林。

2.2 各大洲植被生长状况

2.2.1 亚洲

2012年亚洲MLAI空间分布与生态系统分布格局基本匹配（图2-3）。极高值区主要集中在东南亚热带雨林和东北亚森林区；高值区主要处于亚热带和温带地区的中国东部沿海，以及宽广的亚洲中纬度温带森林带；中值区处于广阔的寒温带地区、中国华北地区与西南地区和印度大部分地区；低值区主要分布在中纬度的西亚和中国北部草原区；极低值区主要分布在中国西北、西亚和蒙古南部等荒漠区。ALAI分布特征与MLAI相比，沿纬度的分布格局相类似，但高值区和中值区范围明显缩小，低值区范围显著扩大，成为全洲面积最大的等级区，极低值区范围略有扩大。

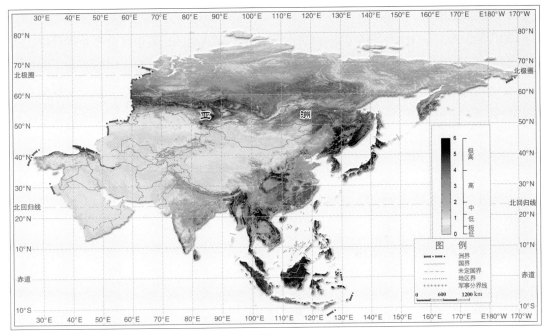

(a) MLAI

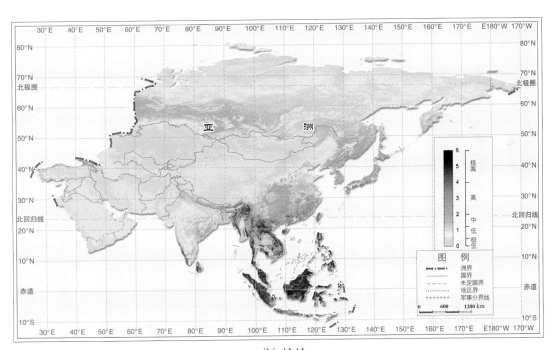

(b) ALAI

图2-3 2012年亚洲LAI空间分布图

2.2.2 欧洲

2012年欧洲MLAI极高值区分布在60°N附近的中东欧地区；高值区分布范围最广，大致从45°N、10°W向东呈上斜线方向延伸到65°N、60°E附近；中值区主要分布在欧洲大陆高值区的南北两侧；低值区则分散在欧洲西南部、东南部及北方离岛；欧洲优越的自然条件使其不存在MLAI极低值区。与MLAI分布格局不同，2012年欧洲ALAI的极高值区和极低值区乃至高值区均不存在；MLAI图上分布最广的高值区则降为中值区，而中值区和原来的低值区则归属低值区，因此低值区范围显著扩大（图2-4）。

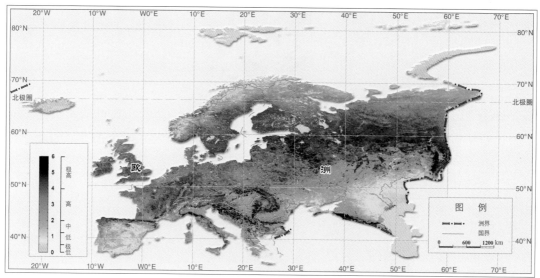

(a) MLAI

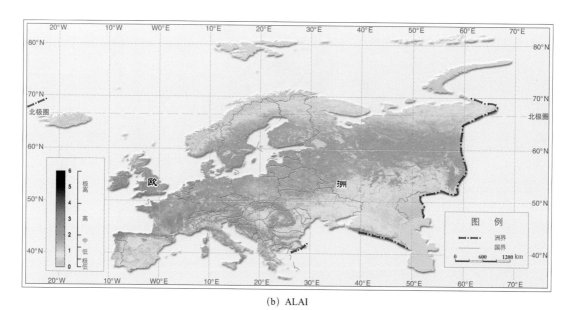

(b) ALAI

图2-4 2012年欧洲LAI空间分布图

2.2.3　北美洲

北美洲MLAI极高值区集中在美国东北部的温带森林和墨西哥南部的热带雨林；高值区分布在美国东南部以及加拿大西南部，中值区主要分布于美国北部、中部，以及加拿大的南部和西部；低值区则主要分布于美国中西部、墨西哥北部干旱区和加拿大北部寒带地区；极低值区主要出现于格陵兰岛及加拿大北部的离岛群。北美洲几乎不存在ALAI极高值区，高值区也仅存于墨西哥南部小片区域，中值区主要分布于美国东部和加拿大西南部，低值区则主要分布于美国中西部和阿拉斯加地区，以及加拿大的大部分地区，极低值区则位于格陵兰岛等高纬地区（图2-5）。

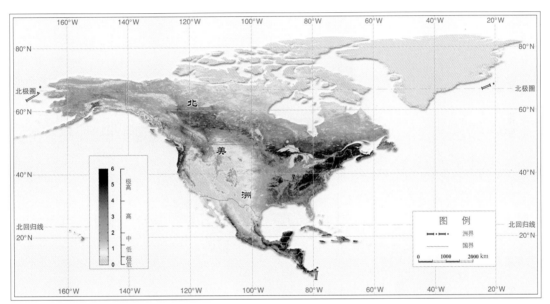

(a)　MLAI

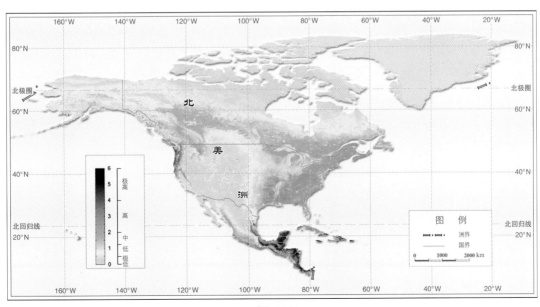

(b)　ALAI

图2-5　2012年北美洲LAI空间分布图

15

2.2.4 南美洲

2012年南美洲地区MLAI与ALAI分布格局基本相似（图2-6）。其中，MLAI极高值区分布于南美洲北部亚马孙流域热带雨林区；高值区范围小，主要分布于亚马孙热带雨林的南北侧；中值区范围大，主要分布于南美洲东部地区；低值区主要分布于南美洲西部科迪勒拉山系东侧的干旱半干旱区；极低值区则只分布于科迪勒拉山系西侧太平洋沿岸狭长干旱区域。ALAI与MLAI在分布格局上的极小差别在于前者雨林两侧高值区范围有所缩小，最东端区域由原来的高值区降为低值区，低值区和超低值区范围略有扩大（图2-6）。

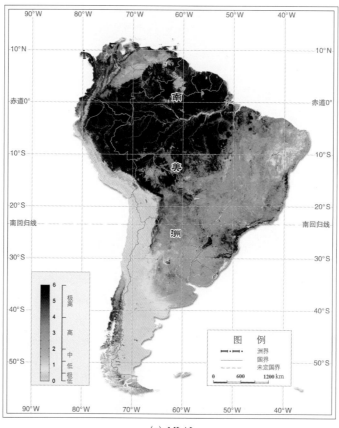

(a) MLAI

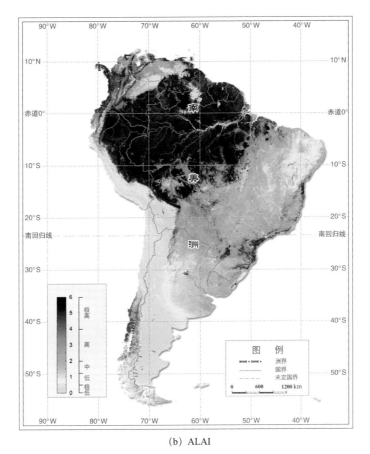

（b）ALAI

图2-6　2012年南美洲LAI空间分布图

2.2.5　非洲

2012年非洲地区MLAI和ALAI的空间分布格局也基本一致（图2-7）。MLAI极高值区主要分布在以赤道为中心、向南北延伸大约5°，自西向东延伸至30° E的热带雨林地区；高值区主要分布于热带雨林地区的南北两侧；中值区主要分布于热带稀树草原区，呈条带状南北包围高值区，此外马达加斯加岛也主要处于中值区；低值区则分布于非洲西南部和北部萨赫勒地区；北部15° N以北的撒哈拉沙漠则基本属于极低值区。ALAI则表现出非洲的极高值区和中值区范围均有所缩小、高值区几乎消失、低值区范围扩大、极低值区范围总体不变的分布格局。

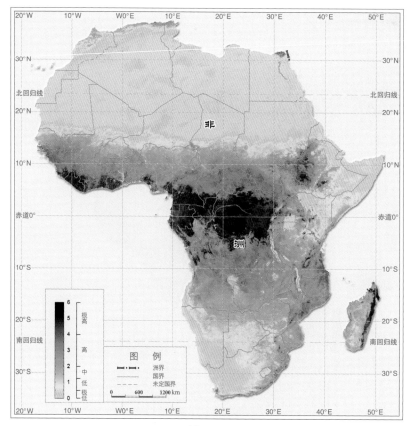

(a) MLAI

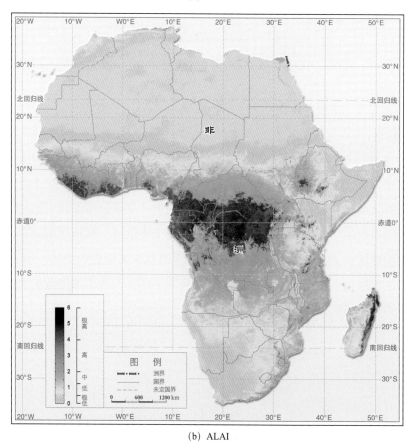

(b) ALAI

图2-7 2012年非洲LAI空间分布

2.2.6 大洋洲

2012年大洋洲地区MLAI和ALAI的空间格局也几乎完全一致（图2-8）。其中，MLAI极高值区主要分布于巴布亚新几内亚的热带雨林地区及其东部的南太平洋岛屿区；高值区主要分布于澳大利亚东部沿岸以及新西兰南部；中值区主要分布于澳大利亚东部沿岸内侧；低值区和极低值区覆盖了澳大利亚的大部分荒漠地区，占其国土面积一半以上。ALAI分布格局与MLAI区别在于高值区和中值区范围的缩小，以及低值区和极低值范围的相应扩大。

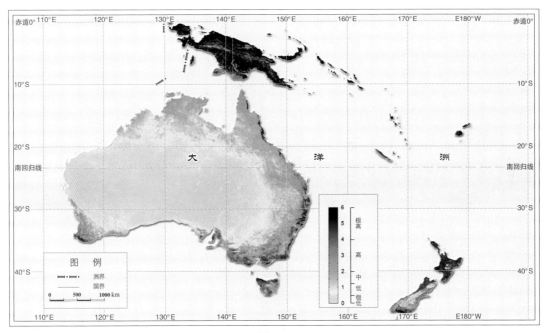

(a) MLAI

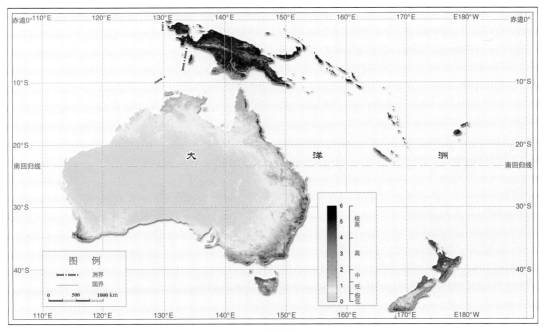

(b) ALAI

图2-8　2012年大洋洲LAI空间分布图

2.3 典型陆地生态系统植被生长状况

2.3.1 热带雨林

热带雨林主要分布在南美洲、亚洲和非洲的赤道附近三大区域（图2-9），各个分布区域由于生态环境存在差异，其LAI变化特征也存在一定差异。热带雨林面积以南美洲最大、非洲次之、亚洲相对最小。MLAI和ALAI分布格局基本一致，这种情形与热带雨林植被季节变化小的特征相一致。下面以MLAI为例进一步分析三大洲热带雨林的分布特征。

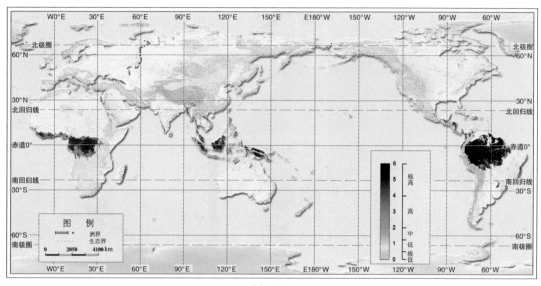

(a) MLAI

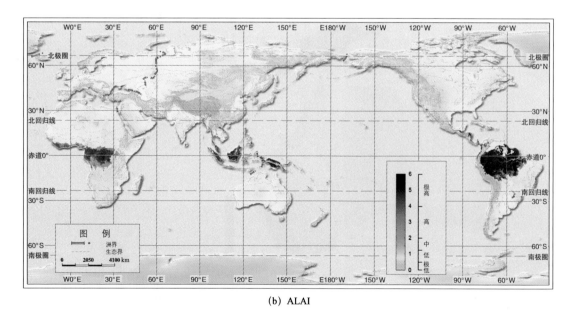

(b) ALAI

图2-9 2012年全球热带雨林LAI空间分布图

美洲地区热带雨林主要分布在巴西、厄瓜多尔、哥伦比亚、委内瑞拉南部、法属圭亚那，以及中美洲的东部沿岸和南美洲西北沿岸等地区，MLAI均值达4.8。其中亚马孙热带雨林是全球面积最大的热带雨林，MLAI极大值可达到6.0。但雨林中沿亚马孙水系沿岸带的MLAI值相对偏低，一般属于高值区而非极高值区。亚洲热带雨林主要分布在东南亚的苏门答腊岛、加里曼丹岛和苏拉威西岛，以及泰国南部、越南和菲律宾东海岸、缅甸东北部等区域，MLAI均值达4.3。其中又以爪哇岛、加里曼丹岛、马来半岛和苏拉威西岛的热带雨林最具代表性。非洲热带雨林主要分布在5°N～5°S的区域。主要包括刚果盆地、加蓬、利比里亚等赤道附近国家，MLAI均值达4.0。其中以刚果（金）面积最大、最典型，MLAI基本在5.0以上（图2-10）。

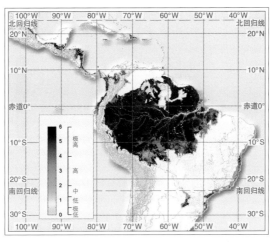

（a）美洲地区

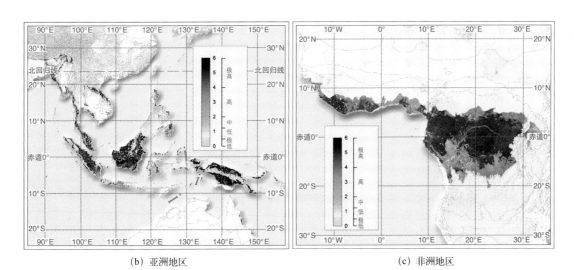

（b）亚洲地区　　　　　　　　　　　（c）非洲地区

图2-10　2012年全球各大洲热带雨林MLAI空间分布图

2.3.2 温带草原

温带草原主要分布区域包括美国中北部和加拿大中南部在内的北美洲中部地区、中国内蒙古中东部地区，以及蒙古东南部、哈萨克斯坦部分地区和欧洲东南部地区。2012年全球范围内温带草原MLAI总体上分布为0.3～1.9，区间范围跨度较大，也说明全球草原类型多样，差异甚大（图2-11）。

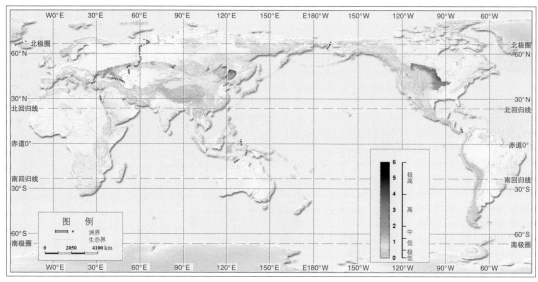

(a) MLAI

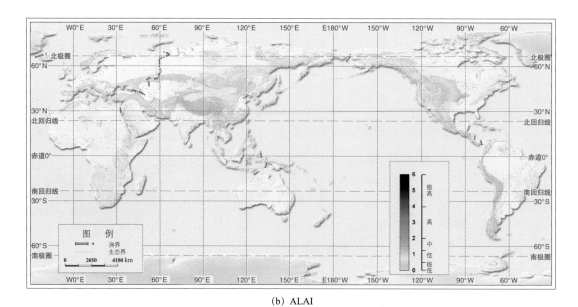

(b) ALAI

图2-11　2012年全球温带干草原LAI空间分布图

北美洲温带草原分布范围总体呈"鼠"形（图2－12）。MLAI和ALAI分别为1.9和0.7。在加拿大与美国境内，温带草原LAI呈现出由西向东逐渐增加的趋势，西部地区MLAI最低值只有0.5左右，这种现象与该区域自西向东由短草草原向高草草原过渡的现象相吻合：属于高值区和中值区的"鼠背"较厚，为高草草原和短草草原之间的过渡草原；属于低值区的"腹部"为短草草原。

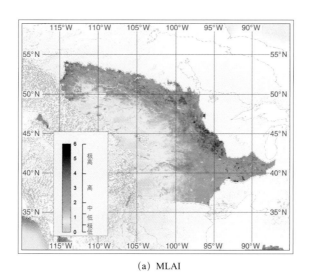

(a) MLAI

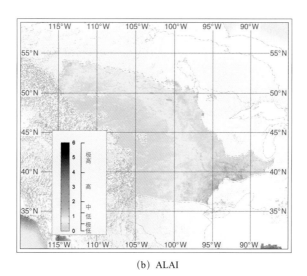

(b) ALAI

图2－12　2012年北美温带草原LAI空间分布图

亚洲范围内的中国内蒙古和蒙古地区LAI分布均匀，大部分区域MLAI和ALAI分别保持在1.3和0.5左右，这也与大部分区域为高草与短草之间的过渡性草原相一致；欧洲东南部和俄罗斯西南部、横跨亚欧的哈萨克斯坦地区温带草原LAI水平居中，其MLAI和ALAI平均分别为1.5和0.6左右，总体低于北美水平。例如，哈萨克斯坦地区大部分地区MLAI在1.0以下。

总体看，欧亚温带草原南北分布于45°～55°N，自西向东，横跨欧亚大陆呈条带分布。MLAI上除了该区域东、西两端及欧洲东南部属于中值区外，其他区域以及温带草原的ALAI均处于低值区（图2-13）。

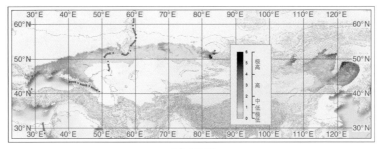

(a) MLAI

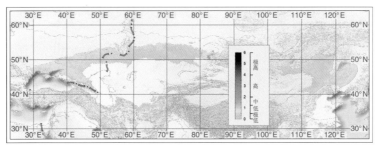

(b) ALAI

图2-13 2012年欧亚大陆温带草原LAI空间分布图

2.3.3 北方针叶林

北方针叶林主要分布于60°N附近的北美洲、欧洲和亚洲三大区域。2012年北方针叶林MLAI水平较高，大部分地区在2.5以上且分布均匀。其中加拿大西部地区北方针叶林MLAI达到3.0以上，中部地区有所下降但也在2.5上下，并往东一直延伸到大西洋沿岸，MLAI基本维持在这一水平上，并无明显变化；欧洲地区北方针叶林包括北欧地区和东部地区，2012年MLAI分布均匀，如瑞典、芬兰等地MLAI为3.0～4.0且变化不大，东欧俄罗斯境内部分地区北方针叶林MLAI超过了4.0；亚洲范围内北方针叶林主要分布在俄罗斯境内，大体呈现从北向南MLAI逐渐增加态势，东西伯利亚高原南部北方针叶林MLAI超过3.0（图2-14）。

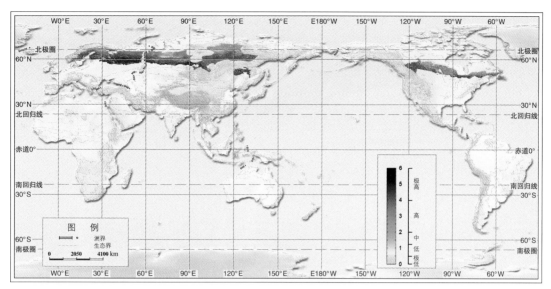

(a) MLAI

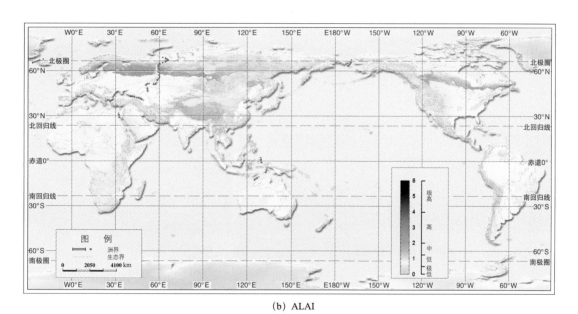

(b) ALAI

图2-14 2012年全球北方针叶林LAI空间分布图

2012年亚洲北方针叶林平均MLAI为3.2，ALAI 为1.1；北美洲MLAI为3.1，ALAI为1.4；欧洲MLAI为3.4，ALAI为1.5（图2-15、图2-16）。相对而言，北方针叶林以欧洲的最为典型，生长状况最好。

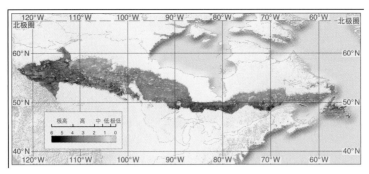

(a) MLAI

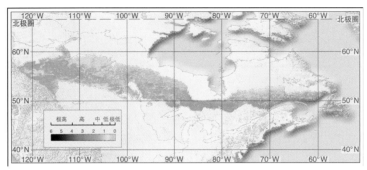

(b) ALAI

图2－15　2012年北美北方针叶林LAI空间分布图

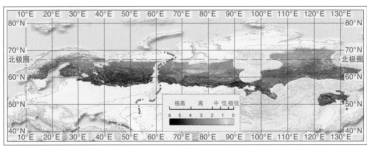

(a) MLAI

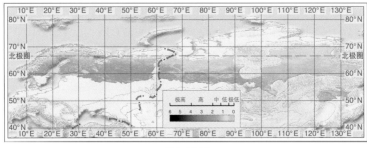

(b) ALAI

图2－16　2012年欧亚大陆北方针叶林LAI空间分布图

三、全球陆地植被生长变化
及其显著区分析

3.1 2012年全球及各大洲植被生长与背景值差异

3.1.1 全球植被生长变化

以1982～2012年的LAI均值为背景值，通过比较全球2012年MLAI和ALAI与相应背景值差异来分析全球2012年植被生长的变化状况。从MLAI距平（ΔMLAI）来看，2012年全球植被生长状况的总体上升态势明显（图3-1），LAI高于背景值区主要分布在以下五个区域：①欧亚大陆宽阔的温带针叶林带和东部湿润森林区；②非洲的热带雨林和热带旱季落叶疏林带；③北美洲温带针叶林带和东部湿润森林区；④南美洲的热带雨林区；⑤澳大利亚东部至东北部森林区。LAI低于背景值区主要分布以下五个区域：①欧亚大陆的东欧、中亚和西亚连绵的温带草原区；②非洲的热带季雨林和旱生林区；③北美中东部温带草原区；④南美最东端（巴西东北部）和中南部潘帕斯草原；⑤澳大利亚西南和东南沿海旱生林地区。空间分布上总体呈现出湿润的森林地区LAI上升，而旱生性森林区与草原区下降的分布规律。面积所占比例不小的荒漠区则因LAI处于极低值区而使得距平指标无法判别其波动特征。

从ALAI距平（ΔALAI）看，ΔALAI与ΔMLAI指标所反映的全球植被生长变化的空间格局基本一致，其差异主要表现在：①与常年相比，大部分区域全年植被生长变化总体不明显；②植被生长水平差于背景值区域中只有南美最东端（巴西东北部）与其夏季生长水平接近；全年植被生长水平高于背景值区域并接近夏季生长水平的有三大洲热带雨林地区和亚洲东部湿润森林区。

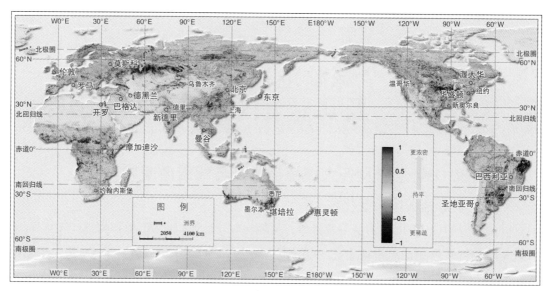

(a) MLAI

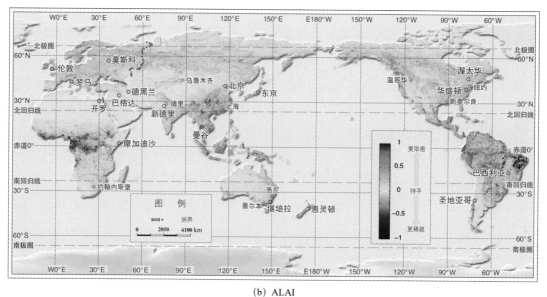

(b) ALAI

图3-1 2012年全球LAI距平空间分布图

3.1.2 各大洲植被生长状况变化

1）亚洲

亚洲植被生长好于常年的区域主要包括亚洲东部和亚洲北部中高纬湿润森林区，中亚、西亚草原植被生长较常年偏差（图3-2）。31年来气候变化对亚洲植被生长的影响总体上是利大于弊。

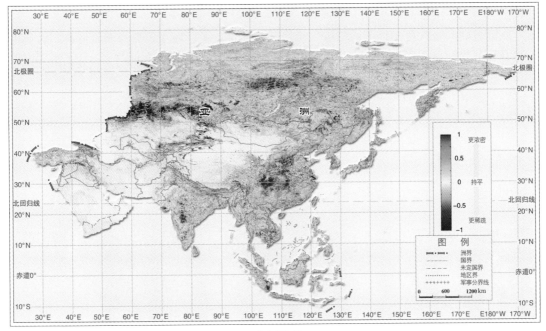

(a) MLAI

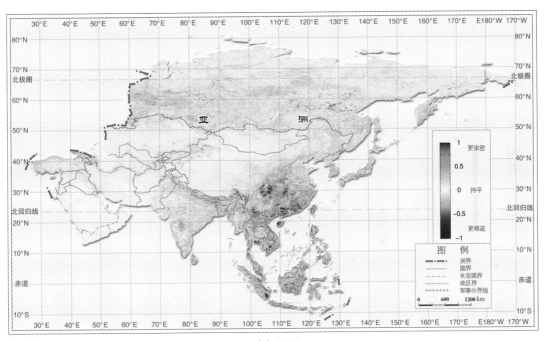

(b) ALAI

图3-2 2012年亚洲LAI距平空间分布图

2）欧洲

欧洲自西向东大范围地区的植被生长均好于常年，该区域主要分布着针叶林、针阔混交林和落叶阔叶林；植被生长差于常年的区域包括东欧南部、北欧北部，以及南欧和西欧西部，该区域主要为草原、旱生性森林和苔原（图3-3）。

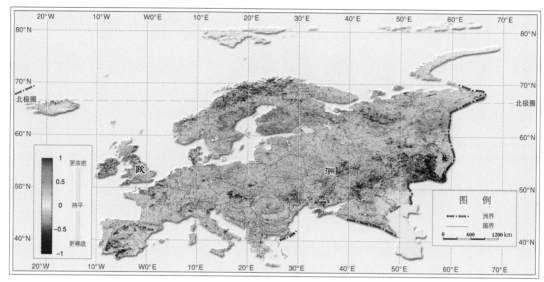

（a）MLAI

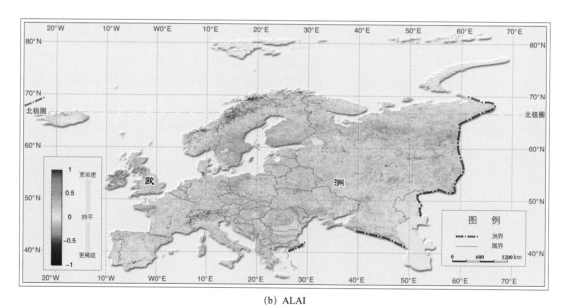

（b）ALAI

图3-3　2012年欧洲LAI距平空间分布图

3）北美洲

北美洲植被生长好于常年的区域主要分布在中高纬度宽阔的寒带针叶林区，植被生长差于常年的主要分布在美国大平原区及其西部山区，该区域主要分布着温带草原和荒漠（图3-4）。

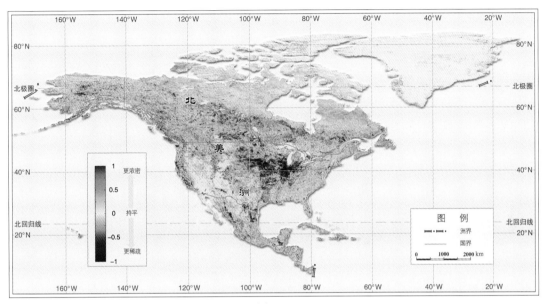

(a) MLAI

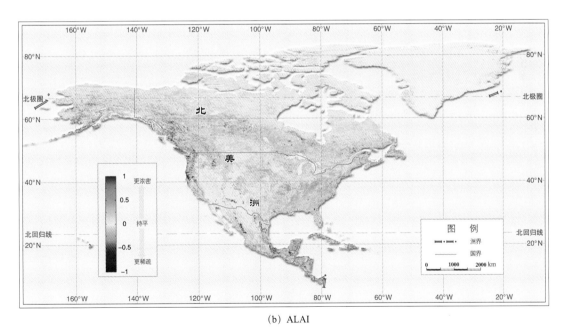

(b) ALAI

图3-4 2012年北美洲LAI距平空间分布图

4）南美洲

南美洲植被生长好于常年的区域总体沿亚马孙水系沿线分布，此外南美洲中东部、大西洋西岸主要沿南北线分布的热带季雨林也总体好于常年，差于常年的区域主要分布在以热带旱生林、热带疏林与热带稀树草原为主要植被类型的巴西东部和以干燥热带森林、亚热带草原（潘帕斯草原）为主要植被类型的中南部季节性干旱和半干旱地区（图3-5）。

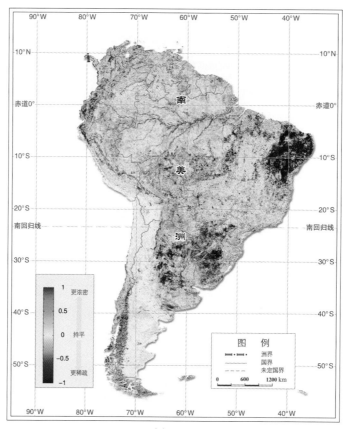

（a）MLAI

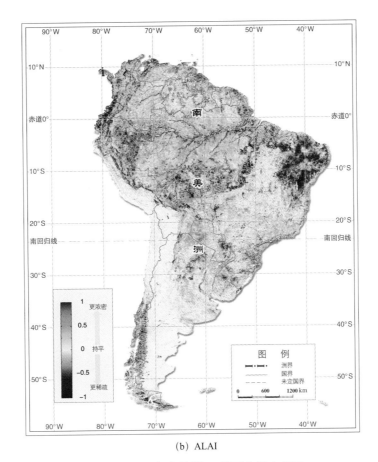

(b) ALAI

图3-5　2012年南美洲LAI距平空间分布图

5）非洲

　　非洲植被生长好于常年的区域主要分布在刚果盆地雨林地区、自西向东15°N附近沿线的热带（落叶）季雨林，以及20°S、15°～22°E附近的高山带，而环绕雨林地区的热带旱生林地区植被生长差于常年（图3-6）。

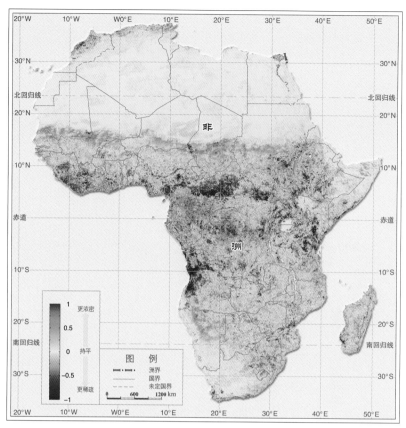

(a) MLAI

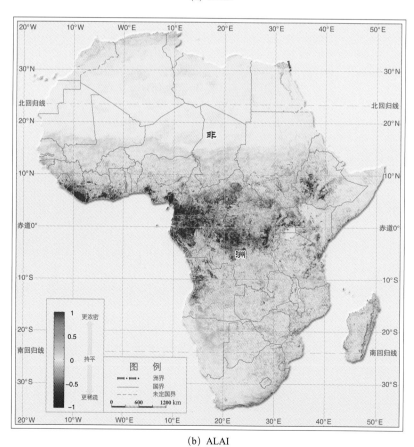

(b) ALAI

图3-6　2012年非洲LAI距平空间分布图

撒哈拉沙漠地处非洲大陆，其南缘分界线为热带荒漠南界和热带灌丛的北界，其分界线的年际摆动特征与成因是近年生态学关注热点。根据全球热带荒漠和热带灌丛31年LAI变化曲线图，热带灌丛MLAI在31年间最低值发生在1991年，最高值发生在1998年，此两年际间的分界线变化就是其31年来的最大摆幅。将非洲地区两个时期MLAI分布图叠加可得出摆动区范围（图3-7），可以看出，撒哈拉南缘摆动区呈水平带状分布。经测算，摆幅一般在十几千米到几十千米不等，最大摆幅达到300 km左右。

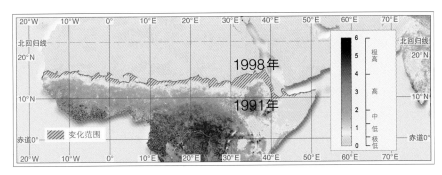

图3-7　撒哈拉沙漠南缘1982～2012年间最大摆动区间分布图

6）大洋洲

大洋洲植被生长好于常年的区域主要分布在澳大利亚东部至东北部干燥热带森林和疏林区，差于常年的区域主要分布在澳大利亚东南部和西南部干燥亚热带森林和疏林区。此外，北部巴布亚新几内亚植被生长总体好于常年，新西兰植被生长则总体差于常年（图3-8）。

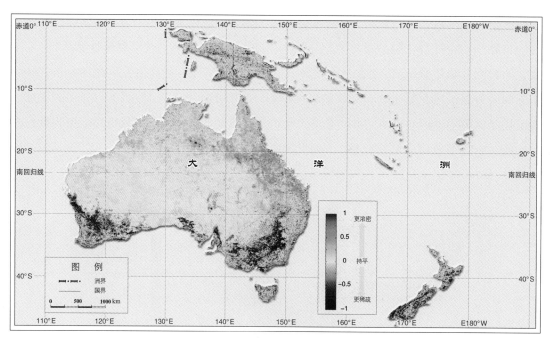

(a) MLAI

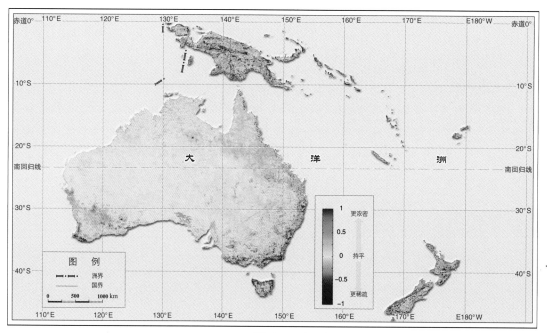

(b) ALAI

图3-8 2012年大洋洲LAI距平空间分布图

3.2 2012年典型陆地生态系统植被生长与背景值差异

3.2.1 热带雨林

根据ΔMLAI和ΔALAI，2012年全球热带雨林生长状况普遍好于常年。

南美洲除亚马孙流域南部的热带雨林南侧外，其他区域热带雨林植被生长状况明显好于常年，特别是在巴西北部和亚马孙河水系两岸。此外，西部雨林地区总体又好于东部雨林地区（图3-9）。

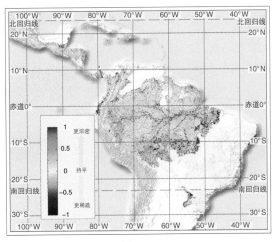

(a) MLAI

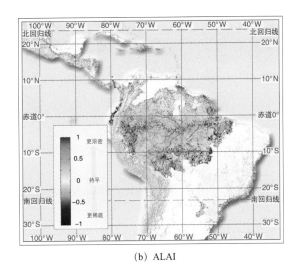

(b) ALAI

图3-9 2012年南美洲热带雨林LAI距平空间分布图

　　亚洲热带雨林地区夏季植被生长总体略好于常年，缅甸南部和泰国西部部分雨林地区略差于常年；全年平均水平看，亚洲热带雨林地区普遍好于常年，其中印度尼西亚大部分雨林地区相对最为明显（图3-10）。

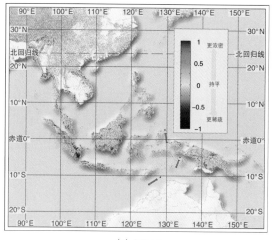

(a) MLAI

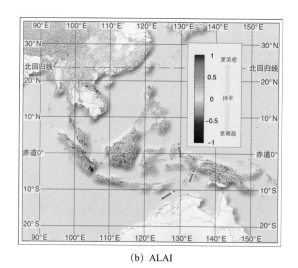

(b) ALAI

图3-10　2012年亚洲热带雨林LAI距平空间分布图

　　非洲热带雨林大部分地区植被生长总体略好于常年。以赤道为中心，向两侧植被生长状况逐渐转差，其中在雨林南北两侧植被生长差于常年（图3-11）。

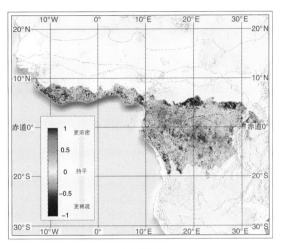

(a) MLAI

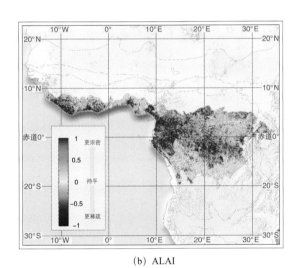

(b) ALAI

图3-11　2012年非洲热带雨林LAI距平空间分布图

　　对于2012年热带雨林LAI出现正距平现象的成因可能有两种：一是由于传感器的饱和，出现的正距平属于假象；二是确实存在正距平情形。本报告倾向于后者，这是因为本年报所采用的遥感分辨率为1km和5km，这在一定程度上拉低了热带雨林LAI的最高值，而不会像高分辨率LAI出现数据饱和的可能，现有数据中热带雨林像元点的LAI极大值也仅为6.0左右，一般多为4.0～4.8就是一个很好的证据。

3.2.2 温带草原

全球温带草原植被生长总体上差于常年水平。

北美温带草原大部分地区植被生长差于常年，尤其是美国中部及偏东地区，"鼠"后部和尾部，"鼠"腹即自美国中北部向东南方向阿肯色河流域则略差于常年水平；好于常年的区域只局限于加拿大中南部（图3-12）。

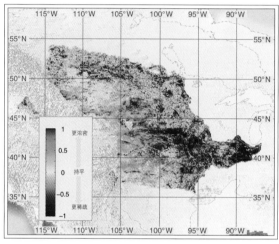

(a) MLAI

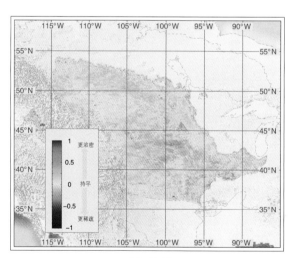

(b) ALAI

图3-12　2012年北美洲温带草原LAI距平空间分布图

　　欧亚大陆温带草原植被生长总体差于常年。其中分布于欧洲东南部以及亚洲西部与中北部的温带草原植被生长差于常年，但蒙古和中国内蒙古草原植被生长总体却好于常年（图3-13）。

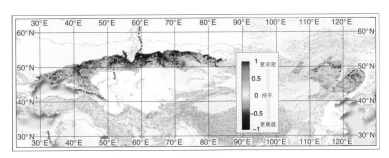

(a) MLAI

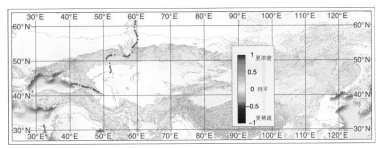

(b) ALAI

图3-13 2012年欧亚大陆温带草原LAI距平空间分布图

3.2.3 北方针叶林

　　北美洲针叶林主要分布于加拿大境内横跨东西的南部地区，其夏季植被生长明显好于常年，只西北部小范围零星区域植被生长差于常年水平，并总体呈现出自西向东植被生长越来越好于常年水平的态势（图3-14）。

　　欧亚大陆绝大部分北方针叶林地区植被生长好于常年。其中欧洲北方针叶林均好于常年，仅北欧芬兰北部地区的北方针叶林区植被生长差于常年。与常年相比，俄罗斯境内北方针叶林植被生长地区性差异明显，其中欧洲部分整体好于常年，只有西西伯利亚平原东北部差于常年，而位于亚洲的东西伯利亚平原北方针叶林植被生长则明显好于常年（图3-15）。

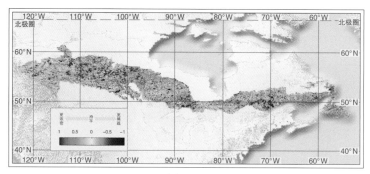

(a) MLAI

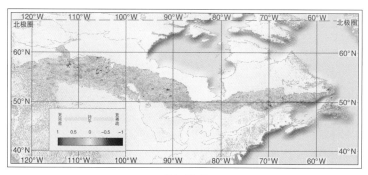

(b) ALAI

图3-14　2012年北美北方针叶林LAI距平空间分布图

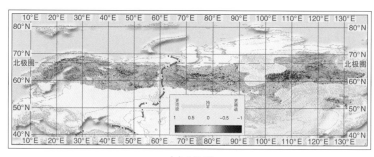

(a) MLAI

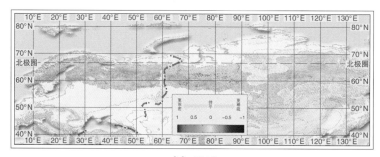

(b) ALAI

图3-15　2012年欧亚大陆北方针叶林LAI距平空间分布图

3.3 2011～2013年全球植被生长变化及其显著区分析

3.3.1 全球植被生长变化

1) 2013年与2012年对比

与2012年夏季相比（图3-16），2013年夏季全球植被生长变化范围广且呈交错分布。亚洲植被生长明显下降区主要分布于西伯利亚针叶林区、蒙古和内蒙古草原区，明显上升区主要分布于俄罗斯中南部和东南部针叶林区，此外印度、东南亚也存在一定上升；

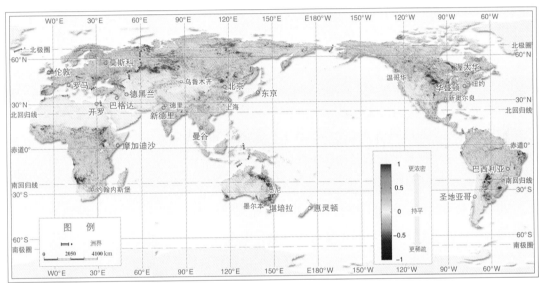

(a) MLAI

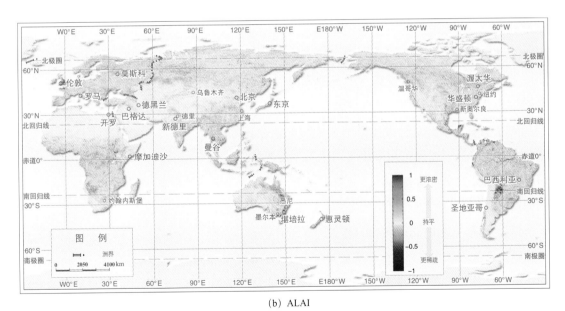

(b) ALAI

图3-16 2013年与2012年全球LAI年际差异空间分布图

欧洲植被生长明显上升区主要分布于北欧挪威、西南欧葡萄牙和西班牙南部、乌克兰西南角等区域，明显下降区主要分布在欧洲东北角和西欧英国南部；北美洲植被生长明显上升区主要分布于美国中部温带阔叶林区，并隐约向西延伸到美国阿拉斯加寒温带针叶林区，相对明显下降区主要分布在加拿大东部地区，但下降幅度不如上升幅度；南美洲植被生长显著下降区位于阿根廷北部干燥热带森林与热带疏林区，以及巴西东部热带荒漠疏林区，显著上升区位于巴西南部的亚热带湿润森林（南美杉林）区，以及巴西东海岸、大西洋西岸的热带雨林区；非洲刚果盆地雨林地区为植被生长弱上升区，而环绕雨林地区的干燥热带森林地区以及18°～22°S、15°～22°E区域的热带稀树草原则为下降区，此外马达加斯加岛植被生长处于弱变化区；大洋洲植被生长变化区域主要集中在澳大利亚，其明显下降区主要分布在澳大利亚东部、东北部乃至北部一线，明显上升区则分布于东南部和西南部。其中26.5°S沿线的南美中南部亚热带草原、非洲西南部热带灌丛和澳大利亚东北部亚热带草原均呈明显下降态势。

与植被的夏季生长相比，2013年全球植被生长变化范围的空间格局总体保持不变，但波动幅度明显减小。说明夏季是全球植被生长变化最主要的季节。不过也有个别例外，如英国南部地区全年植被生长状况同样下降明显。

2）2012年与2011年对比

2012年夏季全球植被生长变化范围同样分布广泛（图3-17）。其中亚洲植被生长明显下降区主要分布于西亚土耳其的常绿硬叶林、中亚哈萨克斯坦北部草原，以及印巴间的草原和旱生灌丛区，明显上升区主要分布于中国中东部森林草原过渡带，以及蒙古、内蒙古北部的草原区；欧洲植被生长显著下降区主要分布于东南欧草原区、北欧针叶林区和西南欧草原，以及旱生林与灌丛区，其中以南欧草原区下降幅度最大，上升区主要分布于西欧的法国、德国、瑞士、捷克等落叶阔叶林区并隐约呈带状向东延伸至乌克兰和欧洲中东部俄罗斯境内的落叶阔叶林；北美洲植被生长明显下降区主要位于北美中部，其他区域上升和下降分布区交织分布；非洲除了自西向东、15°N附近沿线热带落叶季雨林植被生长处于上升态势外，其他区域总体上处于不同程度的下降，尤其是在20°～30°S、22°～30°E旱季落叶疏林带地区植被生长下降相对最明显；澳大利亚植被生长以变差为主，明显下降区主要分布在东北部、北部、西南部和南部的半干旱森林区，上升区则仅分布于东南部亚热带湿润森林区。与前一年对比，26.5°S沿线的南美中南部亚热带草原、非洲西南部热带灌丛和澳大利亚东北部亚热带草原仍为植被生长下降区。

综上所述，2011～2013年全球植被生长变化主要存在两个共同点：①全球夏季植被生长变化范围广泛并呈交错分布，全年植被生长变化波动格局相同但变幅明显减小；②植被生长明显下降区均分布在26.5°S沿线的南美中南部亚热带草原、非洲西南部热带灌丛和澳大利亚东北部亚热带草原。主要不同点是：亚洲、欧洲、北美洲和非洲近三年植被生长存在不同方向的波动变化且波动变化区域也明显不同。而南美洲和澳大利亚植被生长波动方向总体一致，但2013年波动幅度和范围均有所缩小，2012年则波动范围有所缩小但波动幅度有所增大。说明2012年夏季上述四大洲植被生长状况变化波动的成因总体类似。具体空间格局上，欧亚60°N附近中高纬度地区和美国中部森林区为植被生长明显上升区，在范围与强度上2013年明显大于2012年；其次，2013年夏季美国中西部植被生长明显差于2012年；此外，巴西东北部干燥热带森林与疏林区2013年全年植被生长总体下降不明显，2012年下降较明显。

可见全球植被生长状况对全球气候变化的生态响应是明显和敏感的，可同时反映全球和局部区域变化。

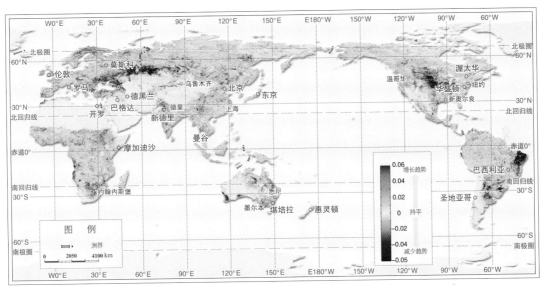

(a) MLAI

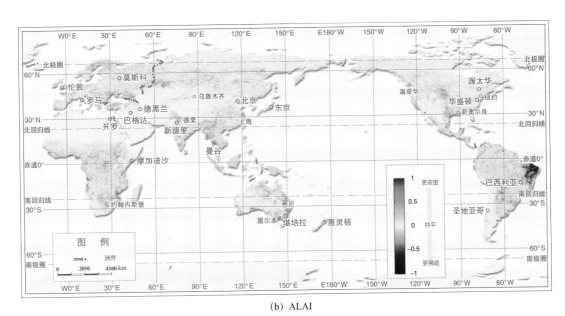

(b) ALAI

图3-17　2012年与2011全球LAI年际差异空间分布图

3.3.2 植被生长变化显著区案例分析

1）美国中部地区

与两条均值背景值曲线对比可以看出，美国中部地区2011～2013年LAI曲线的峰值出现时间较13年（2000～2012年）背景值提前了大约半个月，较31年背景值提前了大约1个月，说明近3年来该地区春季气温上升使得植被生长物候现象明显提前。13年背景值曲线峰值也比31年背景值提前半个月的事实，是对2000年以来全球气候变暖生态响应的一个极好例证。

2011年LAI峰值明显低于背景值峰值，说明该地区2011年春季同时还可能出现了严重的干旱，与背景值波动曲线对比，其干旱一直持续到大约9月。而2012年春季情形相反，由于降水较常年充沛许多，使得其LAI峰值明显高于常年。不过，2012年和2013年波动曲线也反映出4月中旬后出现了不同程度的干旱，其中2012年更为严重并一直持续到9月。2012年干旱事件的推断与相关新闻报道完全一致。此外，从近3年LAI曲线峰值向后漂移现象还可推断出该地区春季气温虽然总体上升但呈逐年缓慢下降趋势（图3-18）。

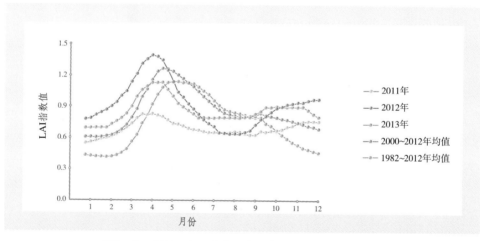

图3-18　2011～2013年美国中西部地区LAI波动曲线图

美国中北部为森林区，正常年份该区域夏季LAI为1.5～1.8。从LAI曲线看，2011年和2013年LAI曲线波动周期与31年和13年背景值曲线基本一致，而2012年的波动周期明显不同于两条背景值曲线，显示该年度植被生长的明显异常和2011年与2013年的相对正常。其中2012年该区域LAI从5月开始不升反降并一直持续到9月底，说明该区域在2012年5～9月发生了严重干旱事件并因此明显影响森林植被的生长。这与报道的美国中北部2012年5～9月出现严重干旱情形相吻合。而2011年和2013年夏季LAI明显高于两个背景值的情形，应该与该区域夏季降水明显增加有关（图3-19）。

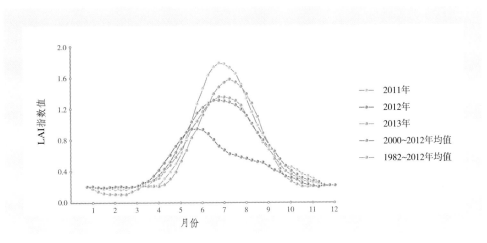

图3-19 2011～2013年美国中北部地区LAI波动曲线图

2）澳大利亚东北部地区

澳大利亚东北部植被景观主要为干燥热带森林和热带疏林,近三年LAI年内最大值可达2.0～2.4,低值则在0.5左右。该区域近三年LAI曲线与两条背景值曲线波动韵律基本一致,最大差别在于前者LAI峰值明显高于后者(图3-20),说明导致近三年植被生长状况良好的主要原因是当地夏季降水增加。其中2011年1～3月LAI曲线值明显高出背景值0.75～1.0,升幅十分明显,LAI明显1月升幅推断可能是2010年年底降水量就出现了明显上升。气象台站资料也验证了这种推测。此外,2011年LAI峰值出现时间大约提前半个月,说明当年该时段气温高于常年。正是由于2011年夏季水热条件明显优于常年,植被生长也明显高于常年。

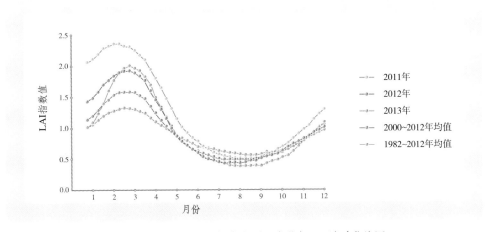

图3-20 2011～2013年澳大利亚东北部LAI波动曲线图

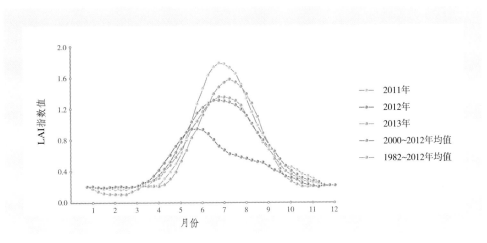
图例:
— 2011年
— 2012年
— 2013年
— 2000~2012年均值
— 1982~2012年均值

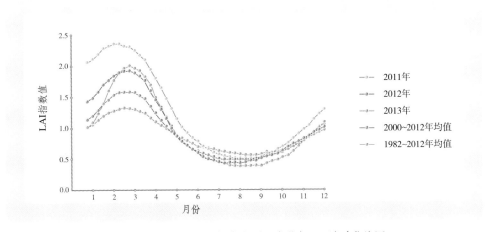
图例:
— 2011年
— 2012年
— 2013年
— 2000~2012年均值
— 1982~2012年均值

3）巴西东北部地区

巴西东北部主要处于5°～10°S附近地区，植被景观主要为热带疏林和热带稀疏草原。从波动曲线看，近三年LAI波动曲线与31年和13年背景值曲线波动特征基本一致。季相变化明显且波动幅度大的特点与该植被类型干湿季十分明显的气候特征相一致。此外，与澳大利亚东北部LAI波动曲线基本一致说明植被类型也基本类似。与31年和13年背景值曲线相比，2012年和2013年的1～5月LAI波动值明显低于前者，而2011年正好相反，可见近三年LAI所反映的植被生长状况均属于"异常"现象，造成2012年和2013年1～5月LAI急剧下降的原因是降水明显减少，而2011年LAI的上升则是由于降水增加。此外，2011年峰值时间点的后移，说明当年1～4月气温有所下降（图3－21）。

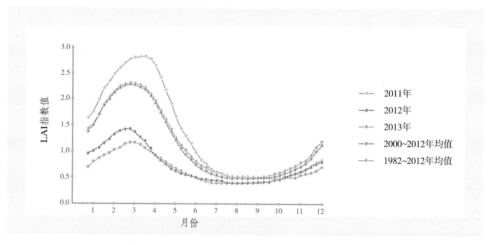

图3－21　2011～2013年巴西东北部LAI波动曲线图

4）加拿大60°N附近地区

加拿大60°N附近地区植被主要为寒温带针叶林。2011年LAI曲线与31年和13年背景值曲线基本一致，2012年和2013年LAI曲线的峰值高于两背景值（图3－22），说明该区域近两年植被生长状况明显好于常规年份。波动曲线则表现出大约在2012年与2013年的5～8月LAI有较大幅度上升，由此推测主要是由于5～8月降水增加所致。

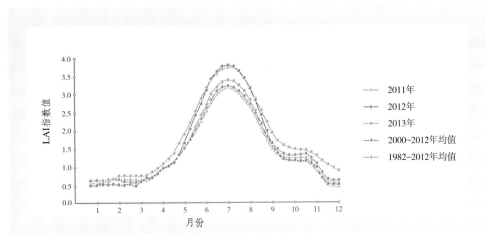

图3-22　2011~2013年加拿大60°N附近地区LAI波动曲线图

5）非洲南部亚热带草原

非洲26.5°S附近地区主要为亚热带草原。与巴西东北部情形类似，近三年LAI曲线与31年和13年背景值曲线的波动规律一致，但2012年和2013年LAI曲线的峰值明显低于背景值，2011年则相反（图3-23），说明近两年植被生长状况相对较差。其中2013年夏季（1~3月）LAI降幅最大，推测是由于该时段降水明显少于同时段降水量造成。而2011年则是由于降水增加导致。

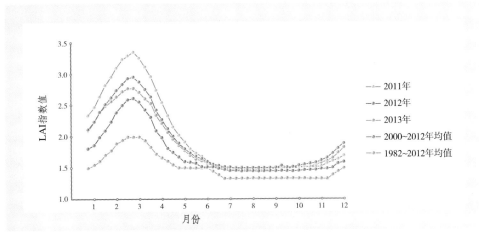

图3-23　2011~2013年非洲26.5°S附近地区LAI波动曲线图

陆地植被生长状况

6）澳大利亚东南部火灾

据报道2013年10月17日前后澳大利亚东部新南威尔士州（New South Wales）森林大火肆虐，共有100余处发生大火，火势凶猛迅速，席卷了近12万hm²的土地，此次山火为新南威尔士州10年来最为严重的山林大火。据悉该事件的发生与当地入春之后一直持续30°以上的高温，加上干燥的天气与强风有关。该区域2013年LAI的变化曲线也佐证了这种说法。与31年和13年LAI背景值波动曲线比较，2013年LAI波动曲线确实存在明显的异常（图3-24），主要表现在当年3月上旬开始其LAI曲线就在波动中下降，5月中旬下降到谷底，随后有所上升但又在第二轮、第三轮波动中继续下降，在10月初LAI继续下降到全年最低谷区，仅不到1.7，说明当地森林火灾的发生确实与2013年干燥天气有很大关系，并且其干燥天气确实始于3月上旬入春以来，火灾也确实发生于LAI最低值的10月中旬，同时优越的气候条件使得当地火灾发生区LAI曲线仅半月时间就又开始上升。2011年和2012年LAI值普遍高于常年的事实说明此两年降水相对高于常年。

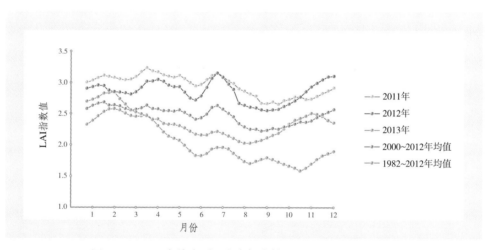

图3-24　2013年澳大利亚东南部森林火灾区LAI波动曲线图

四、1982～2012年全球陆地植被生长动态变化

4.1 全球植被生长动态变化

4.1.1 全球植被生长趋势

31年来全球夏季植被生长总体呈现上升态势，上升区主要分布在非洲雨林地区、俄罗斯中东部北方针叶林区和中国中东部亚热带森林区。此外，欧洲大部分森林区、北美东部和中北部森林区、南美亚马孙雨林地区、澳大利亚东北部等也处于缓慢上升；下降区则主要出现在亚洲温带草原地区、非洲环绕雨林的干燥热带森林区、北美西北部苔原和中西部草原区等区域。ALAI指标反映的全球植被全年生长趋势的空间分布格局与夏季基本一致，只是生长趋势明显减小（图4-1）。

31年来全球气候变化对全球植被生长的影响总体上是利大于弊，尤其是对于雨林地区来说全球气候变化对其全年植被生长均有利。

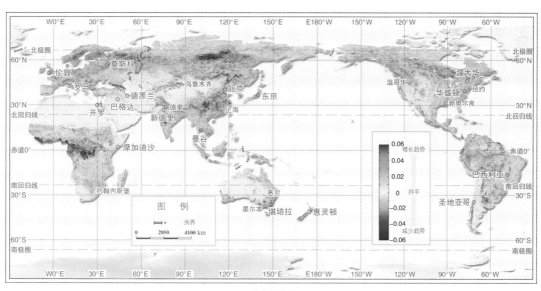

（a）MLAI

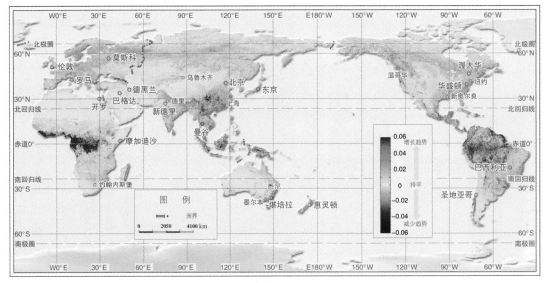

(b) ALAI

图4-1　1982~2012年全球LAI变化速率分布图

4.1.2　典型陆地生态系统植被生长趋势

1）热带雨林

31年来全球热带雨林MLAI和ALAI的年增长率分别在1.5%~2.9%和2.8%~4.5%波动，MLAI变幅小于ALAI，说明除夏季外全年其他季节植被生长也存在波动（图4-2）。

31年来全球大部分热带雨林植被生长呈上升趋势。其中亚洲上升幅度最大地区出现在印度尼西亚加里曼丹岛和爪哇岛，MLAI年增长率超5%；南美洲的巴西北部和亚马孙河沿岸MLAI年升幅也达5%以上，亚马孙河西部流域植被生长上升趋势明显高于东部流域；非洲尤其是以赤道为中心的地区，MLAI年增长率也达5%以上。非洲中东部、刚果盆地雨林的南北两侧、亚马孙河西部流域包括巴西东部和加勒比海沿岸，如索马里地区略有下降。

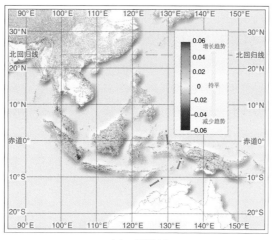

（a）亚洲地区

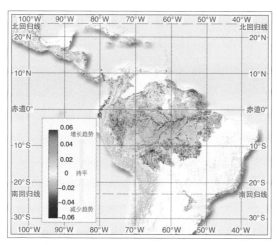

（b）美洲地区

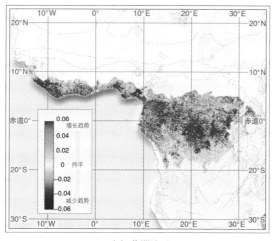

（c）非洲地区

图4-2　1982～2012年全球热带雨林MLAI变化速率空间分布图

2）温带草原

对温带草原31年MLAI变化速率分析得出，作为植被生长最旺盛的夏季亚洲草原年增长率为-0.2%，北美洲为0.4%，南美洲为-0.3%，欧洲为0.8%。31年来夏季全球温带草原植被生长整体呈上升态势，但上升幅度较小（图4-3）。其中亚洲东部和北美洲少量地区略有下降，亚洲蒙古境内温带草原，以及中国内蒙古部分地区植被生长下降明显，年降幅达到3%左右；欧洲东南部和亚洲西部地区温带草原植被生长整体略有上升，年升幅在2%左右；北美洲中部温带草原植被生长升降特征存在地区性差异，其中在草原中部植被生长每年有所增长，东北部地区加拿大境内温带草原则有所下降。相比之下，南美洲南部地区温带草原基本保持相对稳定的状态。

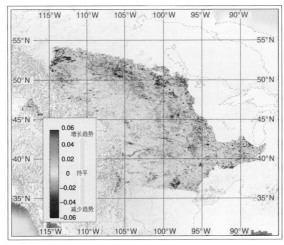

(a) 北美地区

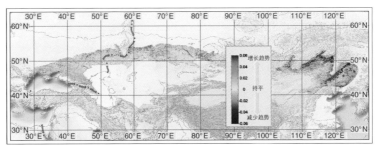

(b) 欧亚大陆

图4-3 1982～2012年全球温带草原MLAI变化速率空间分布图

3）北方针叶林

31年来亚洲北方针叶林MLAI年增长率为2.3%，北美洲为2.4%，欧洲为2.8%，说明31年来北方针叶林夏季植被生长呈上升趋势。其中北美洲加拿大境内北方针叶林的增长速率分布比较均匀，大部分地区每年在3%左右；北欧和东欧地区的增长速率呈现西高东低的分布格局，其中上升最为明显的地区是在15°E、65°N附近地区的瑞典境内；亚洲俄罗斯境内增长速率则呈现西低东高的相反分布特征，即西部部分地区略有下降，年下降速率在2%左右，东部西伯利亚高原上升较明显，特别是在105°E、60°N附近区域年增长速率达到5%以上（图4-4）。

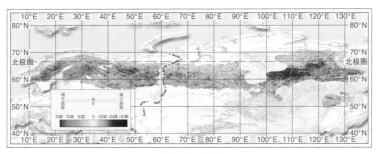

(a) 欧亚大陆

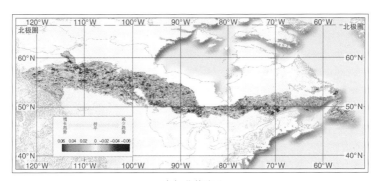

(b) 北美地区

图4-4　1982～2012年全球北方针叶林MLAI变化速率空间分布图

4.2　全球各大洲31年来植被生长年际变化

4.2.1　年际变化特征

从ALAI曲线波动图看，位于北半球的亚洲、欧洲、北美洲波动特征基本一致，它们以1994年为界可分为两阶段，1995年开始ALAI明显上升并于2000年后总体保持相对稳定状态（图4-5（a））。而位于南半球的非洲、南美洲和大洋洲ALAI曲线波动韵律并不一致。除了南美洲ALAI曲线波动韵律与北半球比较接近外，彼此间并不一致，其中非洲以1992年为界分为两阶段，1993年起的后一阶段曲线明显上升并总体保持平稳。大洋洲31年来ALAI变化呈现出十年的波动周期，且波动较为剧烈。从曲线峰谷特征来看，六大洲总体在1988年（或1989年）和1992年（南美洲为1994年）出现谷值，1990年（或1991年）出现峰值。MLAI曲线波动特征基本相似。

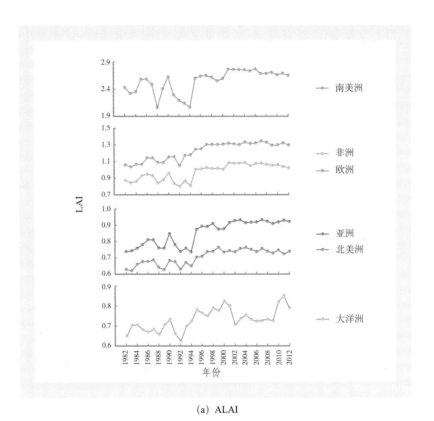

(a) ALAI

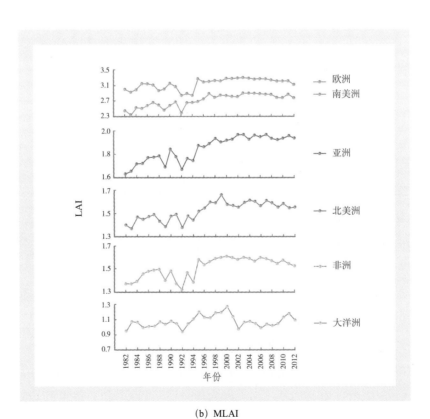

(b) MLAI

图4－5　1982～2012年全球六大洲LAI年际变化曲线图

4.2.2　变化成因分析

全球31年LAI年际变化曲线所反映出的波动周期和突变年份主要是由于全球气候变化所导致。以1994年（或1992年）为界，全球气候大体可分为两个阶段，后一阶段存在较为明显的升温，特别是2000年后全球增温相对更为明显。1988年（或1989年）和1992年（南美洲为1994年）的LAI谷值刚好与全球气温下降波动相吻合，而1990年（或1991年）的峰值则与全球增温波动相吻合。可见，除大洋洲外，其他五大洲LAI曲线峰值的明显波动是对全球明显气温波动的生态响应。大洋洲在受气温波动影响的同时，还受十年降水波动周期的影响明显，并且降水波动影响总体大于气温变化影响。

相关研究和气象数据表明，1995年以来尤其是2000年后全球气温总体呈上升趋势。2000～2012年LAI上升现象与全球2000年后出现连续暖冬现象相吻合。LAI曲线所表现的LAI主要升降年份与成因推测也基本和气候变化实际情形相吻合，如1990～1991年LAI的小峰值与该年份全球普遍升温相吻合，这可能与厄尔尼诺现象有关；1988年（或1989年）和1992年LAI的谷值则与该时间段全球普遍降温和拉尼娜现象相吻合；大洋洲2002～2009年LAI下降与该时期气温有所下降也相吻合。当然由于各大洲植被类型多样，同一时间各洲不同区域LAI有升有降，因此升降变幅可能相互抵消或弱化，在此空间分辨率上难以充分反映。不过现有的分析结果已表明，全球LAI所反映的植被生长年际波动变化对全球年际气候变化的生态响应是敏感且符合生态学规律的。

4.3　全球陆地生态区31年来植被生长年际变化

4.3.1　年际变化特征

全球各主要生态区MLAI和ALAI的年际变化波动特征不尽相同（图4-6），但具有四个共性特征：①森林植被为主导的生态区基本上从1994年（有些类型从1992年）起呈上升趋势，荒漠则总体相反，草原类型情形介于两者之间；②2000年或2002年夏季以来森林植被类型主导的生态区植被生长总体上呈缓慢下降趋势；③1988年尤其是1989年夏季绝大多数生态区的LAI出现了小谷值，而1990年或1991年则正好相反，出现了小峰值；④热带荒漠大体存在1982～1992年、1993～2002年和2003～2012年三时段的10年波动周期。

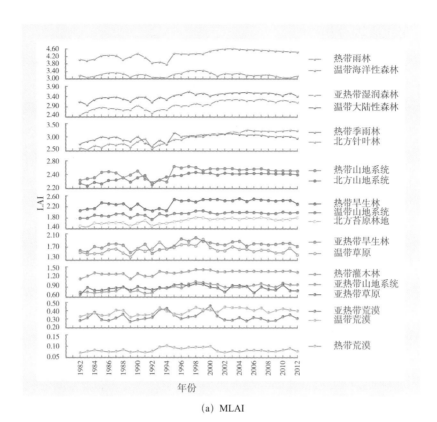

（a）MLAI

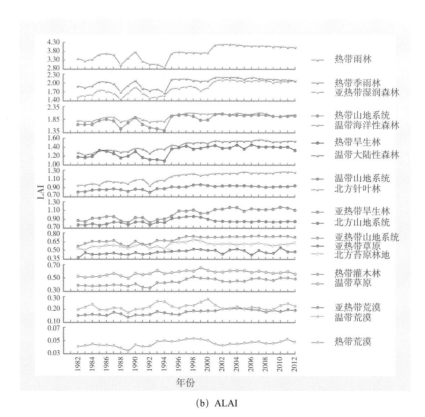

（b）ALAI

图4－6　1982～2012年全球陆地19种生态区LAI年际变化曲线图

4.3.2 变化成因分析

从全球陆地19种主要生态区类型31年MLAI和ALAI年际波动曲线可以看出，导致其升降波动变化的最主要驱动力还是气候变化。其中1994年（前后）尤其是2000年后LAI的上升趋势与全球1994年（前后）尤其是2000年全球气候变暖相吻合；1988～1989年LAI的谷值与全球该年份普遍降温和拉尼娜现象相吻合，1990～1991年LAI的小峰值则与该年份全球普遍升温和厄尔尼诺现象相吻合。说明全球陆地生态区LAI的波动变化对全球气候变化的生态响应同样比较敏感且符合生态学规律。

4.4 全球主要国家植被生长状况与变化

4.4.1 全球及各洲基本状况

根据对全球各国MLAI和ALAI均值的统计结果，2012年全球169个国家和地区（国土面积小于5000km²的国家未纳入统计）按照LAI五个等级进行统计。MLAI高值和极高值国家占比近1/2，中值国家略超1/5，低值和极低值国家超1/4；ALAI指标看，高值和极高值国家略超1/3，中值国家略超1/4，低值和极低值国家占比近2/5（图4-7）。

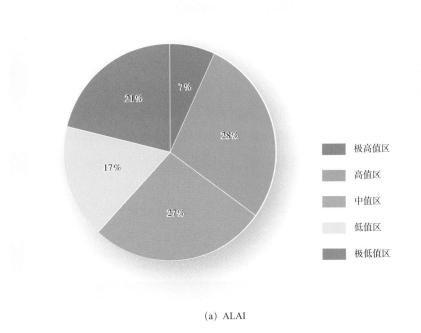

(a) ALAI

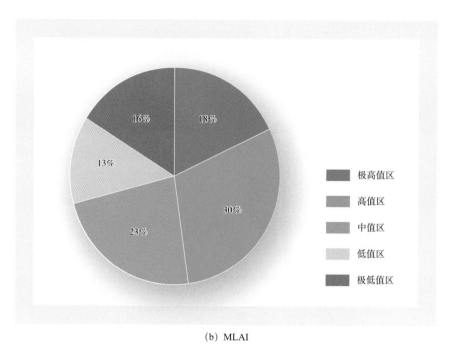

（b）MLAI

图4-7　全球169个国家与地区LAI不同等级区数量比例图

　　欧洲无MLAI极低值国家和ALAI极高值国家；北美洲无ALAI极高值国家，南美洲无超低值国家，大洋洲无中值和极低值国家，亚洲和非洲则均存在归属于五个等级区的国家（图4-8）。这一情形与各大洲所处的地理位置与气候条件具有一致性。

　　不同大洲各等级区国家所占比例也不同。ALAI指标看，非洲低值与极低值、中值和高值与极高值三者国家数量比例相当；亚洲低值与极低值国家数量所占比例大于1/2，高值与极高值国家所占比例近1/3，中值国家所占比例较小，略超1/9；欧洲中值国家所占比例远大于1/2，高值和低值与极低值国家所占比例相同；北美洲高值国家所占比例大于1/2，说明陆地生态环境状况相对较好；南美洲高值与极高值国家所占比例近4/5，且无极低值国家，说明植被生长状况相对最好；大洋洲高值与极高值国家所占比例大于4/5，低值国家约占1/5。表明全球各大洲植被生长状况水平差异显著。MLAI指标（图4-8（b））反映的各大洲国家及地区数量比例关系与ALAI指标总体类似，最大差别表现在，欧洲之前所占比例最大的中值区国家基本成为高值区国家，并出现约占1/10的极高值区国家，这与其植被类型的季节变化特征相吻合。

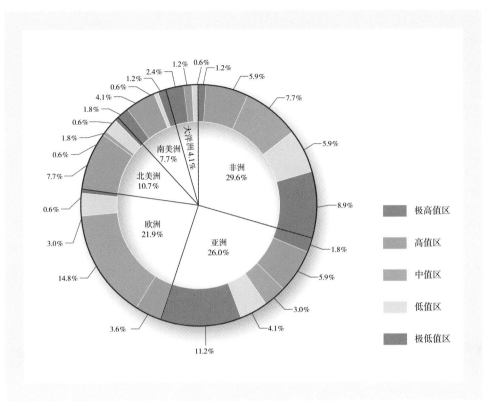

(a) ALAI

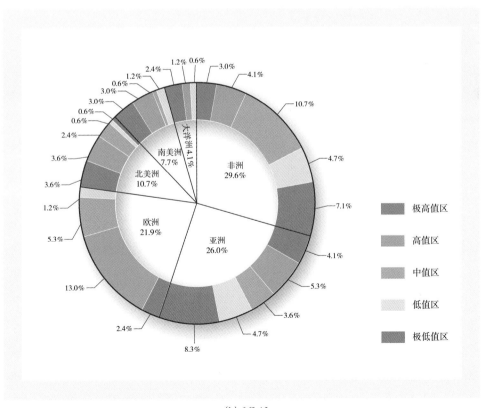

(b) MLAI

图4-8　全球六大洲LAI不同等级区国家数量所占比例图

4.4.2 基于31年LAI变化的主要国家排名

年报对全球169个国家与地区2012年与31年（1982～2012年）LAI均值进行了比值计算（RLAI），从中选取出国土面积大于40000km^2、2012年ALAI大于0.6的101个国家重新进行分析和比较。

1）基于RMLAI变化的国家排名

分析表明，101个国家31年的RMLAI波动于0.83～1.19，其中RMLAI大于1.0的国家有71个，小于1.0的国家有30个，变幅在5%范围的国家超过半数（61个）。

排名前十位的国家依次是利比里亚、塞内加尔、尼泊尔、阿塞拜疆、保加利亚、中国、格鲁吉亚、印度、加蓬和波兰，排名后十位的国家依次是乌干达、马拉维、乌拉圭、智利、坦桑尼亚、柬埔寨、爱尔兰、中非、阿根廷和尼加拉瓜，此20个国家具体地理位置见图4-9。进一步分析得出，这些国家之所以能在众多国家中名列前茅，主要成因有两个：一是全国自然条件总体优越、植被覆盖率高尤其是森林覆盖率高，目前前十国家中绝大多数国家均属于这种情形；二是自然植被得到有效保护，同时（或）高度重视绿化工程建设并取得成效，中国属于后一种情形。

排名后10位的国家基本上分布在干燥热带森林、热带稀树草原等热带亚热带旱生性森林或森林草原区，其比值均小于1.0，这与全球气候变暖一定程度上相对干旱加剧而不利植被生长有较大关系。

2）基于RALAI变化的国家排名

101个国家31年的RALAI波动于0.81～1.29，其中RALAI大于1.0的国家有81个，小于1.0的国家有20个。比值变幅在5%范围的国家明显减少。

RALAI排名前十位的国家依次是利比里亚、加蓬、尼泊尔、阿塞拜疆、中国、捷克、刚果（布）、喀麦隆、塞内加尔和波兰，排名后十位的国家依次是乌干达、马拉维、爱尔兰、中非、埃塞俄比亚、瑞士、乌拉圭、坦桑尼亚、智利和挪威。与前一排行榜对比可以看出，前十位的国家只是捷克、刚果（布）和喀麦隆取代了保加利亚、格鲁吉亚和印度3个国家，其他7个国家保持不变；排名后十位的国家瑞士、挪威和埃塞俄比亚取代了柬埔寨、阿根廷和尼加拉瓜。其中瑞士和挪威的入围似乎有些意外，但实际上瑞士的两个RLAI均小于1.0，基于瑞士对自然环境的良好保护，推测主要与气候变化有关。即由于气候变暖和2012年北半球降水普遍减少，一定程度上加剧了瑞士境内归属地中海气候的阿尔卑斯山南部地区和北部东侧地区的相对干旱，致使其两比值小于1.0；挪威排名靠后推测可能还是与2012年北半球降水量减少有关。

基于LAI变化的国家排名与31年来全球湿润区植被生长总体好于常年，半干旱区和季节性干旱区植被生长差于常年的时空演变规律总体吻合。

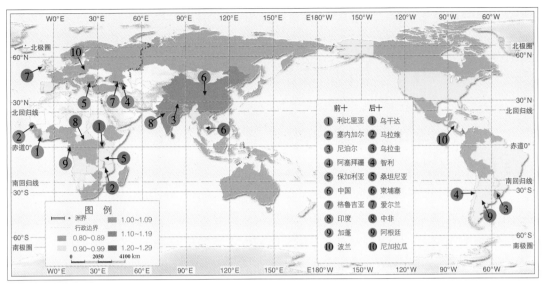

(a) RMLAI

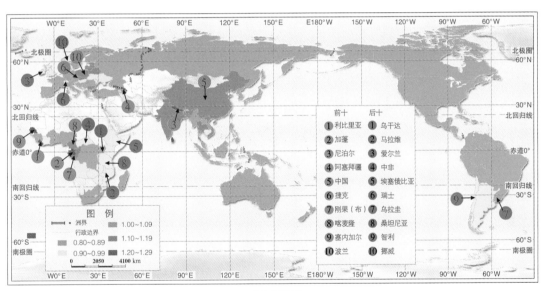

(b) RALAI

图4-9 基于RLAI变化的全球前后10个国家排行榜空间分布图

五、中国植被生长及其变化

5.1　2012年中国植被生长状况

5.1.1　基本状况

中国2012年MLAI极高值区主要分布在海南、秦巴山地、小兴安岭和长白山地区；高值区主要分布在东南沿海、大小兴安岭；中值区主要分布在除超高值区和高值区外的东部广大地区；低值区则分布在青藏高原东南、内蒙古高原以及天山山脉等；极低值区则主要分布于塔里木盆地、柴达木盆地、吐鲁番盆地和藏北高原区。其空间分布格局总体与吴征镒和孙世洲分别提出的中国植被区划格局基本一致。MLAI中值区和低值区的分界线基本与半干旱区和半湿润区的分界线相吻合（图5-1）。

ALAI的分布格局与前者类似，但不存在极高值区，高值区也仅分布于海南岛、台湾及喜马拉雅山南麓等小范围区域。虽然东北和秦岭一带MLAI指示的极高值区和高值区转为中值区，但中值区范围仍有所缩小，而低值区范围有所扩大，并且内蒙古高原、黄土高原、青藏高原东南部等低值区连成一片。极低值区总体保持不变。

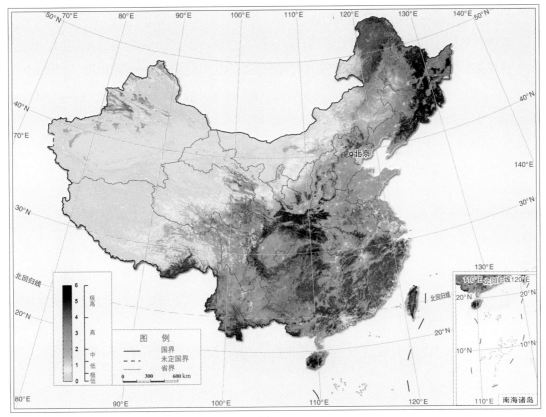

(a) MLAI

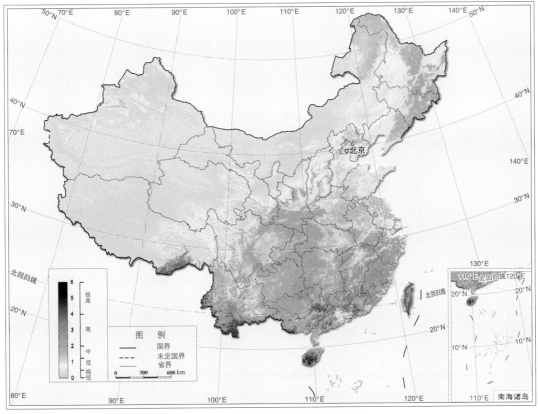

(b) ALAI

图5-1 2012年中国LAI空间分布图

5.1.2 中国分省植被生长状况

根据各省份（香港和澳门两个特别行政区因为面积小不加以分析）MLAI和ALAI均值的统计结果，2012年中国32个省份分别归属于高值区、中值区、低值区和极低值区4个等级（图5-2）。MLAI高值区略超1/2，中值和低值（包括超低值）区平分秋色；ALAI指标看，高、中、低值（包括极低值）区各占1/3。

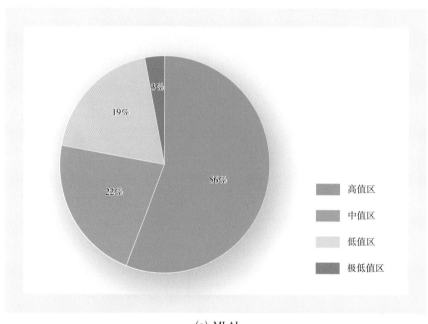

(a) MLAI

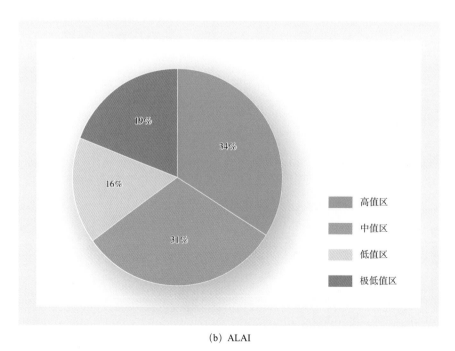

(b) ALAI

图5-2　2012年中国LAI不同等级区省份比例图

2012年32个省份MLAI归属高值区的有黑龙江、吉林、福建、台湾、海南、贵州等18个省份，归属中值区的有四川、北京、河北、山东、山西等7个省份，归属低值区的有内蒙古、上海、甘肃、宁夏、青海和西藏6个省份，极低值区只有新疆。这与各省份ALAI分布特征存在较大差异，体现在高值区省份的扩大，以及另三个等级区不同程度的缩小。重点体现在处于温带湿润气候带的东北三省和亚热带湿润气候、国土开发度低于15%的华东各省（江苏除外），以及河南、陕西入围高值区。新疆在两个指标中均处于极低值区，说明该区整体植被生长状况差（图5-3）。

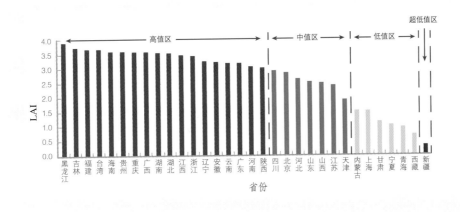

（a）MLAI

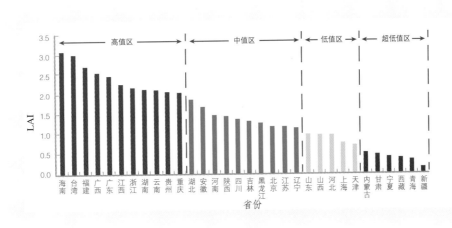

（b）ALAI

图5-3　2012年中国各省份LAI分布图

ALAI归属高值区的有海南、台湾、福建、广西、广东等11个省份，归属中值区的有湖北、安徽、河南、陕西、北京等10个省份，归属低值区的有山东、陕西、河北、上海和天津5个省份，极低值区有内蒙古、甘肃、宁夏、西藏、青海和新疆6个省份。高值、中值省份占20个，低值和极低值省份占11个。反映出中国各省份植被生长状况水平差异显著，各省份差异与其自然环境状况差异相一致。

5.2 1982～2012年陆地植被生长变化与发展趋势

5.2.1 2012年植被生长与背景值差异

从MLAI看，2012年中国夏季植被生长状况总体上呈现出东部地区升降相对明显，西部不明显的基本格局。明显上升区主要分布在28°～32°N附近沿线的四川东部、重庆西部和湖北南部，以及110°E沿线附近的陕西东部农业生产区，东部其他大部分区域处于上升区；明显下降区则呈斑块状镶嵌在广大的东部地区，主要斑块有苏沪浙东部沿海、呈倒"N"形分布的大小兴安岭外围与呼伦贝尔草原并沿科尔沁沙地西侧西南方向间断延伸到北京地区、西藏南迦巴瓦峰与云南怒山沿线地区，以及新疆伊犁草原等四大区域，此外，珠三角、京津冀等城市群地区，以及青海、西藏和四川的高寒草甸区等也呈不同程度的下降（图5-4）。

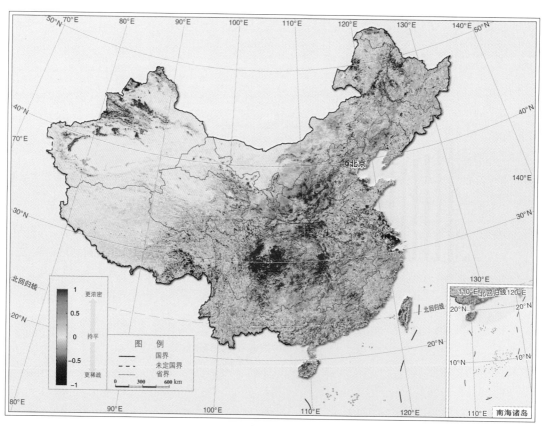

(a) MLAI

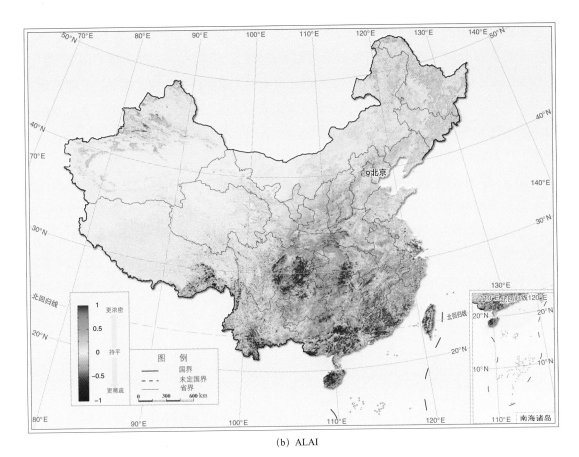

(b) ALAI

图5-4 1982～2012年中国LAI距平空间分布图

ALAI与MLAI指标所反映的共同点是：① 28°～32°N附近沿线的四川东部、重庆西部和湖北南部区域均为明显上升区；②苏沪浙东部海岸带和西藏南迦巴瓦峰与云南怒山沿线地区均为明显下降区；不同点是：①MLAI为明显上升区的110°E沿线附近的陕西东部农业生产区ALAI变为一般上升区，该区域主要为果树等经济林生产区，而28°～32°N主要为粮食作物种植区；②MLAI指示的25°N以南的广大地区（珠三角、汕头地区、昆明南部广大区域等除外）为一般上升区，而ALAI变为明显上升区，这可能与该区域主要为粮食作物和经济林生产区，以及自然分布的常绿林有关；③MLAI指示的大小兴安岭与呼伦贝尔草原，以及新疆伊犁草原等两大主要下降区，ALAI指标上降幅度减弱。

5.2.2 植被生长变化趋势

中国大部分区域MLAI的31年来变化趋势总体以上升为主，下降为辅（图5-5）。MLAI明显上升区主要分布在28°～32°N的四川东部、重庆西部和湖北南部，东部其他大部分区域处于一般上升区；明显下降区最主要分布在大小兴安岭周边以及呼伦贝尔草原，并沿科尔沁沙地西侧向南间断延伸到北京地区。此外，长三角、珠三角等城市群地区，以及青海、西藏和四川的高寒草甸区等也呈不同程度的下降。

ALAI与MLAI指标反映的共同点是：① 28°～32°N的四川东部、重庆西部和湖北南部区域均为明显上升区；②长江三角洲、珠江三角洲等城市群地区和西藏南迦巴瓦峰与云南怒山沿线地区均为明显下降区。不同点主要是：①MLAI指示的25°N以南一般上升区（珠三角、汕头地区、昆明南部广大区域除外），ALAI变成为明显上升区；②MLAI指示的大小兴安岭东侧与呼伦贝尔草原下降明显区，ALAI变为一般下降区，该区域沿科尔沁沙地西侧向南间断延伸到北京地区。

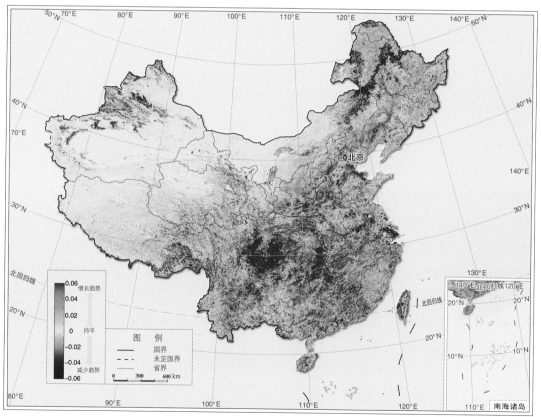

(a) MLAI

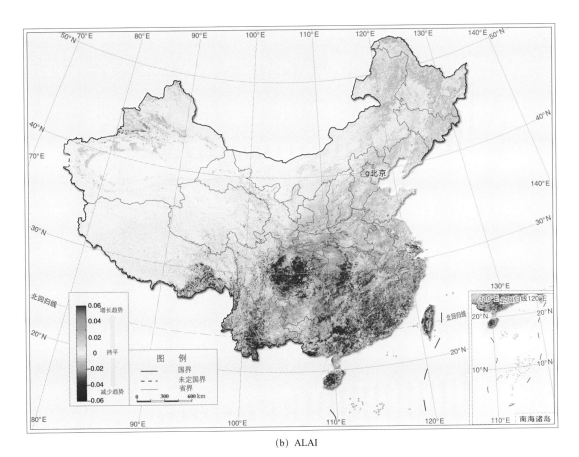

(b) ALAI

图5-5 1982~2012年中国LAI变化速率时空分布图

5.2.3 中国各省份LAI变化排名

根据中国各省份2012年MLAI与31年背景值比值（RMLAI）的变化统计，中国32个省份中上海和江苏的RMLAI低于1.0，其他30个省份比值均大于1.0，说明除上海和江苏外，其他省份MLAI均呈不同程度上升态势。排名前3名的省份分别是宁夏、山西和甘肃，后三位依次为上海、江苏和台湾。

上海和江苏RALAI也同样小于1.0，其他省份均大于1.0。排名前3名的省份依次为宁夏、山西和陕西，最后三位依次为上海、江苏和西藏（图5-6）。

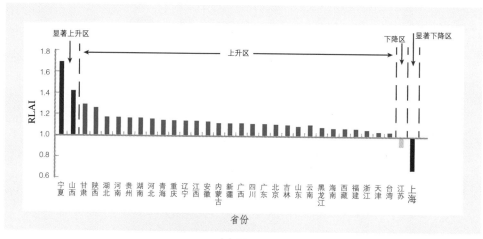

(a) RMLAI

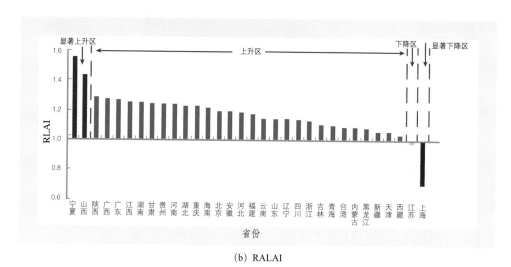

(b) RALAI

图5−6　2012年中国各省份RLAI变化图

从排名看，前三位均为"三北"地区省份，这反映中国近几十年"三北"防护林建设等工程成效明显。上海和江苏的下降主要是由于城市快速扩张导致大量农用地和未利用地流转为建设用地引起的。资料表明，上海和天津是目前全国国土开发度最高的两个地区，国土开发度（即区域建设用地与区域总面积的百分比）超过30%，其次是北京和江苏，国土开发度约为20%，明显高于其他省份。天津的RMLAI和RALAI均排名倒数第四位与其高国土开发度相吻合；国土开发度位列第三的北京，在RMLAI和RALAI比值排名上分别排在第20位和第14位，说明北京在保护自然植被和绿化上取得了明显成效。台湾RMLAI名列倒数第三，主要是由于中央山脉与玉山山脉之间森林区降水减少所致。

MLAI比值排名后10位的省份除了西藏、云南外，其他8个都是沿海的省份，这些省份理应排名靠前，而造成其排名靠后的主要原因也是国土开发度相对中西部地区要高，以及与一些自然植被遭到破坏或被改为经济林（或经济作物）有关。ALAI比值排名后10位的省份中，同样东部省份主要是由于国土开发度相对高以及自然植被减少有关，而内蒙古、青海、西藏、新疆等4省份则主要是由于全球气候变暖，在一定程度上加剧了西部地区的干旱程度，从而总体不利植被生长（图5-7）。

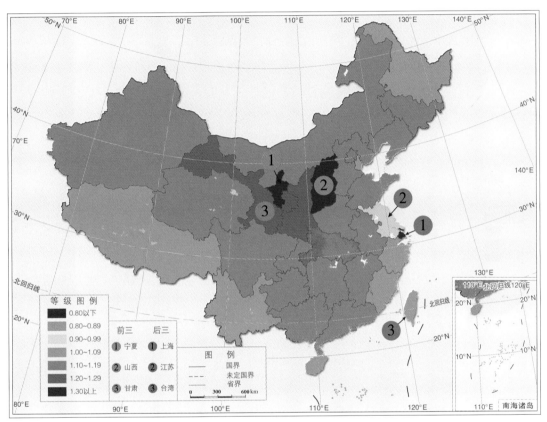

(a) RMLAI

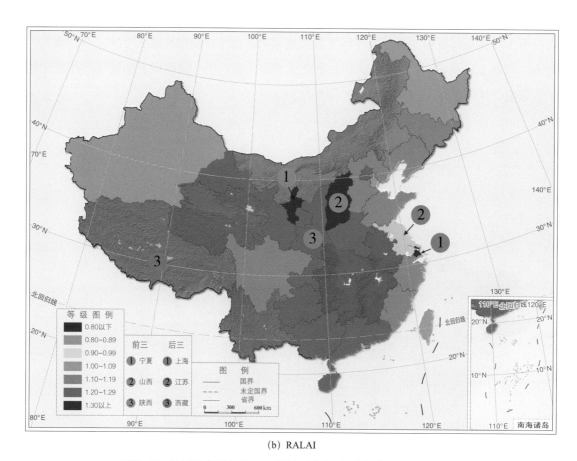

(b) RALAI

图5－7　2012年中国各省RLAI等级区与前后3名排行榜空间分布图

5.3 2011～2013年植被生长变化及其显著区分析

5.3.1 植被生长变化

1）2013年与2012年对比

与2012年对比，2013年DMLAI指标上呈现出东北平原台地温带落叶阔叶林区和平原农业区，以及内蒙古锡林浩特北部温带丛生禾草草原区为下降规模相对最大的两大区域（图5-8）。此外，在川北的高寒草甸和青东、甘南的温带丛生禾草草原区、山东温带草甸与农业分布区等也为下降；上升区主要分布在内蒙古东北部和海拉尔河北侧的草原区、河北与山西北部的草原与农业区、西藏东南部与云南西北部的常绿针叶林与阔叶林区、东北平原农业区、河北北部温带落叶灌丛、山西陕西温带草原，以及湘西和川东草原区与农业区为上升区。

DALAI指标看，两者总体类似，但变幅明显减小。

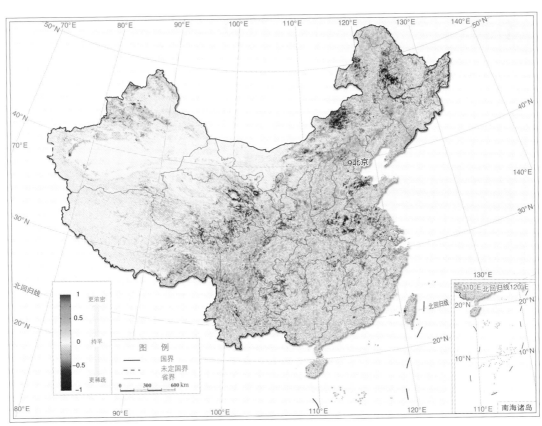

(a) DMLAI

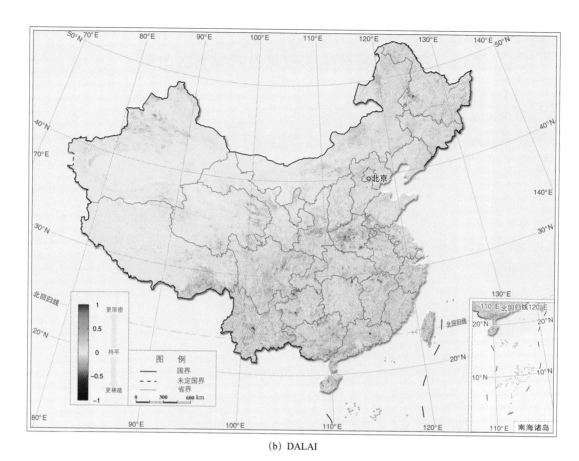

（b）DALAI

图5-8　2013年与2012年中国DLAI空间变化图

2）2012年与2011年对比

与2011年对比，2012年DMLAI指标上呈现出西南横断山脉为主的下降区，大兴安岭、内蒙古草原、黄土高原和秦岭地区，以及沿华北平原、长江中下游和云贵高原一线的上升区（图5-9）。

DALAI指标反映的分布格局特征同DMLAI总体类似，只是变幅明显减小。

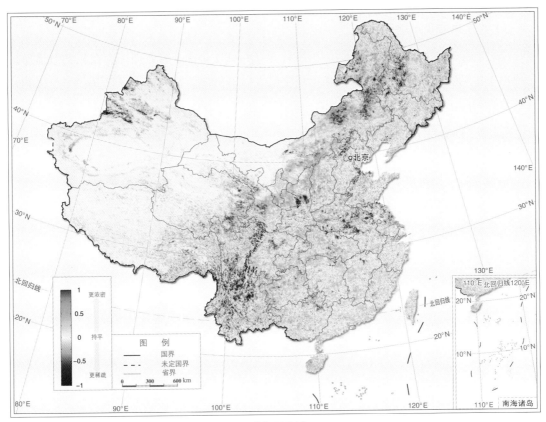

(a) DMLAI

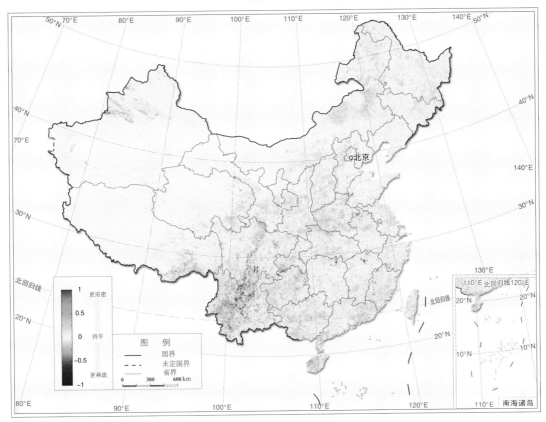

(b) DALAI

图5-9　2012年与2011年中国DLAI空间变化图

3）近三年变化小结

从近三年中国DLAI变化特征可以看出，其DLAI波动特点与亚洲区存在相类似情形，表现出上述两时段年际变化总体呈相反的变化方向与格局。这与亚洲地区2012年总体相对干旱并影响LAI变化趋势存在紧密关系。

5.3.2　LAI变化显著区案例分析

1）大兴安岭地区

大兴安岭一带主要是以温带落叶林为主的植被景观，该区域2011年夏季（6～8月）LAI值明显低于最近31年和近13年LAI相应值，造成LAI明显下降（最大降幅1.0～1.2，即下降了1/3）的原因，推测最大可能性应该是降水减少，即6～8月降水明显小于2012年和2013年同时期水平（图5-10）。

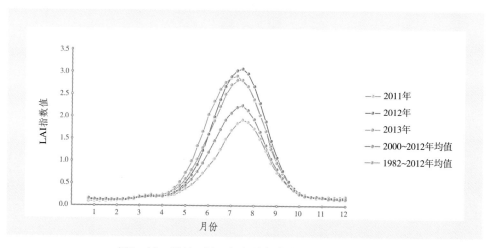

图5-10　2011～2013年大兴安岭地区LAI波动曲线图

2）西南横断山脉

西南横断山脉由于海拔差异大，植被垂直景观类型多样，从山麓到山顶大致分布有常绿阔叶林、常绿与落叶阔叶林、落叶阔叶林、针阔混交林、常绿针叶林、高山草甸等多种植被类型。该类型近三年LAI最大值可达3.2左右，最小值0.6左右，年内波动幅度较大，说明该植被类型季节变化较大，但冬季植物并未全部落叶的特点，由此推测该地植被类型最大可能性是以落叶阔叶树占主导的常绿与落叶阔叶混交林。从近三年LAI曲线波动周期与近31年和13年LAI背景值波动周期一致看，造成2012年5～8月时段LAI明显下降的原因是由于降水小于同时期的2011年和2013年。但从2012年LAI波动曲线基本与31年背景值曲线一致看，2012年只是相对干旱，并不属于异常年份。反而是2011年和2013年较常年夏季相比降水有所增加（图5-11）。

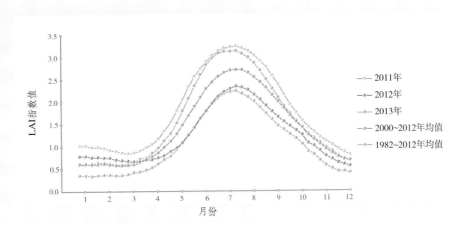

图5－11　2011～2013年西南横断山脉地区LAI波动曲线图

5.3.3　重点区2011～2012年LAI变化分析

中国环境与灾害监测预报小卫星（简称HJ-1卫星）同样可以监测地表植被变化状况。相比于MODIS反演的大中尺度LAI产品，HJ-1卫星的优势在于反演小尺度LAI产品，这些LAI产品可以反映植被在更小区域范围的变化情况。

1）黑河中上游地区

黑河流域具有高寒与干旱伴生的环境特点，黑河上游地区为山区，山地森林类型以青海云杉为主，中游绿洲以农田为主，种植玉米、大豆、小麦等粮食作物。在此选取三个子区域进行分析。黑河图像获取时间分别为2011年7月26日和2012年7月27日。

对比上游森林外农田（15km×15km）彩色合成图像可以看出（图5－12）：2011年和2012年该区域夏季农田的种植结构存在差异，导致HJ LAI年际变化显著。此外，图幅上部中间区域在2011年为裸地，而在2012年对应的区域有植被覆盖，这是导致LAI显著增加的原因。需要说明的是，由于2011年HJ LAI图像下方农田区存在反演饱和问题，得到2011年LAI值普遍偏高，达到查找表边界7～8，而2012年反演LAI在正常值（0～6）范围内，导致HJ LAI年际差异显著。

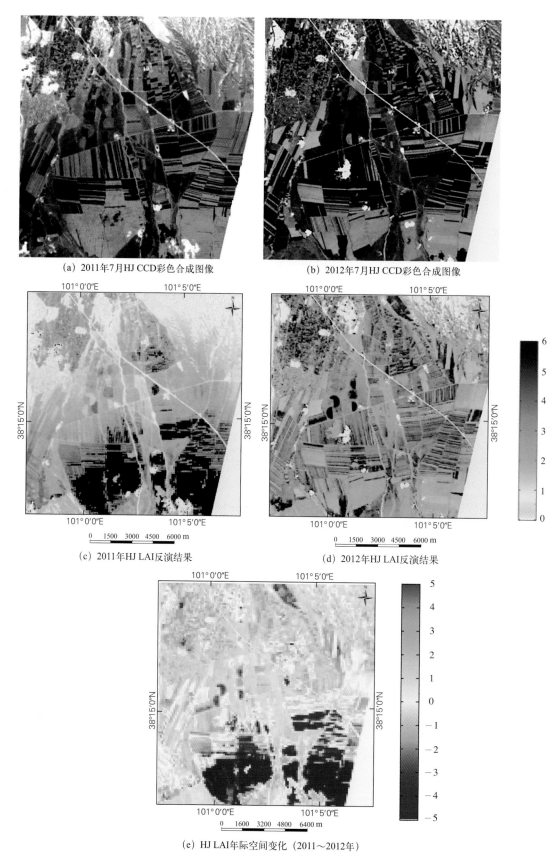

(a) 2011年7月HJ CCD彩色合成图像　　　　　　(b) 2012年7月HJ CCD彩色合成图像

(c) 2011年HJ LAI反演结果　　　　　　　(d) 2012年HJ LAI反演结果

(e) HJ LAI年际空间变化（2011～2012年）

图5－12　黑河上游森林外农田区对比分析

在绿洲外农田区域（30km×30km），从彩色合成图像（图5-13）可以看出：2012年植被覆盖范围和植被长势总体优于2011年，尤其是在图像中间的农田圆形灌溉区，HJ LAI年际变化呈现增加趋势（图5-13），符合实际植被生长状况（范闻捷等，2011）。

(a) 2011年7月HJ CCD彩色合成图像

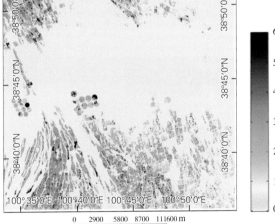

(c) 2011年HJ LAI反演结果　　　　　　　(d) 2012年HJ LAI反演结果

(b) 2012年7月HJ CCD彩色合成图像

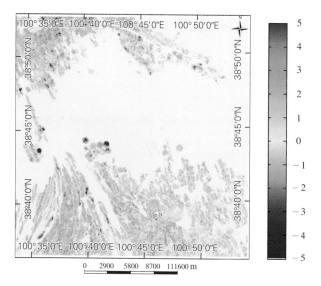

(e) HJ LAI年际空间变化（2011～2012年）

图5-13 黑河绿洲外农田区对比分析

从图5-14中游农田区域（30km×30km）对比结果可以看出：在整体上，张掖农田地区2012年和2011年HJ LAI年际变化差异较小。而张掖北部农田周边LAI年际变化比较大，对比2011年和2012年彩色合成图像发现该地区在2012年植被生长范围有所缩小、植被长势较2011年略差。同时受到云覆盖的影响，对分析结果产生部分偏差。

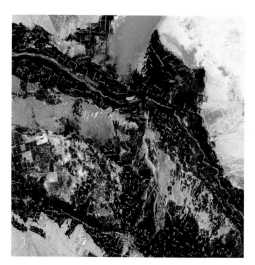

(a) 2011年7月HJ CCD彩色合成图像

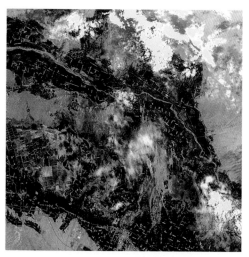

(b) 2012年7月HJ CCD彩色合成图像

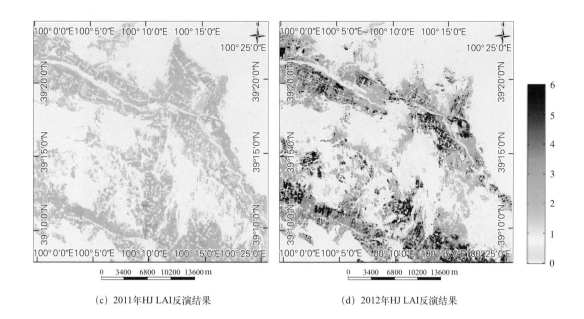

(c) 2011年HJ LAI反演结果　　　　　　　　(d) 2012年HJ LAI反演结果

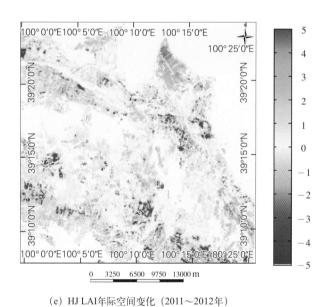

(e) HJ LAI年际空间变化（2011～2012年）

图5-14　黑河中游农田区对比分析

2）黑龙江大兴安岭林区

大兴安岭地区是国家重点国有林区和天然林主要分布区之一，也是中国唯一的寒温带亮针叶林区，森林覆盖率为79.83%，主要树种有兴安落叶松、白桦、樟子松等。图像获取时间2011年7月3日和2012年7月8日。对比黑龙江大兴安岭林区（15km×15km）生长状况，2012年森林分布和长势明显优于2011年（图5-15），除部分云及其阴影外，该区域2012年森林LAI呈现较为明显的增加趋势。主要原因在于2011年夏季黑龙江大兴安岭地区降水相对偏少造成，这与GLASS产品对该地区LAI变化及其成因分析相一致。

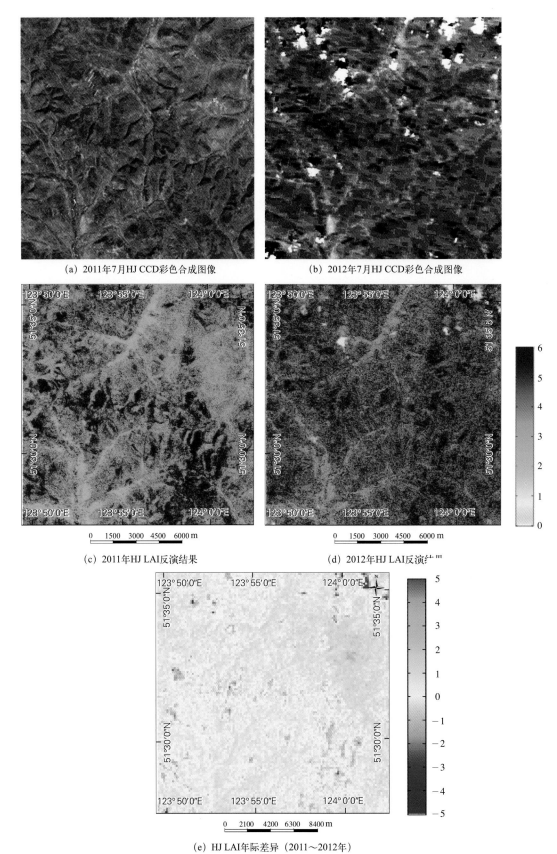

(a) 2011年7月HJ CCD彩色合成图像　　　　　(b) 2012年7月HJ CCD彩色合成图像

(c) 2011年HJ LAI反演结果　　　　　(d) 2012年HJ LAI反演结果

(e) HJ LAI年际差异（2011～2012年）

图5-15　大兴安岭林区对比分析

3）北京局部地区

该区域数据获取时间为2011年7月26日和2012年7月23日。对比北京周边地区2011年和2012年在HJ-1彩色合成图像（15km×15km）红框内的数据，发现由于人为因素的影响将原本的农业用地转为建设用地，导致2012年内在长1080m和宽600m范围内的地表植被发生变化，这0.648km²内的变化在HJ-1 LAI中能够显示出来（图5-16）。

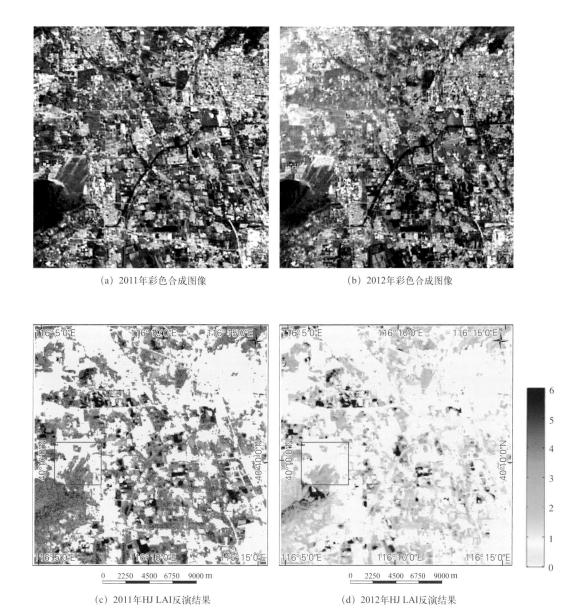

(a) 2011年彩色合成图像　　　　　　　　(b) 2012年彩色合成图像

(c) 2011年HJ LAI反演结果　　　　　　　(d) 2012年HJ LAI反演结果

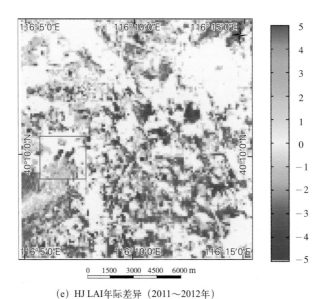

（e）HJ LAI年际差异（2011～2012年）

图5-16 北京局部地区对比分析

对比北京郊区道路与河流附近30km×30km区域内植被变化情况（图5-17），2011年HJ-1彩色图像上可看出明显的植被分布，而在2012年HJ-1彩色图像上这部分植被明显减少，在HJ-1 LAI年际差异图中也可以显示这部分变化。

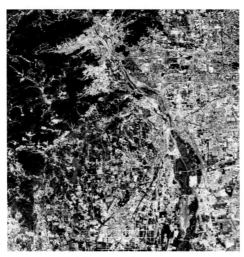

（a）2011年彩色合成图像

（b）2012年彩色合成图像

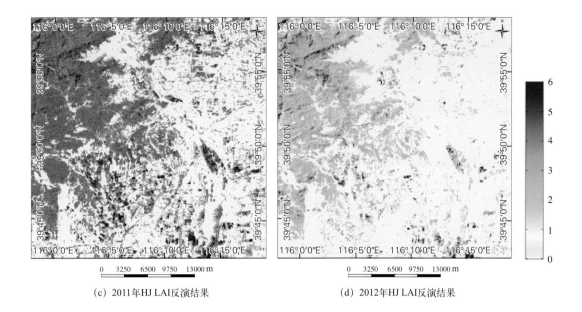

(c) 2011年HJ LAI反演结果　　　　　　　(d) 2012年HJ LAI反演结果

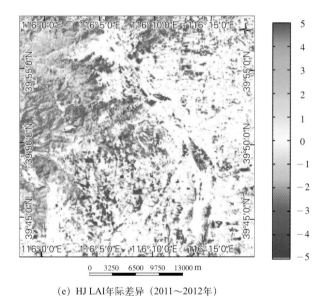

(e) HJ LAI年际差异（2011～2012年）

图5-17　北京郊区对比分析结果

六、结 论

1）1982～2012年全球植被生长总体呈现"湿升干降" 时空演变规律

31年来全球湿润区森林植被生长总体处于上升趋势（湿升），而半干旱草原区和季节性干旱的旱生林和疏林植被生长总体处于下降趋势（干降）。这与全球气候变暖总体有利于湿润区的植被生长，而不利于半干旱和季节性干旱植被生长有关。

2）1982～2012年全球植被生长变化对全球气候变化的响应特征明显

31年来全球各大洲和全球各主要生态系统类型LAI总体呈波动上升趋势，其波动特征与全球气候变化相关，与1995年以来尤其是2000年以后全球气候变暖的变化响应更加明显。其中1988～1989年LAI的明显波动谷值与该时间段的普遍降温相吻合，可能与拉尼娜现象有关；1990～1991年的LAI峰值则与普遍增温相吻合，可能与厄尔尼诺现象有关；2000～2012年美国中部地区物候的明显提前与同期的气候变暖相吻合。

3）2011～2013年全球陆地植被生长状况总体好于常年

近三年，全球陆地植被生长状况变好的区域主要分布在热带雨林、温带针叶林带，以及亚热带暖温带湿润森林。澳大利亚东北部、加拿大北部等地区植被生长的改善与降水明显增加有关。局部地区的植被生长状况变差，如美国中部、巴西东北部和非洲南部亚热带草原等地区，与该时段发生的明显干旱有关。

4）重大生态工程和城镇化进程对中国植被生长变化产生明显影响

近31年来中国区域LAI值总体呈现上升趋势，特别是宁夏、山西、甘肃和陕西等省份上升趋势最为明显，这可能与中国多年来重大生态建设工程的实施相关；上海和江苏的LAI降低则主要是由于城镇化引起的建设用地扩张等原因所导致。

致 谢

　　本报告得到国家高新技术研究发展计划（863计划）地球观测与导航技术领域研究项目（2009AA122102，2013AA122800）和团队的共同支持，由国家遥感中心牵头组织实施，北京师范大学、中国科学院遥感与数字地球研究所、南京大学、中国林业科学研究院资源信息研究所共同参与，中国资源卫星应用中心和国家卫星气象中心提供卫星遥感数据，国家基础地理信息中心提供报告的基础地理底图。

附　录

1.技术方法

GLASS LAI反演算法集成时间序列的多种遥感观测数据，生产时空连续的长时间序列的高精度全球叶面积产品。算法采用广义神经网络模型（GRNNs），利用高精度的LAI数据作为网络的训练样本集，经过预处理的反射率数据作为模型的输入数据，通过高性能计算集群自动化地完成全球叶面积指数产品的生产（Xiao et al., 2014；Liang et al., 2013；Stocker et al., 2013）。算法流程如图1所示。

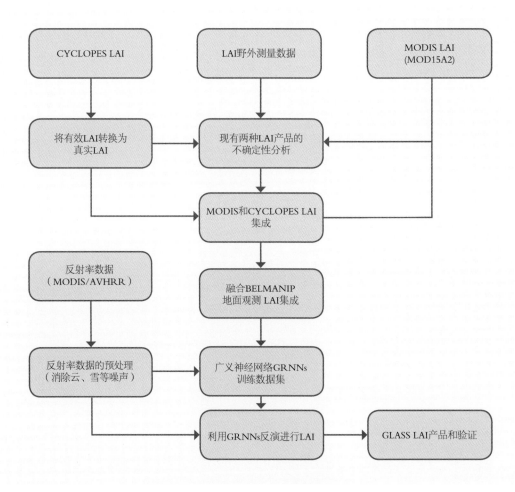

图1　GLASS LAI反演算法流程图

1）GLASS LAI算法训练数据集取

2000年后1km产品生产的训练数据集：LAI反演算法首先收集整理MODIS、VEGETATION等传感数据的LAI产品（MODIS LAI 和CYCLOPES LAI）及全球范围地面测量数据（BELMANIP LAI），然后针对不同植被类型，对各种传感器的LAI产品进行分析与评价，确定不同传感器LAI产品的不确定性。通过选择2001~2003年不同传感器LAI产品，进行偏置校正和融合处理，生产精度相对较高的LAI数据，结合预处理后的MODIS地表反射率数据，构造神经网络的训练数据集。利用训练数据集完成神经网络的学习过程，训练好的神经网络用于生产2000年以后全球LAI产品。

1982~1999年5km产品生产的训练数据集：将2000~2003年的融合后的1km LAI聚合到5km尺度，结合预处理后的AVHRR地表反射率数据，构造样本数据集训练神经网络。训练好的网络用于生产1985~1999年的全球LAI产品。

2）GLASS LAI 地表反射率输入数据预处理

为了减小雪和云的反射率造成的反演算法的不稳定性，产品算法对地表反射率进行质量检测，剔除雪和云的反射率，并利用插值方法对缺失的反射率进行填充，形成时空一致的地表反射率数据。算法的输入数据包括预处理后的红光（R）和近红外（NIR）波段的时间序列反射率（以一年为单位，全年共46个），即输入向量X=（R1，R2，…，R46，NIR1，NIR2，…，NIR2，）T包含92个分量；输出为对应年份的时间序列的LAI，即Y=（LAI1，LAI2，…，LAI46）T包含46个分量。将预处理后的MODIS或AVHRR地表反射率作为输入数据，利用训练好的神经网络自动反演1982~2010年的全球LAI产品。

3）产品精度验证

由于空间尺度的差异，中等分辨率的LAI产品很难直接和地面测量的LAI行比较（Friedman et al., 2013）。GLASS LAI全球产品时间跨度从1981~2010年，时间分辨率为8天，即每8天每个空间位置上有一个估算值。其中，2000~2010年的GLASS LAI产品的空间分辨率为1km；1985~1999年的空间分辨率是5km。

GLASS LAI 利用VALERI项目开发的全球分布站点网络观测数据进行精度验证，该项目总共包括33个站点，每一个站点包含不同时间的LAI地面测量数据。通过整理，共得到了52个高分辨率的LAI分布图，其中只有22个LAI分布图为真实LAI（表1）。

在产品验证中，本报告使用这22个真实LAI的数据进行了GLASS LAI的精度验证，同时也对同类型的叶面积指数产品（MODIS LAI 和CYCLOPES LAI）进行了验证。

LAI分布图的空间分辨率是20m或者是30m，而GLASS LAI、MODIS LAI和CYCLOPES LAI产品的分辨率是在1km左右。通过计算落在中等分辨率LAI产品中某一个像元内的地面LAI分布数据的平均值，获得产品的真值。

表1 22个验证站点的信息（西经和南纬符号为负）

地名	国家	纬度 /（°）	经度 /（°）	年积日	年份	平均LAI
Alpilles	法国	43.81035224	4.71461366	204	2002	1.691
Camerons	澳大利亚	−32.5983451	116.2542261	63	2004	2.129
Demmin	德国	53.89214725	13.20719975	164	2004	4.145
Donga	贝宁	9.77013132	1.77835012	172	2005	1.854
Fundulea	罗马尼亚	44.40575381	26.58487055	144	2002	1.526
Gilching	德国	48.08185753	11.32048614	199	2002	5.386
Gnangara	澳大利亚	−31.53385346	115.8823677	61	2004	1.007
Larose	加拿大	45.38046654	−75.21700146	219	2003	5.87
Larzac	法国	43.93750948	3.12295256	183	2002	0.812
Nezer	法国	44.56803208	−1.0382477	107	2002	2.383
Plan-de-Dieu	法国	44.19869354	4.9481326	189	2004	1.133
Puechabon	法国	43.72458232	3.65190347	164	2001	2.849
Sonian	比利时	50.76815078	4.41108089	174	2004	5.663
Sud-Ouest	法国	43.50629848	1.23751896	189	2002	1.96
Wankama	尼日尔	13.64495262	2.63533873	174	2005	0.14
Zhangbei	中国	41.27873196	114.6877866	221	2002	1.262
Counami	圭亚那	5.34346226	−53.23682821	286	2002	4.372
				269	2001	4.928
Laprida	阿根廷	−36.99043314	−60.55266911	311	2001	5.817
				292	2002	2.809
Turco	玻利维亚	−18.23501482	−68.1836095	208	2001	0.312
				240	2002	0.041

图2显示了每一种产品直接验证的散点图结果。GLASS LAI的相关系数是0.77，均方差是1.55；MODIS LAI的相关系数是0.44，均方差是2.56；CYCLOPES LAI的相关系数是0.66，均方差是1.55。通过比较每一种产品的回归方程、相关系数和均方差，可以看出GLASS LAI产品和地面站点数据有最好的一致性。

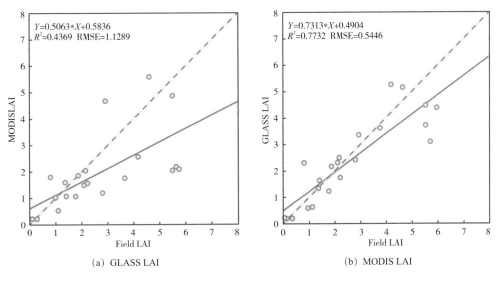

(a) GLASS LAI   (b) MODIS LAI

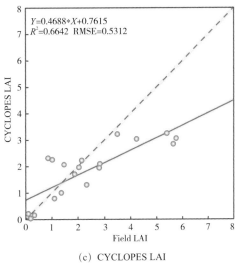

(c) CYCLOPES LAI

图2　GLASS LAI、MODIS LAI和CYCLOPES LAI
与LAI地面测量数据的散点图

4）国际相同类型产品对比分析

国际上相同类型的产品包括GLASS，MODIS，CYCLOPES和CCRS四种LAI产品（Hansen et al., 2006；Mao et al., 2013；Bi et al., 2013）。由于CYCLOPES和CCRS LAI与GLASS和MODIS LAI的投影方式不同，首先将CYCLOPES和CCRS LAI转换为与GLASS和MODIS LAI一致的SIN投影方式。

总体而言，四种产品中GLASS LAI与MODIS LAI具有更好地一致性，CCRS LAI的值多数比GLASS和MODIS LAI值大，而CYCLOPES LAI的值则多数比GLASS和MODIS LAI值小。

全球范围内，LAI值最大的区域，以及各个产品之间LAI值差异较大的区域主要分布在15° S～15° N的纬度带、赤道区，以及北纬50° 的加拿大和俄罗斯。在北半球夏季，在南美洲靠近赤道的大部分区域内，CCRS LAI的值最大可以达到9.0，CYCLOPES LAI值却很少有大于4.0的值，而GLASS和MODIS的LAI值为4.0～6.0。

所有的四个LAI产品都显示了很好的季节变化，在南、北两个半球的LAI变化规律基本相反。在北半球，冬季的LAI值基本上在0～1.0，空间变化不大；夏季的LAI值大于冬季的LAI值，且在空间上的变化差异较大，尤其是在加拿大和俄罗斯地区。在南半球，夏季的LAI值比冬季的LAI值大。总体而言，北半球的空间一致性比南半球好。

相比较而言，GLASS LAI和MODIS LAI产品比CYCLOPES LAI和CCRS LAI产品具有更好地空间完整性。在北半球冬季，北半球高纬度区域的LAI值缺失，而且由于雪的影响，尤其是在高纬度地区存在大量的数据缺失值。

在全球范围内选择各种地表类型的14个典型站点，进一步对GLASS LAI产品的时间一致性进行检验。这些站点的植被类型主要包括草地、耕地、林地、稀疏草原、灌木等五类。结果表明，GLASS LAI相对比较平滑，在时间序列上的变化具有很好地连续性，而MODIS LAI，尤其在生长季节，上下波动剧烈。

5）创新点

进一步发展了基于先验知识和数据同化的反演理论，在国际上率先把反演算法集合的理念应用于产品生产。建立了全自主产权的LAI 叶面积指数自动生产系统，从算法、生产和质检各个环节保证高精度和高可靠性LAI数据的快速生产。在中国首次生产并向全球发布了长时间序列的叶面积指数产品（GLASS LAI），改写了中国没有自主知识产权的全球陆表遥感产品的历史，把目前国际主流产品的时间范围向前推进了近20年。

2. 参考文献

范闻捷, 闫彬彦, 徐希孺. 2011. 尺度转换规律与同步反演作物播种面积和叶面积指数. 中国科学: 地球科学, (12): 1725~1732.

徐群. 2010. 全球气温趋势和近期中国气候灾害的成因分析和展望. 气象科学, 30(5): 582~590.

Bi J, Xu L, Samanta A, et al. 2013. Divergent arctic-boreal vegetation changes between North America and Eurasia over the past 30 years. Remote Sensing, 5(5): 2093~2112.

Friedman A R, Hwang Y T, Chiang J C H, et al. 2013. Interhemispheric temperature asymmetry over the twentieth century and in future projections. Journal of Climate, 26(15): 5419~5433.

Hansen J, Sato M, Ruedy R, et al. 2006. Global temperature change. Proceedings of the National Academy of Sciences, 103(39): 14288~14293.

Liang S, Zhao X, Liu S, et al. 2013. A long-term global land surface satellite (GLASS) data-set for environmental studies. International Journal of Digital Earth, 6(sup1): 5~33.

Mao J, Shi X, Thornton P, et al. 2013. Global latitudinal-asymmetric vegetation growth trends and their driving mechanisms: 1982~2009. Remote Sensing, 5(3): 1484~1497.

Stocker T F, Qin D, Plattner G K, et al. 2013. Climate change 2013: The physical science basis. Intergovernmental Panel on Climate Change, Working Group I Contribution to the IPCC Fifth Assessment Report (AR5). New York: Cambridge University Press.

Xiao Z, Liang S, Wang J, et al. 2014. Use of general regression neural networks for generating the GLASS leaf area index product from time-series MODIS surface reflectance. Geoscience and Remote Sensing, IEEE Transactions on Geoscience and Remote Sensing, 52(1): 209~223.

附　表

附表1　世界主要生态区植被类型、植被景观与分布特征

序号	生态区大类	生态区类型	植被类型	植被（遥感）景观特征	分布特征
1	森林	热带雨林	热带雨林	指植被景观基本无季相变化的热带常绿阔叶林	赤道两侧并延伸至南北纬5°～10°以内的热带雨林气候地区。主要分布在南美亚马孙河流域、东南亚岛屿和非洲刚果盆地
2	森林	热带季雨林	落叶季雨林	因季节性相对干旱而出现季节性落叶的热带阔叶林	赤道两侧南北纬5°～15°，即热带雨林南北两侧周期性干湿季节交替的热带地区。主要分布于南美洲和非洲
3	森林	热带旱生林	包括旱生性热带林、热带疏林等	因更明显的季节性相对干旱而出现明显的季相变化，同时乔木植物个体密度相对稀疏的热带阔叶林	主要分布于南北纬15°～20°，热带季雨林两侧周期性干湿季节交替更为明显的热带地区。以非洲分布面积最大和最典型
4	灌丛	热带灌丛	包括热带灌丛、旱生性灌丛、萨王纳（稀树草原）和有刺灌丛	因季节性干旱植物群落出现明显的季相变化，同时灌木植物个体密度相对稀疏	主要分布于南北纬10°～20°，周期性干湿季节交替强烈的热带边缘地区。主要分布非洲和南亚
5	森林为主系统	热带山地系统	从山麓热带雨林到高山草地	包含热带雨林、山地亚热带阔叶林和高山草地等多种不同植被景观类型	分布于因海拔而出现植被带垂直变化的热带地区。主要分布于南美安第斯山脉、东非大裂谷，以及亚洲喜马拉雅山东部山区
6	荒漠	热带荒漠、亚热带荒漠	热带荒漠、亚热带荒漠	稀矮灌丛或无植被覆盖	热带、亚热带荒漠因没有明显分界线而通常将它们作为一个整体。两者主要分布于南北纬20°～25°的热带、亚热带干旱区，以非洲的撒哈拉荒漠和纳米比亚荒漠、南美西海岸、印度和巴基斯坦的西部，以及美国西南部延伸到墨西哥北部等干旱地区

序号	生态区大类	生态区类型	植被类型	植被（遥感）景观特征	分布特征
7	森林	亚热带湿森林	包括常绿阔叶林、（暖性）常绿针叶林和落叶阔叶林	包括植被景观基本无季相变化的亚热带常绿阔叶林和无季相变化的常绿针叶林，以及季相变化明显的亚热带常绿与落叶阔叶混交林	主要分布于美国东南部、巴西南部、非洲东南角、澳大利亚东南部，以及中国东南部
8	森林	亚热带旱生林	包括常绿硬叶林、硬叶疏林和硬叶灌丛	植被景观基本无季相变化的旱生常绿阔叶林和旱生常绿灌丛	主要分布在地中海盆地、美国加州中部和海岸带、智利中部、澳大利亚东南部和南部、非洲好望角
9	草原	亚热带草原	包括草原、旱生灌丛	包括植被景观季相变化明显的草原和季相变化不太显著的灌丛	主要分布在北美洲、中东和澳大利亚
10	森林及其复合系统	亚热带山地系统	包括亚热带山区雨林和禾草草原	包括亚热带山麓的常绿阔叶林，以及随海拔变化而出现的常绿与落叶阔叶林、针叶林、高山草甸等多种类型	主要分布于南美安第斯山脉、中东山脉及亚洲喜马拉雅山西部山区
11	森林	温带海洋森林	包括落叶阔叶林和针阔混交林	包括植被景观季相变化显著的落叶阔叶林和较显著的针阔混交林	主要分布于西欧、北美西部、智利南部和新西兰
12	森林及其复合系统	温带大陆森林	包括落叶阔叶林、森林草原交错区和草甸草原	落叶阔叶林、森林草原交错区和草甸草原植被景观均季相变化显著	主要分布于北半球中纬度的亚欧大陆和北美洲
13	草原	温带草原	禾草草原，有时伴有低矮灌丛	温带草原季相变化明显	主要分布于北纬40°～50°的亚洲内陆和30°～60°的北美洲内陆
14	荒漠	温带荒漠	稀树禾草地和稀疏灌丛	植被稀疏，同样存在季相变化	主要分布于更为干旱的北纬40°～50°的欧亚内陆和北美内陆地区

陆地植被生长状况

续表

序号	生态区大类	生态区类型	植被类型	植被（遥感）景观特征	分布特征
15	森林	温带山地系统	主要为松林	植被景观总体终年保持常绿	主要分布于北美落基山脉、欧洲阿尔卑斯山脉和比利牛斯山脉，以及中国许多山地
16	森林	北方针叶林	包括云杉林、冷杉林、落叶松林	除落叶松林等少数落叶针叶林外，林相本身基本无变化	主要分布北美和欧亚北部。北美、北欧和西西伯利亚以云杉林和冷杉林为主，西伯利亚中部和东部以落叶松林为主。中国大、小兴安岭和长白山等也有分布
17	疏林	北方苔原疏林	包括落叶松林、黑云杉林和美洲落叶松林等疏林，间有森林	针叶林稀疏，落叶林季相变化明显	主要分布于俄罗斯的落叶松林、北美的云山林和美洲落叶松林
18	森林	北方山地系统	森林和灌丛	植被景观因海拔变化而变化	主要分布于北半球中高纬地区，俄罗斯东部和加拿大西部

附表2　全球主要生态系统类型1～5m分辨率遥感影像介绍

序号	参数	内容	遥感影像
1	生态系统类型	热带雨林	
	地理位置	巴西北部；亚马孙河流域	
	经纬度	2.81° S, 60.25° W	
	生态系统特征	植被景观基本无季相变化的热带常绿阔叶林	
	叶面积指数特征	MLAI（4.4），ALAI（4.0）	
	影像获取日期	2013年7月16日	
2	生态系统类型	热带季雨林	
	地理位置	安哥拉中部	
	经纬度	11.10° S, 17.67° E	
	生态系统特征	因季节性相对干旱而出现季节性落叶的热带阔叶林	
	叶面积指数特征	MLAI（3.0），ALAI（2.0）	
	影像获取日期	2003年7月27日	
3	生态系统类型	热带旱生林	
	地理位置	津巴布韦西部	
	经纬度	18.92° S, 27.15° E	
	生态系统特征	因相对明显的季节性干旱而出现明显季相变化，同时乔木植物个体密度相对稀疏的热带阔叶林	
	叶面积指数特征	MLAI（2.3），ALAI（1.3）	
	影像获取日期	2005年10月5日	
4	生态系统类型	热带灌丛	
	地理位置	津巴布韦西北部	
	经纬度	16.96° S, 32.64° E	
	生态系统特征	因更明显的季节性干旱植物群落主要为灌木植物，且个体密集度稀疏	
	叶面积指数特征	MLAI（1.0），ALAI（0.5）	
	影像获取日期	2012年7月11日	

陆地植被生长状况

99

续表

序号	参数	内容	遥感影像
5	生态系统类型	热带山地系统	
	地理位置	厄瓜多尔中部、安第斯山脉	
	经纬度	0.02° N, 75.92° W	
	生态系统特征	包含热带季雨林、山地亚热带阔叶林和高山草地等多种不同植被景观类型	
	叶面积指数特征	MLAI（2.5），ALAI（2.0）	
	影像获取日期	2013年4月10日	
6	生态系统类型	热带荒漠	
	地理位置	阿尔及利亚、撒哈拉沙漠	
	经纬度	29.37° N, 5.44° E	
	生态系统特征	稀矮灌丛或无植被覆盖	
	叶面积指数特征	MLAI（0.07），ALAI（0.05）	
	影像获取日期	2013年7月17日	
7	生态系统类型	亚热带湿润森林	
	地理位置	巴西南部	
	经纬度	25.96° S, 51.41° W	
	生态系统特征	包括亚热带常绿阔叶林、常绿针叶林，以及季相变化明显的亚热带常绿与落叶阔叶混交林	
	叶面积指数特征	MLAI（3.1），ALAI（2.1）	
	影像获取日期	2010年9月30日	
8	生态系统类型	亚热带旱生林	
	地理位置	非洲好望角	
	经纬度	34.35° S, 8.47° E	
	生态系统特征	季相变化不太明显的旱生常绿阔叶林和常绿灌丛	
	叶面积指数特征	MLAI（1.7），ALAI（1.1）	
	影像获取日期	2008年8月14日	

序号	参数	内容	遥感影像
9	生态系统类型	亚热带草原	
	地理位置	澳大利亚中部	
	经纬度	21.31° S，142.19° E	
	生态系统特征	包括草原和灌丛	
	叶面积指数特征	MLAI（0.8），ALAI（0.5）	
	影像获取日期	2004年2月21日	
10	生态系统类型	亚热带山地系统	
	地理位置	尼泊尔西部、喜马拉雅山脉	
	经纬度	29.70° N，81.28° E	
	生态系统特征	包括亚热带山麓的常绿阔叶林以及随海拔变化而出现的常绿与落叶阔叶林、落叶阔叶林、针叶林、高山草甸等多种类型	
	叶面积指数特征	MLAI（1.6），ALAI（0.7）	
	影像获取日期	2011年10月28日	
11	生态系统类型	温带海洋性森林	
	地理位置	法国中部	
	经纬度	47.42° N，1.81° E	
	生态系统特征	落叶阔叶林和针阔混交林	
	叶面积指数特征	MLAI（3.2），ALAI（2.0）	
	影像获取日期	2008年1月1日	
12	生态系统类型	温带大陆性森林	
	地理位置	美国中部	
	经纬度	38.16° N，93.19° W	
	生态系统特征	落叶阔叶林、森林草原交错区和草甸草原植被景观，季相变化均显著	
	叶面积指数特征	MLAI（3.4），ALAI（1.5）	
	影像获取日期	2012年3月9日	

陆地植被生长状况

101

续表

序号	参数	内容	遥感影像
13	生态系统类型	温带草原	
	地理位置	内蒙古东部	
	经纬度	43.57° N，114.71° W	
	生态系统特征	禾草草原，有时伴有低矮灌木，季相变化明显	
	叶面积指数特征	MLAI（1.5），ALAI（0.6）	
	影像获取日期	2012年10月24日	
14	生态系统类型	温带荒漠	
	地理位置	甘肃中西部	
	经纬度	39.51° N，101.84° E	
	生态系统特征	稀树禾草地和稀疏灌丛，存在季相变化	
	叶面积指数特征	MLAI（0.4），ALAI（0.2）	
	影像获取日期	2009年3月23日	
15	生态系统类型	温带山地系统	
	地理位置	中国陕西、秦岭	
	经纬度	33.54° N，108.94° E	
	生态系统特征	以常绿针叶林为主，植被景观总体终年保持常绿	
	叶面积指数特征	MLAI（2.0），ALAI（0.9）	
	影像获取日期	2013年4月10日	
16	生态系统类型	北方针叶林	
	地理位置	芬兰北部	
	经纬度	66.61° N，27.02° E	
	生态系统特征	包括云杉林、冷杉林、落叶松林等，季相变化小	
	叶面积指数特征	MLAI（3.2），ALAI（1.3）	
	影像获取日期	2011年10月5日	

序号	参数	内容	遥感影像
17	生态系统类型	北方苔原疏林	
	地理位置	美国阿拉斯加	
	经纬度	63.34° N，158.01° W	
	生态系统特征	包括落叶松林、黑云杉林和美洲落叶松林等疏林，间有森林，季相变化明显	
	叶面积指数特征	MLAI（1.8），ALAI（0.6）	
	影像获取日期	2006年5月25日	
18	生态系统类型	北方山地系统	
	地理位置	加拿大西部	
	经纬度	50.33° N，115.65° W	
	生态系统特征	植被景观随海拔变化而变化，包括森林和灌丛	
	叶面积指数特征	MLAI（2.4），ALAI（0.9）	
	影像获取日期	2007年7月28日	

陆地植被生长状况

附表3　全球101个主要国家2012年MLAI/1982～2012年MLAI均值排序表

序号	国家	MLAI比值	序号	国家	MLAI比值	序号	国家	MLAI比值
1	利比里亚	1.1869	35	泰国	1.0469	69	南非	1.0045
2	塞内加尔	1.1817	36	尼日利亚	1.0453	70	法国	1.0033
3	尼泊尔	1.1707	37	波黑	1.0432	71	墨西哥	1.0030
4	阿塞拜疆	1.1414	38	孟加拉国	1.0427	72	科特迪瓦	0.9989
5	保加利亚	1.1364	39	圭亚那	1.0376	73	巴西	0.9927
6	中国	1.1266	40	玻利维亚	1.0364	74	莫桑比克	0.9922
7	格鲁吉亚	1.1141	41	多米尼加	1.0355	75	赞比亚	0.9906
8	印度	1.1103	42	菲律宾	1.0335	76	荷兰	0.9904
9	加蓬	1.0916	43	斯洛伐克	1.0332	77	巴拉圭	0.9854
10	波兰	1.0879	44	苏里南	1.0325	78	危地马拉	0.9840
11	白俄罗斯	1.0858	45	多哥	1.0312	79	缅甸	0.9835
12	韩国	1.0848	46	土耳其	1.0310	80	匈牙利	0.9810
13	拉脱维亚	1.0831	47	巴布亚新几内亚	1.0306	81	乌克兰	0.9788
14	加拿大	1.0800	48	加纳	1.0292	82	美国	0.9743
15	芬兰	1.0799	49	哥伦比亚	1.0287	83	斯里兰卡	0.9685
16	捷克	1.0773	50	意大利	1.0286	84	瑞士	0.9660
17	布基纳法索	1.0765	51	刚果(金)	1.0276	85	英国	0.9655
18	立陶宛	1.0765	52	克罗地亚	1.0247	86	肯尼亚	0.9564
19	刚果（布）	1.0759	53	老挝	1.0243	87	丹麦	0.9512
20	瑞典	1.0711	54	越南	1.0243	88	西班牙	0.9501
21	塞尔维亚	1.0704	55	贝宁	1.0211	89	安哥拉	0.9495
22	俄罗斯联邦	1.0704	56	委内瑞拉	1.0198	90	新西兰	0.9432
23	爱沙尼亚	1.0687	57	塞拉利昂	1.0187	91	葡萄牙	0.9425
24	喀麦隆	1.0671	58	希腊	1.0154	92	尼加拉瓜	0.9425
25	罗马尼亚	1.0648	59	几内亚	1.0135	93	阿根廷	0.9407
26	法属圭亚那	1.0638	60	奥地利	1.0135	94	中非	0.9387
27	巴拿马	1.0615	61	印度尼西亚	1.0112	95	爱尔兰	0.9331
28	日本	1.0583	62	马来西亚	1.0105	96	柬埔寨	0.9311
29	哥斯达黎加	1.0525	63	津巴布韦	1.0104	97	坦桑尼亚	0.9295
30	厄瓜多尔	1.0509	64	古巴	1.0103	98	智利	0.9128
31	澳大利亚	1.0508	65	埃塞俄比亚	1.0090	99	乌拉圭	0.8911
32	德国	1.0477	66	挪威	1.0075	100	马拉维	0.8446
33	秘鲁	1.0475	67	马达加斯加	1.0068	101	乌干达	0.8332
34	朝鲜	1.0472	68	洪都拉斯	1.0055			

附表4 全球101个主要国家2012年ALAI/1982～2012年ALAI均值排序表

序号	国家	ALAI比值	序号	国家	ALAI比值	序号	国家	ALAI比值
1	利比里亚	1.2871	35	圭亚那	1.0782	69	危地马拉	1.0277
2	加蓬	1.2541	36	巴布亚新几内亚	1.0769	70	荷兰	1.0251
3	尼泊尔	1.2018	37	澳大利亚	1.0764	71	西班牙	1.0228
4	阿塞拜疆	1.1796	38	日本	1.0745	72	丹麦	1.0228
5	中国	1.1738	39	加纳	1.0734	73	巴西	1.0210
6	捷克	1.1568	40	玻利维亚	1.0724	74	新西兰	1.0204
7	刚果（布）	1.1447	41	南非	1.0711	75	奥地利	1.0149
8	喀麦隆	1.1438	42	刚果(金)	1.0706	76	斯里兰卡	1.0140
9	塞内加尔	1.1405	43	意大利	1.0684	77	贝宁	1.0135
10	波兰	1.1374	44	哥伦比亚	1.0652	78	美国	1.0120
11	白俄罗斯	1.1362	45	委内瑞拉	1.0646	79	几内亚	1.0099
12	韩国	1.1308	46	俄罗斯	1.0646	80	缅甸	1.0043
13	巴拿马	1.1279	47	德国	1.0637	81	尼加拉瓜	1.0000
14	拉脱维亚	1.1271	48	斯洛伐克	1.0630	82	匈牙利	0.9943
15	多米尼加	1.1260	49	墨西哥	1.0625	83	英国	0.9830
16	泰国	1.1229	50	印度尼西亚	1.0615	84	赞比亚	0.9784
17	菲律宾	1.1203	51	加拿大	1.0611	85	安哥拉	0.9745
18	印度	1.1201	52	朝鲜	1.0608	86	莫桑比克	0.9685
19	立陶宛	1.1198	53	洪都拉斯	1.0594	87	乌克兰	0.9669
20	越南	1.1084	54	马来西亚	1.0576	88	阿根廷	0.9647
21	保加利亚	1.1077	55	土耳其	1.0549	89	津巴布韦	0.9575
22	孟加拉国	1.1061	56	塞拉利昂	1.0506	90	柬埔寨	0.9566
23	希腊	1.0967	57	苏里南	1.0478	91	肯尼亚	0.9565
24	哥斯达黎加	1.0948	58	尼日利亚	1.0461	92	挪威	0.9548
25	瑞典	1.0942	59	多哥	1.0448	93	智利	0.9454
26	法属圭亚那	1.0931	60	克罗地亚	1.0435	94	坦桑尼亚	0.9342
27	秘鲁	1.0929	61	波黑	1.0421	95	乌拉圭	0.9296
28	厄瓜多尔	1.0909	62	布基纳法索	1.0390	96	瑞士	0.9224
29	格鲁吉亚	1.0905	63	塞尔维亚	1.0375	97	埃塞俄比亚	0.9224
30	芬兰	1.0892	64	法国	1.0368	98	中非	0.9217
31	古巴	1.0881	65	马达加斯加	1.0338	99	爱尔兰	0.9075
32	爱沙尼亚	1.0864	66	罗马尼亚	1.0325	100	马拉维	0.8262
33	老挝	1.0833	67	巴拉圭	1.0296	101	乌干达	0.8071
34	科特迪瓦	1.0809	68	葡萄牙	1.0294			

第二部分
大型陆表水域
面积时空分布

全球生态环境
遥感监测
2013
年度报告

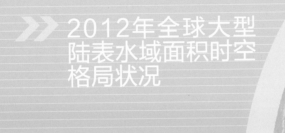

» 2012年全球大型
陆表水域面积时空
格局状况

» 中国大型陆表水域
时空分布状况

» 全球典型区域陆表
水域变化

全球生态环境
遥感监测
2013
年度报告

一、引　言

1.1　背景与意义

陆表水域常以河流、湖泊、水库和过渡性水域等液态形式存在，是全球水循环的重要组成部分，参与自然界的物质和能量循环。陆表水域的空间分布在一定程度上反映着陆表水资源的储存、利用状况，而其波动或变化体现了气候波动和变化、地表过程及人类活动对水循环、物质迁移及生态系统变化的影响（Prigent et al., 2007）。陆表水域的时空分布特征及其动态变化深刻地影响着全球生态、经济和人类福祉。在全球变暖背景下，全球陆表水域时空特征发生了一系列重要变化，不仅影响了水域生态系统的服务功能，而且对生态安全构成严重威胁（Prigen et al., 2012）。然而，目前关于全球各洲水域面积随时间的波动与变化趋势的知识还比较缺乏（孙芳蒂等，2014）。因此，对全球陆表水域面积进行连续监测，揭示全球不同区域陆表水域的年际和季节变化，是推动全球水循环研究、加强水资源管理、应对全球环境变化、实施全球生态环境健康诊断的一项重要基础工作（Adam et al., 2010; Papa et al., 2010）。

全球陆表水域具有分布广、季节波动大、区域差异显著等特点，传统的测量手段更新速度慢，耗费人力巨大，不利于进行长期、连续地监测。卫星遥感具有覆盖范围广、监测频次高、人力成本低等优势，是揭示全球陆表水域动态变化最为先进的技术手段。

本报告在《全球生态环境遥感监测2012年度报告（陆表水域面积分布状况）》的基础上，选取陆表水域的重要组成部分——湖泊和水库作为监测目标，进行全球、大洲、国家、典型区域等不同尺度的大型陆表水域多年动态监测和时空变化分析，揭示其时空变化规律。相对于2012年度报告[①]，本报告具有一定的特色和继承性，主要体现在：①在2001～2011年数据基础上，增加了2012年MODIS数据；②提供了全球大型陆表水域不同季节的分布和变化数据，特别是区分了最大和最小水域面积，与2012年度报告提供的全年平均水域分布有较大不同，更为切合湖泊和水库年内及年际水面面积的波动与变化特点，信息量更丰富；③受限于所使用卫星遥感数据的空间分辨率，"大型陆表水域"特指大于25 km^{2}的湖泊和水库，不包括河流、冰川、积雪、沼泽、滩涂、水田等其他水体，与2012年度报告在水域面积统计数据上有一定差别；④通过分析2001～2012年全球大型陆表水域面积的变化，部分回答了"全球大陆尺度水域面积波动与变化趋势"的问题，探测出了全球范围内变化较大的湖泊和水库，可以有效地为科学研究和政府决策服务。

---

① 2012年度报告及相关数据产品可在国家综合地球观测数据共享平台网站（www.chinageoss.org/dsp/home/index.jsp）免费获取。

1.2 数据与方法

本报告中所采用的卫星数据主要是：

2001～2012年中分辨率成像光谱仪（MODIS）Terra/Aqua 500 m空间分辨率8天合成的反射率产品（MOD09A），每年46期。

采用的其他参考资料包括：

（1）国家测绘地理信息局全球基础地理底图数据（1∶100万）（http://www.sbsm.gov.cn/）；

（2）全球湖泊湿地数据库（Global Lakes and Wetlands Database，GLWD）（http://gcmd.nasa.gov/records/GCMD_GLWD.html）；

（3）中国科学院遥感与数字地球研究所2000年、2008年湿地数据；

（4）中国科学院南京地理与湖泊研究所中国湖泊卫星遥感调查数据（2005～2006年）；

（5）国家基础地理信息中心2000年、2010年全球30m分辨率陆表水域面积产品（GlobalLand 30）；

（6）MODIS 250m空间分辨率的水陆掩膜数据（MOD44W）（https://lpdaac.usgs.gov/products/modis_products_table/mod44w）。

数据处理方法：本报告按照柯本-盖格（Köpen Geiger）气候带（Peel et al., 2007），不同区域选用不同的水体指数和阈值进行全球水体初步提取（Feyisa et al.,2014; Xu, 2005），对于被冰、雪、云、阴影等因素干扰的数据，根据地表类型的时间连续性，构建时间序列滤波，消除干扰，提高数据的一致性，最终得到2001～2012年每8天间隔的大型陆表水域空间分布遥感数据集。

质量控制与统计方法：①质量控制：根据质量控制的要求，对图斑超过10×10像元（面积大于25 km^2）的水域进行自动提取，对逐景影像提取的水域面积成果接边，并进行接边质量检查；②精度检验：对自动提取的全球500 m分辨率的水域面积产品，基于GlobalLand 30，在全球和典型区域上进行数据一致性检验；③空间统计：按全球、大洲、国家、气候区、典型区域进行大型陆表水域面积及其动态变化的统计分析，在5 km×5 km的陆表格网中统计水域面积，并得到水域面积分布的空间变异系数，反映单位陆表面积中的大型陆表水域面积的波动性。另外，在统计过程中南极洲的陆地面积没有计入全球陆地面积。

1.3 监测指标

针对陆表水域特点和卫星遥感可以观测到的信息，本报告沿用全球生态环境遥感监测

2012年度报告的主要监测指标：

（1）水域最大面积：一年内MODIS卫星每8天数据可观测到的大型湖泊和水库的最大面积；

（2）水域最小面积：一年内MODIS卫星每8天数据可观测到的大型湖泊和水库的最小面积；

（3）水域平均面积：一年内MODIS卫星每8天数据可观测到的大型湖泊和水库面积的平均值；

（4）水域面积变异系数：简称变异系数，指一年内MODIS卫星每8天数据可观测到的大型陆表水域面积标准差与平均值之比，可以反映水域面积在一年中的波动情况；

（5）被水覆盖天数：一年内MODIS卫星每8天数据可观测到的大型陆表水域内各像元被水覆盖的天数（最高365，最低0），可以反映大型陆表水域面积波动状况；

（6）平均被水覆盖时长：指大型陆表水域最大边界内，所有像元被水覆盖天数的平均值，主要反映年内平均被水覆盖面积状况。

值得指出的是，由于陆表水域的动态特征，通过遥感监测获取的水域面积只是水资源在特定时态下的一种表征，不能直接反映地表水资源量，但仍可以从空间分布格局和时空的变化上揭示水资源的分布特征和变化趋势。本报告仅监测大型陆表水域面积分布，但其变化特征反映了全球陆表水域变化的主要趋势。

作为开创性研究，本报告的结果应该进一步与目前相关领域的研究工作进行对比分析，并结合气候、人类水利工程和土地利用等分析变化，探寻21世纪大型陆表水域面积变化规律，预估未来趋势，提高水循环和水资源的科研水平。

研究报告和相关数据由国家遥感中心和清华大学共同发布（www.nrscc.gov.cn/，www.chinageoss.org/gee/）。

二、2012年全球大型陆表水域面积时空格局状况

2.1 全球大型陆表水域时空分布现状

全球大型陆表水域的分布格局很不均匀，主要由于气候、洋流、地形地貌，以及人类活动的共同作用。2012年全球大型陆表水域最大面积为190.90万km²，占全球陆表总面积的1.39%（图2-1）；最小面积为157.59万km²，占全球陆表总面积的1.16%。

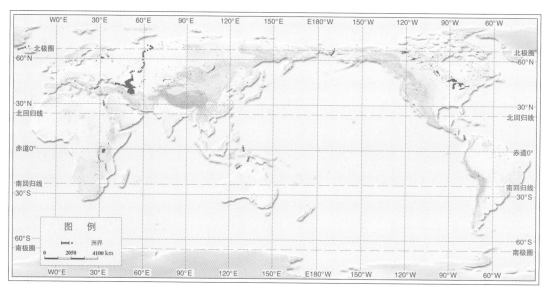

图2-1 2012年全球大型陆表水域最大面积分布图

总体上，大型陆表水域占陆表面积比例较高的地区主要分布在北半球中高纬度地区、赤道地区和南半球中纬度地区，特别是30°～75°N的中高纬度地区，集中了约80%的全球陆表水域面积（图2-2）。

全球大型陆表水域年内变异系数分布很不均匀（图2-3），被水覆盖面积动态变化较大（图2-4），主要受补给方式、区域气候、水资源利用等多种因素影响。总体上，大型湖泊通常被水覆盖面积波动较小，如北美洲五大湖、加拿大西部湖泊群、东非大裂谷湖泊群、里海等常年面积较稳定，主要因为这些大型湖泊多是构造湖，作为天然的蓄水池，补给来源多，水量丰富；另一部分湖泊虽然不是构造湖，但由于所处区域气候湿润，雨量较多，如以太湖、巢湖等为代表的中国长江中下游湖泊群，全年面积保持较为稳定；而在部

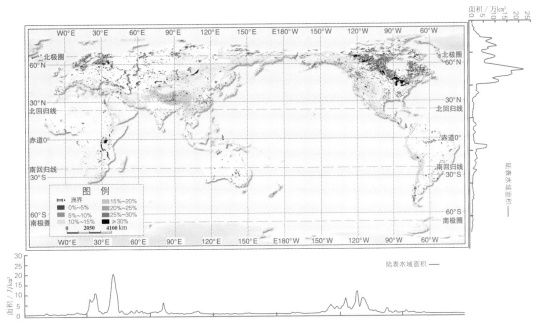

图2-2　2012年全球大型陆表水域面积经向、纬向分布密度图

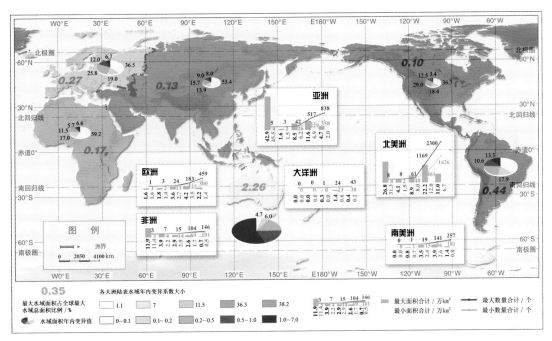

图2-3　2012年全球大型陆表水域年内变异系数

分干旱半干旱区域，季节性水体较多，如中亚地区的咸海、非洲南部和中国新疆等地区的湖泊，蒸发量大，径流补给小，水域覆盖范围变化较大，部分湖泊甚至在枯水期干涸。

按照大洲统计，2012年各大洲大型陆表水域面积大小依次为（表2-1）：北美洲、亚洲、非洲、欧洲、南美洲、大洋洲。大型陆表水域的年内分布差异对水资源和生态环境有

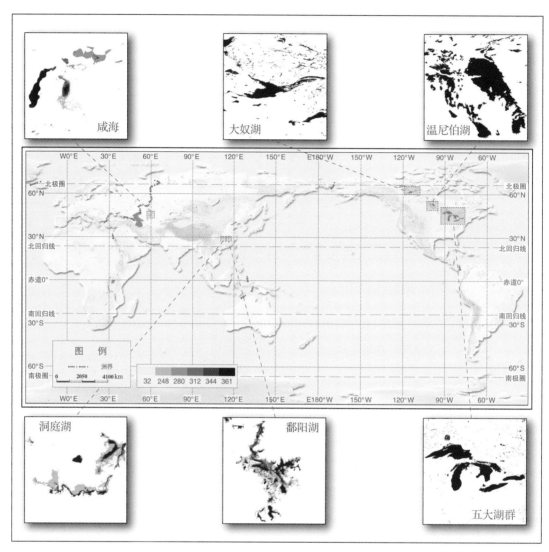

图2－4 2012年全球大型陆表水域被水覆盖天数

表2－1 2012年全球各大洲陆表水域年内变化统计表

大洲	最大水域面积/万km²	占全球总面积比例／%	最小水域面积/万km²	占全球总面积比例／%	变异系数
全　球	190.90	100.00	157.59	100.00	0.56
亚　洲	69.34	36.30	62.07	39.10	0.13
欧　洲	13.42	7.00	10.61	6.70	0.27
非　洲	21.98	11.50	18.72	11.80	0.17
北美洲	72.99	38.20	59.35	37.40	0.10
南美洲	9.59	5.00	6.51	4.10	0.44
大洋洲	2.08	1.10	0.77	0.50	2.26

一定的影响。按照5 km×5 km格网进行数据统计，北美洲大型陆表水域在一年内的变异系数最小，大洋洲大型陆表水域在一年内的变异系数最大。

将全球大型陆表水域按照面积进行分级，水域最大面积在10000 km^{2}以上的湖泊有17个，总面积为89.151万km^2；面积在5000~10000 km^{2}的湖泊水库有22个，总面积为12.32万km^2；水域最大面积在1000~5000 km^{2}的湖泊水库有162个，总面积为27.59万km^2；面积在100~1000 km^{2}的湖泊水库有2138个，总面积为46.43万km^2；面积在25~100 km^{2}的湖泊水库有4043个，总面积为20.83万km^2（图2-5）。

水域最小面积在10000 km^{2}以上的湖泊有16个，总面积为83.72万km^2；水域最小面积在5000~10000 km^{2}的湖泊水库有11个，总面积为7.65万km^2；面积在1000~5000 km^{2}的湖泊水库有108个，总面积为22.61万km^2；面积在100~1000 km^{2}的湖泊水库有1000个，总面积为27.54万km^2；水域最小面积在25~100 km^{2}的湖泊水库有2404个，总面积11.93万km^2（图2-5）。

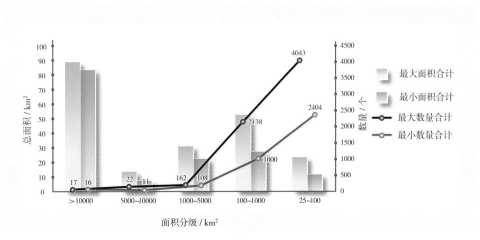

图2-5 2012年全球大型陆表水域最大面积分级统计

2.2 各气候区水域分布特征

根据柯本-盖格气候分区，进行统计2012年各气候区的陆表水域面积，得出常湿冷温气候区大型陆表水域面积最大，其次为草原气候区；水域面积最小的为冬干冷温气候区和冰原气候区。变异系数最大的是常湿温暖气候区和热带季风气候区，其陆表水域分布相对集中，夏干冷温气候区变异系数最小，表明其陆表水域空间分布最为均匀（表2-2）。

表2－2　2012年全球柯本气候带陆表水域分布统计表

气候分区	水域最大面积 / 万km²	水域最小面积 / 万km²	变异系数
常湿冷温气候	77.93	65.75	0.51
草原气候	24.15	21.76	0.58
荒漠气候	22.97	20.32	0.77
热带干湿季气候	11.40	8.93	1.02
苔原气候	9.05	5.91	0.53
冬干温暖气候	8.64	6.94	0.89
常湿温暖气候	8.05	4.84	1.24
地中海式气候	7.62	7.29	0.58
夏干冷温气候	7.28	6.57	0.47
热带雨林气候	4.47	3.73	0.97
热带季风气候	4.23	3.06	1.17
冬干冷温气候	4.12	3.57	0.50
冰原气候	0.03	0.02	0.58

2.3　各大洲大型陆表水域面积分布格局

2.3.1　亚洲大型陆表水域面积分布状况

2012年亚洲大型陆表水域最大面积为69.34万km²，占全球大型陆表水域面积的36.30%；水域最小面积为62.07万km²，占全球大型陆表水域面积的39.10%（图2-6）；两者相差7.27万km²，变异系数为0.13，年内波动不大（图2-7）。总体上，亚洲大型陆表水域面积居全球第二，小于北美洲。

亚洲陆表水域分布呈纬度地带性，具有北多南少、空间差异大的特征。35°～50°N中纬度地区的最大水域面积为52.36万km²，占亚洲大型陆表水域面积的75.52%；35°N以南低纬度地区最大水域面积为7.27万km²，占亚洲大型陆表水域面积的10.49%；60°～75°N的高纬度地区水域最大面积为3.71万km²，占亚洲大型陆表水域面积的5.35%。亚洲陆表水域的空间分布格局受中部山脉高原带对大西洋、印度洋和太平洋水汽阻隔作用的影响，也与亚洲中部山脉所形成的中亚干旱区密切相关。

亚洲大型陆表水域平均被水覆盖时长受地理位置、补给方式以及区域气候等多种因素的影响，差异较大。全年中平均被水覆盖时长最长的水域主要分布在里海的北部以及中国的长江中下游地区，平均被水覆盖时长多在11个月以上。在俄罗斯北部，70°N，140°～150°E之间的高纬度苔原地区，内陆水域平均被水覆盖时长在6～8个月；而周围很

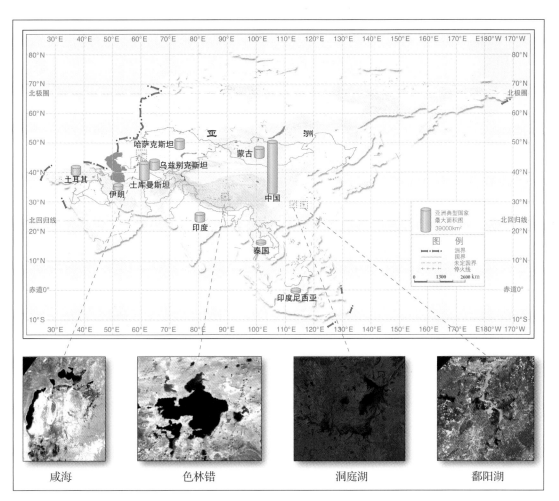

图2-6　2012年亚洲大型陆表水域最大面积分布图

多无规则形状的小型水域，平均被水覆盖时长为2～3个月，多发生在积雪融化的2～3月。印度地区的多数内陆水域常年被水覆盖，而在印度西北部与巴基斯坦接壤的干旱地区，平均被水覆盖时长则在3～7个月不等。在俄罗斯北部，70°N，140°～150°E之间的高纬度苔原地区，内陆水域平均被水覆盖时长在6～8个月；而周围很多无规则形状的小型水域，平均被水覆盖时长为2～3个月，多发生在积雪融化的2～3月。印度地区的多数内陆水域常年被水覆盖，而在印度西北部与巴基斯坦接壤的干旱地区，平均被水覆盖时长则在3～7个月。在中国青藏高原，由于该区域有3～4个月的冰冻期，湖泊平均被水覆盖时长一般在8～9个月。俄罗斯南部的亚洲最大淡水湖——贝加尔湖一年中平均被水覆盖时长不等，处于新月形湖体西北边缘区域的平均被水覆盖时长达11个月，绝大部分湖泊平均被水覆盖时长为9个月，湖体东北部平均被水覆盖时长最短为6～7个月。哈萨克斯坦境内的里海北部、咸海以及巴尔喀什湖一年中平均被水覆盖时长空间差异很大，里海北部以及咸海平均被水覆盖时长为4～7个月，而巴尔喀什湖西部平均被水覆盖时长为2个月，东部为8个月。

　　按照国家统计，2012年亚洲陆表水域面积排在前十位的国家是（图2-8）：中国、哈

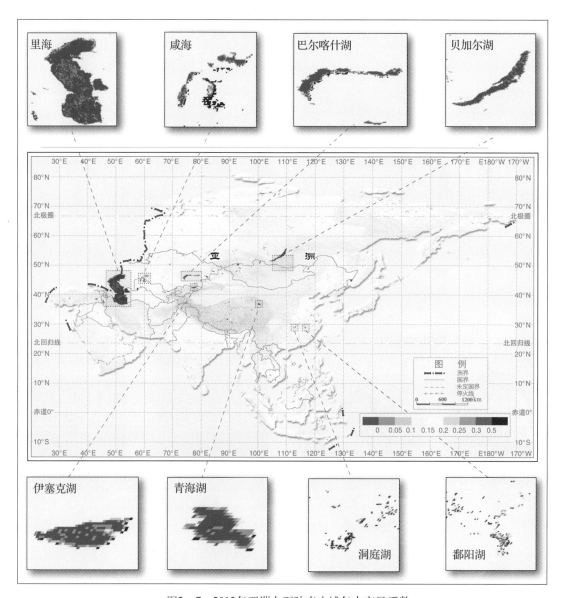

图2-7　2012年亚洲大型陆表水域年内变异系数

萨克斯坦、土库曼斯坦、蒙古、乌兹别克斯坦、土耳其、印度、伊朗、印度尼西亚、泰国；其中中国水域面积全年最大为6.71万km²，全年最小为5.64万km²，是亚洲水资源最为丰富的国家。俄罗斯的亚洲部分水域面积很大，但在按国家的统计中列入欧洲。

2.3.2　欧洲大型陆表水域面积分布

2012年欧洲大型陆表水域最大面积为13.42万km²，占全球大型陆表水域面积的7.00%；水域最小面积为10.61万km²，占全球大型陆表水域面积的6.70%（图2-9）；面积相差2.81万km²，变异系数为0.27，年内波动不大（图2-10）。总体上，欧洲大型陆表水域面积居全球第四，仅高于南美洲和大洋洲。

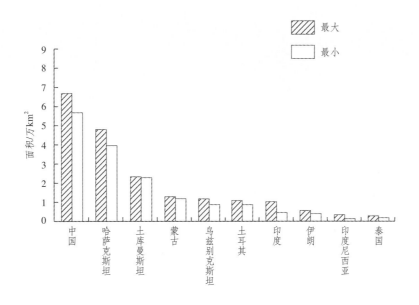

图2-8　2012年亚洲典型国家大型陆表水域面积

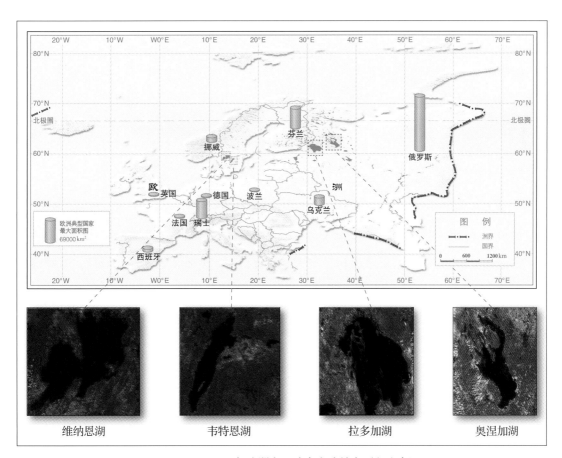

图2-9　2012年欧洲大型陆表水域最大面积分布图

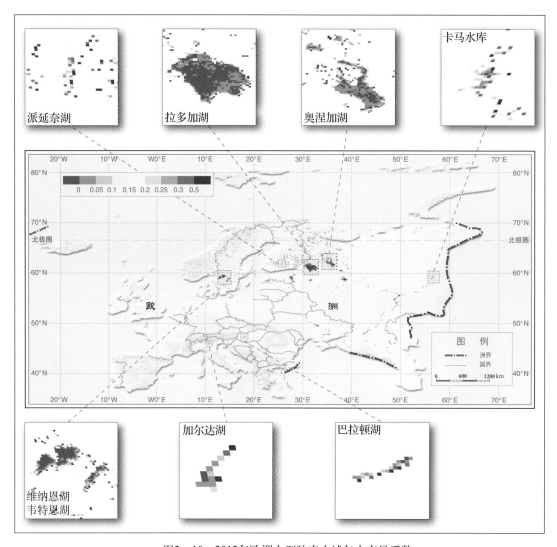

图2－10　2012年欧洲大型陆表水域年内变异系数

　　欧洲大型陆表水域分布的特点是北多南少，呈纬度地带性分布。北部大型陆表水域主要分布在55°～70°N，尽管陆表面积只占欧洲的41.27%，但是大型陆表水域最大面积却占欧洲陆表水域的75.91%。50°N以南区域大型陆表水域面积2.61万km²，仅占全洲大型水域面积的19.44%。欧洲大型陆表水域的代表主要有北欧和俄罗斯北部的大型构造湖、冰碛湖和融冻湖，以及卡马河、伏尔加河、顿河和第聂伯河干流沿线的水库等。

　　欧洲地区平均被水覆盖时长大于11个月的区域由南往北逐渐减少，南部有法国、德国、瑞士、英国、西班牙的沿海湖泊，北部有瑞典的维娜恩湖、韦特恩湖以及丹麦的利姆水道，这些区域水域面积的变异系数也最小。同纬度带俄罗斯北部拉多加湖和奥涅加湖一年中平均被水覆盖时长为8～9个月，再往北则有很多小湖泊，平均被水覆盖时长为8个月以下，主要受极地气候的影响。

　　按照国家统计，2012年欧洲陆表水域最大面积排在前十位的国家是（图2-11）：俄罗斯、芬兰、瑞典、乌克兰、挪威、法国、德国、英国、西班牙、波兰；其中，俄罗斯大型陆表水域面积全年平均最大，占欧洲大型陆表水域面积的55.97%，是欧洲水资源最为丰富的国家。

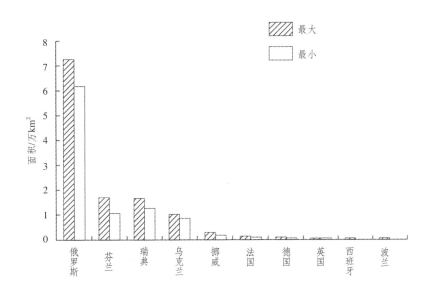

图2-11　2012年欧洲典型国家大型陆表水域面积

2.3.3　非洲大型陆表水域面积分布

　　2012年非洲大型陆表水域最大面积为21.98万km²，占全球大型陆表水域面积的11.50%；水域最小面积为18.72万km²，占全球大型陆表水域面积的11.80%（图2-12）；最大、最小面积相差3.26万km²，变异系数为0.27（图2-13），年内波动不大。总体上，非洲大型陆表水域面积居全球第三，高于欧洲、南美洲和大洋洲。

　　非洲最大水域分布呈现中部多、南部次之、北部少的特征。非洲中部的东非大裂谷沿线和赤道两侧水域分布集中，水域面积远高于非洲平均水平。面积约占非洲面积1/3的北部亚撒哈拉地区，沙漠广布，降水稀少，是全球最缺水的地区。

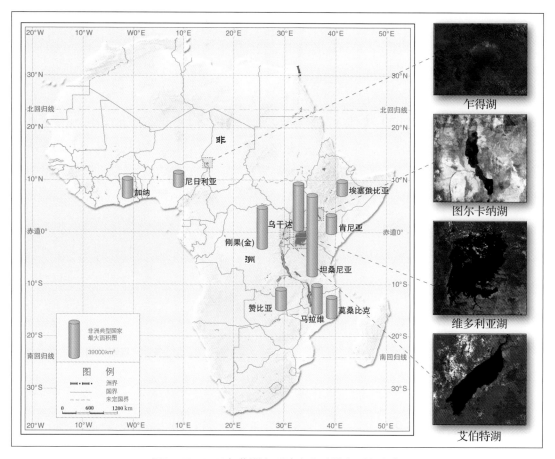

图2-12   2012年非洲大型陆表水域最大面积分布图

位于非洲中部，被喀麦隆、乍得、尼日尔和尼日利亚四国环绕的乍得湖面积的北部区域变异系数很大，表明此区域湖水面积伸缩性很大，水域面积常随季节变化。雨季到来后，大量雨水经过大大小小的河流注入乍得湖，使湖水猛涨，湖面伸展开来；旱季时，湖水经蒸发、下渗后逐步减少。并且乍得湖的南部和北部降水不均，南部每年1500mm，而北部每年只有100mm，不到南部的1/10。这也是导致乍得湖南北部水域面积分布季节差异如此大的原因。

非洲地区平均被水覆盖时长大于11个月的区域主要集中在东非大裂谷湖泊群、加纳的沃尔特湖和刚果（金）的马伊恩东贝湖，这也是非洲地区最大的湖泊群，同时水域面积变异系数最小，表明其水域面积时空分布稳定。其余水域由于面积较小，以及受非洲高温少雨的影响，每年平均被水覆盖时长为5~9个月。

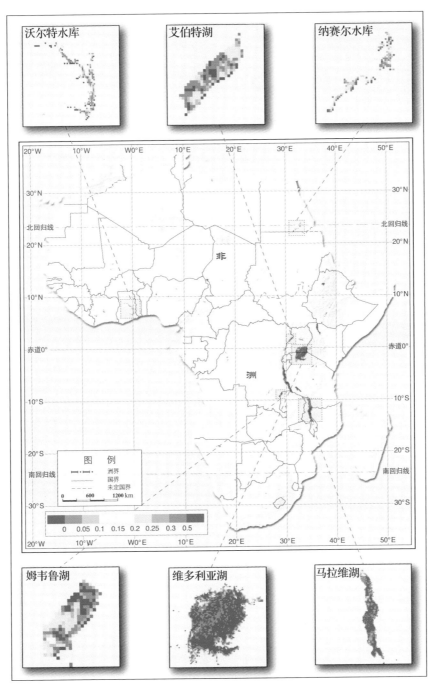

图2－13　2012年非洲大型陆表水域年内变异系数

按照国家统计，2012年非洲陆表水域最大面积排在前十位的国家（图2－14）是：坦桑尼亚、乌干达、刚果（金）、马拉维、肯尼亚、赞比亚、莫桑比克、加纳、埃塞俄比亚、尼日利亚；其中，坦桑尼亚水域面积全年平均最大，占非洲大型陆表水域面积的27.16%，是非洲水资源最为丰富的国家。

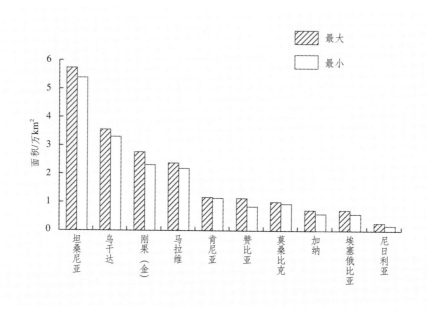

图2－14　2012年非洲典型国家大型陆表水域面积

2.3.4　北美洲大型陆表水域面积分布

2012年北美洲大型陆表水域最大面积为72.99万km²，居全球各大洲之首，占全球大型陆表水域面积的38.20%；大型陆表水域最小面积为59.35万km²，占全球大型陆表水域面积的37.40%（图2－15）；两者相差13.64万km²。

北美洲水域总体特点为面积广、空间差异大。其中，40°～80°N范围内，大型陆表水域分布集中，最大面积为68.23万km²，约占北美洲大型陆表水域面积的93.48%，远高于北美洲平均水平；特别是以五大湖区为代表的世界上最大的淡水湖群，水域最大面积占北美洲大型陆表水域面积的34.1%。

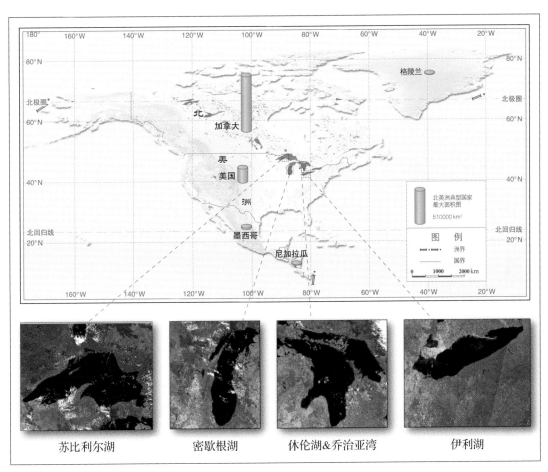

图2－15　2012年北美洲大型陆表水域最大面积分布图

　　北美洲大型陆表水域平均变异系数为0.10（图2－16），是各大洲中水域年内变异系数最小的，平均被水覆盖时长平均为10～12个月，其中五大湖及中低纬度地区（0～50°N）湖泊变化不大；而中高纬度地区（50°～70°N）主要受冰冻期影响，冰雪覆盖时间在6个月左右。

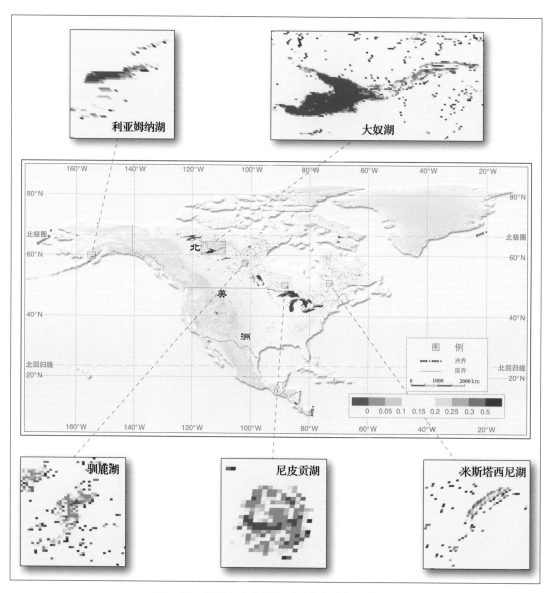

图2－16　2012年北美洲大型陆表水域年内变异系数

根据北美洲陆表水域遥感监测的结果，水域最大面积排在前十位的国家或地区是（图2-17）：加拿大、美国、尼加拉瓜、墨西哥、格陵兰（丹）、洪都拉斯、古巴、危地马拉、巴哈马和巴拿马。其中，加拿大水域最大面积为39.05万km²，水域最小面积为28.60万km²；美国水域最大面积为7.54万km²，水域最小面积为5.19万km²；总体上，加拿大和美国是北美洲甚至全球湖泊水库面积最多的国家之一。

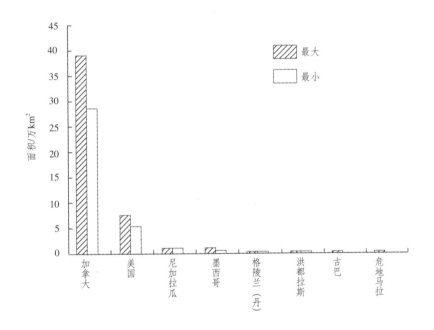

图2-17 2012年北美洲典型国家大型陆表水域面积

2.3.5 南美洲大型陆表水域面积分布

2012年南美洲大型陆表水域最大面积为9.59万km²，占全球大型陆表水域面积的5.00%；水域最小面积为6.51万km²，占全球大型陆表水域面积的4.10%（图2-18）；两者面积相差3.08万km²，变异系数为0.44（图2-19），年内水域面积存在一定程度的波动。总体上，南美洲大型陆表水域面积较少，但由于亚马孙流域水量丰富，南美洲水资源量在全球比例并不低。

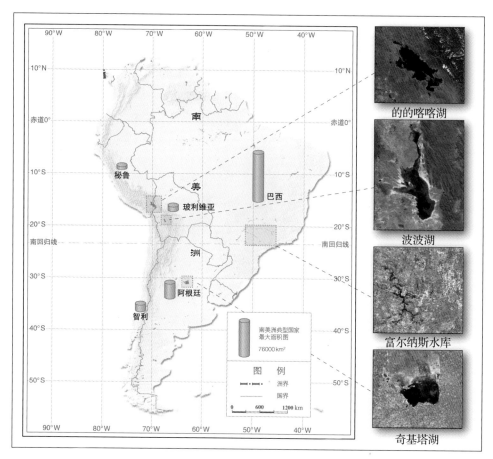

图2-18　2012年南美洲大型陆表水域最大面积分布图

　　南美洲大型水域分布呈现空间分布集中、密度较低的特点。南美洲大陆地形分为三个南北向纵列带：西部为狭长的安第斯山，东部为波状起伏的高原，中部为广阔平坦的平原低地。西部山区主要为构造湖，包括中部区域的波波湖、的的喀喀湖，南端的巴塔哥尼亚高原湖泊群。东部和西部主要依托亚马孙河、巴拉那-拉普拉塔河，河流两岸密集分布有湖泊群，由于该水域地处热带雨林气候，水量丰沛，变异系数在1以下，为南美洲水体分布一年中变化最小的区域，平均被水覆盖时长多为10个月以上。

　　按照国家统计，2012年南美洲陆表水域最大面积排在前十位的国家是（图2-20）：巴西、阿根廷、智利、玻利维亚、秘鲁、委内瑞拉、哥伦比亚、乌拉圭、巴拉圭、苏里南；其中，巴西大型水域面积全年平均最大，是世界上水资源最为丰富的国家之一。

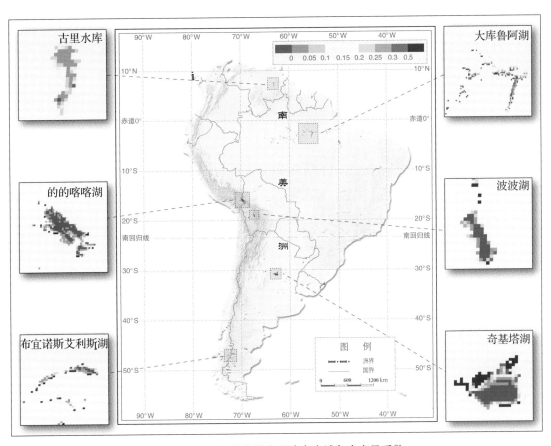

图2-19 2012年南美洲大型陆表水域年内变异系数

古里水库　大库鲁阿湖　的的喀喀湖　波波湖　布宜诺斯艾利斯湖　奇基塔湖

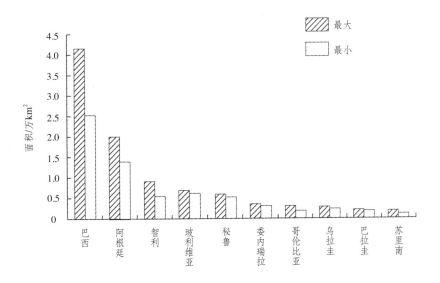

图2-20 2012年南美洲典型国家大型陆表水域面积

2.3.6 大洋洲大型陆表水域面积分布

2012年大洋洲大型陆表水域最大面积为2.08万km^2，占全球大型陆表水域面积的1.10%；水域最小面积为0.77万km^2，占全球大型陆表水域面积的0.50%（图2−21）；面积相差1.31万km^2。总体上，大洋洲作为全球面积最小的洲，大型陆表水域面积全球最低。

大洋洲大型陆表水域东多西少，空间分布非常不均匀，亦是年内变异系数最大的一个洲（图2−22）。大型陆表水域主要有西北部的阿盖尔湖、中东部湖泊群以及分布在澳大利亚墨累−达令河流域的湖泊。干旱时期，中东部湖泊群的数量和面积都明显减少，洼地多以盐田形式存在，极为干燥，只有依靠季节性或偶然性降水填满这些洼地，平均被水覆盖时长只有2个月左右，因此该区域是大洋洲水体分布年内变异系数最大的区域。

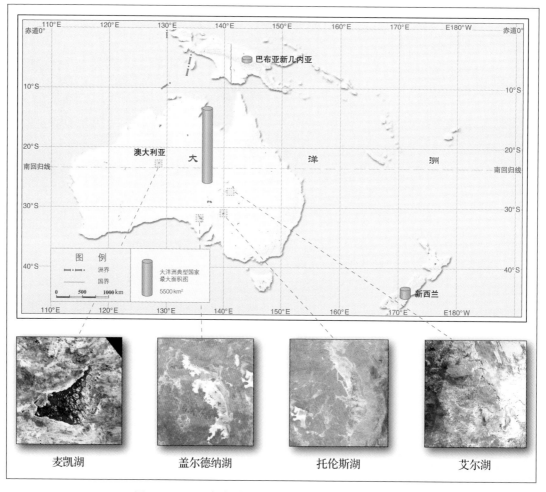

图2−21　2012年大洋洲大型陆表水域最大面积分布图

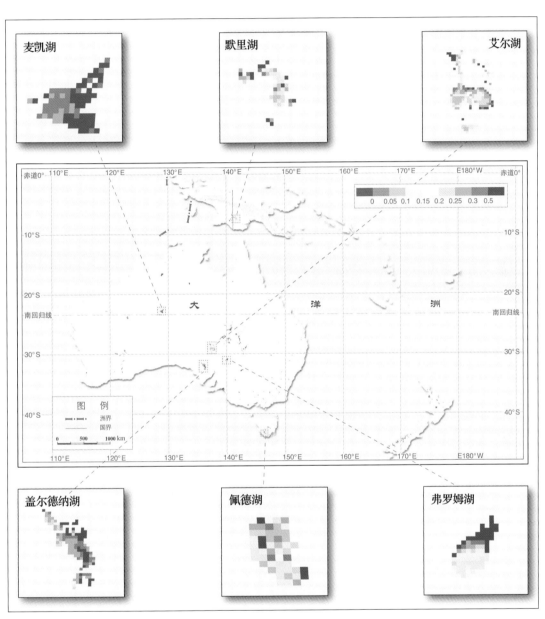

图2-22 2012年大洋洲大型陆表水域年内变异系数

　　按照国家统计，2012年大洋洲大型陆表水域主要集中在澳大利亚、新西兰和巴布新几内亚，其余国家所占比例较低（图2-23）。

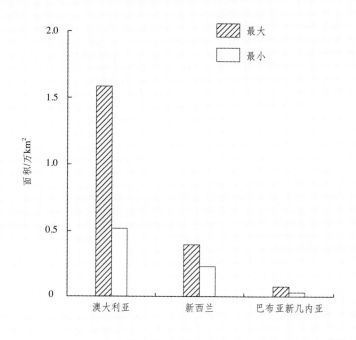

图2-23　2012年大洋洲典型国家大型陆表水域面积

三、中国大型陆表水域时空分布状况

3.1 总体时空分布现状

2012年中国境内大型陆表水域最大面积为6.71万km²，占中国国土面积的0.70%；最小面积为5.64万km²，占中国国土面积的0.59%。

中国大型陆表水域空间分布广泛且相对集中。按照省份对中国大型陆表水域进行统计，陆表水域数量最多的3个省份依次是西藏、青海和湖北，分别拥有大型湖泊和水库186个、59个和33个，分别占全国总数的36.4%、11.5%和6.5%（表3-1）。大型陆表水域面积最大的3个省份依次是西藏、青海和新疆，分别为22806.0 km²，11434.4 km²和5482.4 km²，分别占全国大型水域总面积的33.3%、16.7%和8.0%。

中国陆表水域分布按照东部平原、东北平原与山区、云贵高原、蒙新高原、青藏高原等五大湖区进行划分（马荣华等，2011）。青藏高原湖区拥有全国约50%的大型陆表水域，主要以内陆湖为主；东部平原湖区的大型陆表水域主要分布在长江及淮河中下游、黄河及海河下游和大运河沿岸，水域聚集密度大，占全国大型陆表水域面积的25.9%，包括我国五大淡水湖：鄱阳湖、洞庭湖、太湖、洪泽湖和巢湖；蒙新湖区的陆表水域处于干

表3-1 分省水域面积分级统计表

省份	>1000 km²	500~1000 km²	100~500 km²	<100 km²	数量合计 /个	最大面积合计 / km²	最小面积合计 / km²
西藏	2	3	42	139	186	22806.00	20669.20
青海	1	2	15	41	59	11434.00	10187.00
新疆	–	4	6	13	23	5482.40	5004.60
江苏	2	1	3	11	17	5465.50	3802.20
内蒙古	1	1	3	15	20	3963.90	2622.90
江西	1	–	2	10	13	3400.60	848.70
安徽	–	1	8	18	27	2998.90	1570.20
湖南	1	–	1	9	11	2295.10	537.10
湖北	–	–	5	28	33	2003.30	753.60
黑龙江	–	1	3	10	14	1954.10	1544.50
吉林	–	–	2	14	16	976.50	497.30
山东	–	1	1	1	3	937.10	536.20

省份	>1000 km²	500~1000 km²	100~500 km²	<100 km²	数量合计 /个	最大面积 合计 / km²	最小面积 合计 / km²
云南	–	–	3	6	9	905.40	602.80
河南	–	–	1	9	10	514.40	162.70
广东	–	–	1	5	6	455.70	152.10
浙江	–	–	1	3	4	395.70	92.60
重庆	–	–	1	1	2	370.50	94.20
辽宁	–	–	–	10	10	344.90	90.00
广西	–	–	–	10	10	313.00	27.60
河北	–	–	–	8	8	293.20	51.10
甘肃	–	–	1	2	3	214.30	172.00
四川	–	–	–	7	7	194.50	38.90
福建	–	–	–	4	4	112.00	4.40
北京	–	–	–	1	1	102.30	35.20
天津	–	–	–	2	2	95.10	54.60
海南	–	–	–	4	4	93.30	35.40
陕西	–	–	–	2	2	66.30	24.10
山西	–	–	–	2	2	63.40	26.80
上海	–	–	–	1	1	53.70	4.20
贵州	–	–	–	2	2	53.50	0.70
宁夏	–	–	–	2	2	45.20	0.40
香港	–	–	–	–	–	–	–
澳门	–	–	–	–	–	–	–
台湾	–	–	–	–	–	–	–
总计	8	14	99	390	511	68403.80	50243.30

旱-半干旱的内陆，占全国陆表水域的15.5%；东北地区三面环山，湖泊沼泽连片分布，大型陆表水域约占全国的5.8%；云贵高原地区主要以外流淡水湖为主，水域面积较小，占全国大型陆表水域的1.5%。

按照一级流域分区对中国大型陆表水域最大面积分布进行统计，拥有大型陆表水域数量最多的3个一级流域依次是西北诸河流域（252个）、长江流域（101个）和淮河流域（32个），分别占全国陆表水域总数量的49.30%、19.80%和6.30%（表3-2）。按照水域面积排序，依次是西北诸河流域、长江流域、松花江流域、淮河流域、黄河流域、西南诸河流域、珠江流域、辽河流域、海河流域和东南诸河流域。其中，前三位流域大型水域面积分别占全国的54.94%、21.10%、7.31%（图3-1）。

表3-2　分流域水域面积分级统计表

流域	>1000 km²	500～1000 km²	100～500 km²	<100 km²	数量合计 /个	最大面积合计 / km²	最小面积合计 / km²
西北诸河区	3	8	58	183	252	37580.10	33577.60
长江区	3	1	19	78	101	14435.90	6542.00
松花江区	1	1	5	24	31	5001.70	3715.20
淮河区	1	2	3	26	32	4570.70	2520.40
黄河区	0	1	6	14	21	2392.80	1672.40
西南诸河区	0	0	5	12	17	1797.70	1370.30
珠江区	0	0	2	24	26	1203.20	442.40
辽河区	0	0	0	14	14	501.30	157.40
东南诸河区	0	0	1	6	7	492.40	97.90
海河区	0	0	0	10	10	427.60	147.30

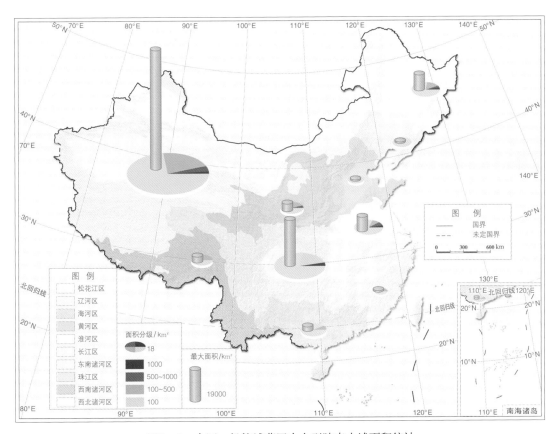

图3-1　中国一级流域范围内大型陆表水域面积统计

2012年中国水域最大面积大于1000 km²的湖泊有10个（表3-3），分别是青海湖、鄱阳湖、洞庭湖、太湖、呼伦湖、色林错、纳木错、洪泽湖、博斯腾湖和兴凯湖，总面积为23084.30 km²。

表3-3　2012年最大水域面积大于1000km²的湖泊

湖泊名称	青海湖	鄱阳湖	洞庭湖	太湖	呼伦湖	色林错	纳木错	洪泽湖	博斯腾湖	兴凯湖
面积/ km²	4329.22	3032.06	2679.32	2268.29	2107.01	2260.00	1887.67	1378.48	1120.20	1022.05

中国大型陆表水域的季节变化不一，平均被水覆盖时长差异较大，与当地的气候和自然地理环境密切相关。例如，内蒙古中部和长江中下游各省的陆表水域平均被水覆盖时长为4～6个月；西藏中部和南部、湖北、湖南，以及云南南部的大型陆表水域平均被水覆盖时长为10～12个月。青藏高原、新疆北部、内蒙古东北部和东北地区的陆表水域被水覆盖面积波动性小，水域面积年内变异系数接近于0；长江中下游、内蒙古南部、新疆中部陆表水域被水覆盖面积波动性大，水域面积年内变异系数为1～2。

3.2　不同区域大型陆表水域面积时空变化

中国陆表水域空间分布呈现南多北少、东多西少的特点，但是大型陆表水域主要分布在青藏高原、蒙新、东部平原、东北平原与山地和云贵高原五大湖区（图3-2）。

青藏高原湖区位于高原腹地，陆表水域多以内陆湖为主，冬季湖泊结冰期较长，冰雪或冰川融水是湖泊补给的主要形式。丰水期通常出现在4月末至5月初，此时冰雪融化较多，湖泊获得较大补给；夏季7～8月，青藏高原陆表水域面积有稍许减小。2012年第1～121天以及第289～361天为青藏高原地区湖泊的结冰期，冰冻期湖面面积稳定。其他时期为消融期，湖面面积略有波动，2012年最大、最小面积差值为949 km²。总体上，青藏高原湖泊群水域平均被水覆盖时长较长，波动性小（图3-3）。

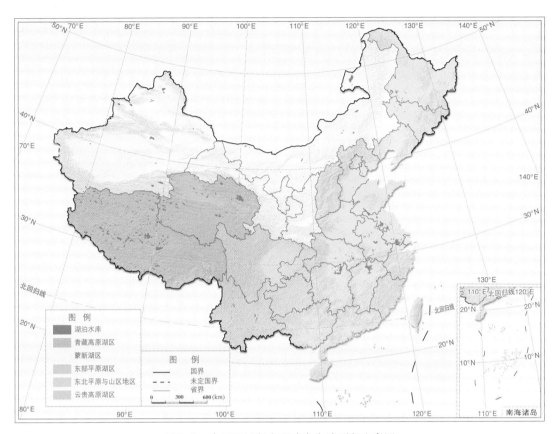

图3-2　中国2012年大型陆表水域面积分布图

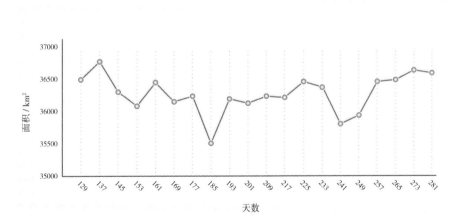

图3-3　2012年青藏高原湖区大型陆表水域面积变化

东部平原湖区包括北京、江苏、浙江、河北、河南、山东、湖南、江西、安徽、湖北、上海、福建、广西、香港、澳门和台湾等省份，分布于长江及淮河中下游、黄河及海河下游和大运河沿岸。东部平原湖区濒临海洋，气候温暖湿润，湖泊补给较丰，丰水期多出现在降水较多的7～8月。2012年，东部平原地区湖泊面积从第25天的14415 km^{2}逐渐增加到第137天的15634 km^2，随后又有微弱减小；第137天的面积极大值与2012年东部平原湖区4月末5月初丰富的降水有关。2012年东部平原湖区陆表水域面积最大值出现在第233天，为15928.7 km^2，随后面积逐渐减小至第305天的14687.8 km^2，一年中面积的最大与最小差值为1601.7 km^2，为五个湖区中年内面积变化最大的，表现了东部平原湖区陆表水域的较大波动性（图3-4）。

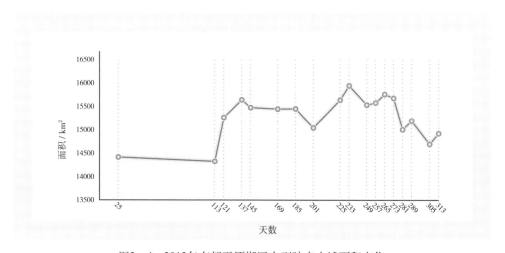

图3-4　2012年东部平原湖区大型陆表水域面积变化

蒙新湖区包括内蒙古、新疆、山西、陕西、宁夏以及甘肃等省份，处于干旱-半干旱的内陆，降水稀少，地表径流补给不足，蒸发强度超过湖水的补给量。因此，气候变化特别是水热条件的配置是控制蒙新湖区湖泊变化的主导因素。另外，在西北干旱半干旱地区，当地兴修的大量水利工程截留用水，使许多湖泊水源减少甚至断源，同样也引起了湖泊水域面积的巨大变化。2012年第1～121天以及305～361天为蒙新湖区湖泊的结冰期，冰冻期湖面基本稳定。该地区湖泊从153～193天面积在8334.2 km^{2}上下波动，209～241天，湖泊面积快速增加至8590.60 km^2，249～297天，湖泊面积波动性增加到年内最大值8604.1 km^2，一年内最大最小面积差值为275.3 km^2。总的来说，蒙新湖区湖泊面积在4～6月缓慢增长，7～8月雨季增长较快，9～10月呈现波动性增长（图3-5）。

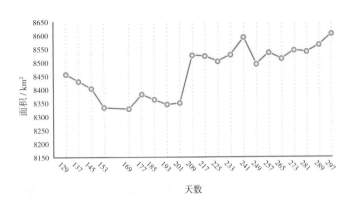

图3-5　2012年蒙新高原湖区大型陆表水域面积变化

东北湖区包括黑龙江、吉林和辽宁三省份，三面环山，中间为松嫩平原和三江平原，湖泊主要分布在河流密集的平原区。东北地区属于温带湿润–半湿润的季风型大陆性气候，夏季短凉多雨，集中了全年降水量的70%～80%，此时湖泊补给充足，水位高涨，水域面积最大；冬季寒冷多雪，温度较低，湖泊冰冻期较长。2012年第1～89天以及305～361天为东北地区湖泊的结冰期，面积基本稳定。第97～121天面积保持在2500 km^2左右，第145天面积下降至2406 km^2；随后水域面积增加，在第289天达到最大值2651 km^2。总的来说，东北地区湖泊在4～5月面积偏小，从7月雨季开始，面积快速增加，一直到10月进入结冰期，面积再次稳定（图3-6）。

云贵高原湖区包括四川、重庆、云南、贵州等四省份，均为外流淡水湖；湖区内较大的湖泊分布在断裂带或各大水系的分水岭地带，多为构造湖，水体较深。相对于其他湖区，云贵高原湖泊面积年内变化最小，湖泊主要得到西南季风带来降水的补给，5～10月的降水量占全年降水量的80%以上，湖泊水位随降水量的季节变化而变化。2012年8月水域面积最小，相对于往年是个异常情况，可能与当年的干旱及用水量增大有关。总体上，云贵高原湖区湖泊波动性小，但由于高原湖泊换水周期普遍较长，自我调节能力较低，生态系统较脆弱（图3-7）。

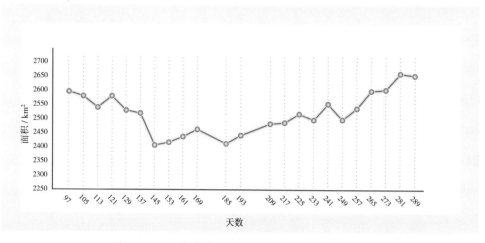

图3－6　2012年东北平原区大型陆表水域面积变化

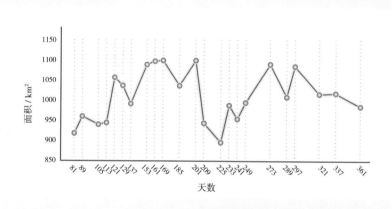

图3－7　2012年云贵高原湖区大型陆表水域面积变化

四、全球典型区域陆表水域变化

4.1 中亚五国湖泊

中亚五国包括哈萨克斯坦、乌兹别克斯坦、土库曼斯坦、吉尔吉斯斯坦和塔吉克斯坦。中亚五国地处欧亚大陆腹地，陆地面积达399.44万 km^2，占全球陆地面积的2.97%。中亚五国陆表水域空间差异大，相对于中部和南部水域，北部水域偏小。地处中亚东部的吉尔吉斯斯坦和塔吉克斯坦，冰川资源极为丰富，为中亚地区主要水源区。咸海、巴尔喀什湖、阿拉湖、伊塞克湖等面积大于1.5万 km^2 的大湖都分布在中南部。中亚五国横跨寒温带和亚热带，属于典型的大陆性气候，干旱少雨。近几十年来由于工业和灌溉用水量的急剧提升，水域面积有较大减少。考虑到水对于干旱的中亚地区的重要性，水域面积减少很有可能导致地区冲突。

4.1.1 2012年内变化分析

2012年中亚五国陆表最大水域面积为10.46万 km^2，最小面积为6.90万 km^2，相差3.56万 km^2，变化较大。按国家统计，最大水域面积大小依次为哈萨克斯坦、土库曼斯坦、乌兹别克斯坦、吉尔吉斯斯坦和塔吉克斯坦（表4-1）。

表4-1 中亚五国水域面积统计

国家	水域最大面积 / km^2	占国土面积的比例 / %	水域最小面积 / km^2	占国土面积的比例 / %
哈萨克斯坦	56543.80	2.10	32706.66	1.20
土库曼斯坦	23220.20	5.20	21666.36	4.84
乌兹别克斯坦	16396.20	8.30	7666.79	3.86
吉尔吉斯斯坦	7222.10	1.50	6238.77	1.28
塔吉克斯坦	1260.50	0.90	647.65	0.45
总计	104642.80	2.60	68926.23	1.73

从大型水域面积变异系数可以看出，整个地区水域变异系数达到0.74，年内变化范围显著高于全球平均水平，其主要变化发生在该区域北部冻融地区和咸海区域，而处于常湿冷温气候带的阿拉湖和伊塞克湖等区域水域面积波动不大（图4-1）。

中亚地区由于地处干旱地区，夏季降水较少，水域面积相对减小；春季由于受冰雪融化影响，反而水域面积较大。因此，全区水域面积全年呈现春季最大，然后逐渐降低；到了夏季，水域面积有小幅增长，但仍小于春季水域面积；秋冬季水域面积再次下降（图4-2）。

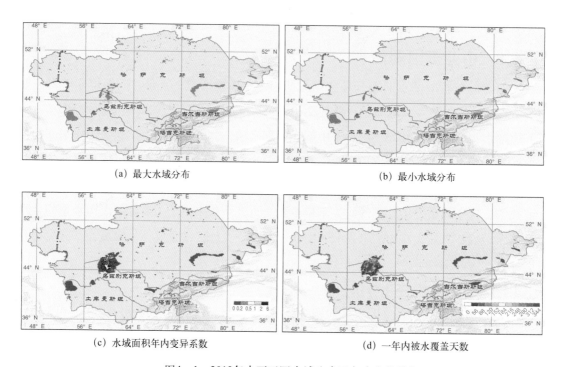

(a) 最大水域分布

(b) 最小水域分布

(c) 水域面积年内变异系数

(d) 一年内被水覆盖天数

图4-1　2012年中亚五国水域分布及年内变化特征

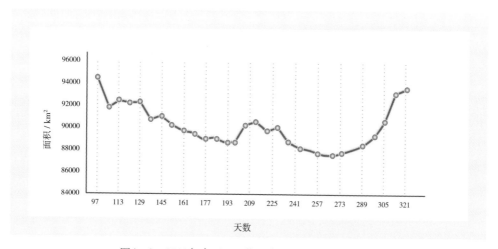

图4-2　2012年中亚五国湖泊年内面积变化曲线

咸海是位于中亚的内流咸水湖,水源主要依赖阿姆河和锡尔河。2012年,咸海水域范围内大部分区域常年无水,湖体已被分割成独立的几个部分(图4-3)。2012年春季3~4月冰雪融化时,水域面积最大达到13086.3 km²;而在夏季6月雨季来临之前,处于枯水期,面积为最小8516.7 km²。同样,以积雪融水和降水等混合型补给为主的处于荒漠气候带的巴尔喀什湖和斋桑泊均在春季达到最大值,面积分别为18294.2 km²和4835.6 km²(图4-4)。

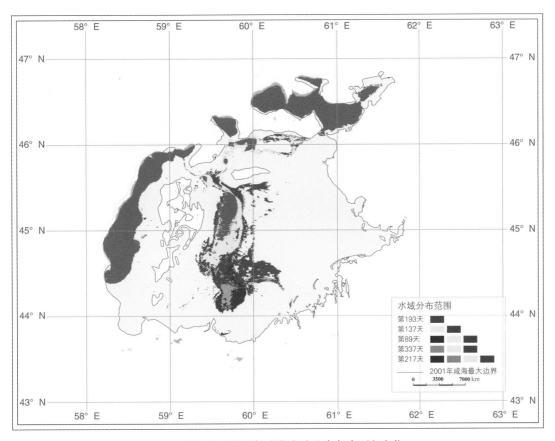

图4-3 2012年咸海水域分布年内面积变化

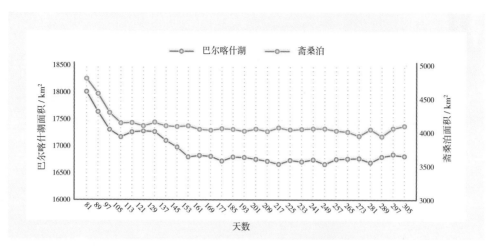

图4-4　2012年中亚干旱区水体年内面积变化曲线

4.1.2　2001～2012年际变化分析

2001～2012年中亚地区湖泊变化剧烈的区域主要分布在咸海，呈逐渐萎缩的趋势（图4-5）。2001～2005年水域范围相对稳定；2006～2009年咸海东部水域面积逐渐减少，2009年达到第一个低谷；相对于2009年，2010～2011年水域覆盖状况好转，面积增加；但2012年水域面积下降到历史最低值，水域最大面积只有18766.5 km^2，相对于2001年咸海水域最大面积，萎缩了39.10%，主要原因是南咸海减少，特别是南咸海中的东咸海萎缩趋势最明显，减少量占整个咸海水域面积的1/3（图4-6）。

咸海水域不断枯竭的主要原因是人类活动的影响。从20世纪80年代开始，人们不断从咸海的两条主要补给河流阿姆河和锡尔河，抽取大量河水用于农田灌溉，导致其水位急剧下降，水域大范围萎缩。面对水位持续下降和水域萎缩的问题，哈萨克斯坦政府于2003年修建大坝，阻断南北咸海的流通，以保护北咸海（白洁等，2011）。而南咸海由于乌兹别克政府财政紧缩，没有采取保护措施，导致水位进一步下降，暴露出来的河床有大量盐沙，大大增加了沙暴的吹袭，形势更为恶化。面对咸海不断萎缩的趋势，未来应加强政府间合作，共同保护咸海水资源。

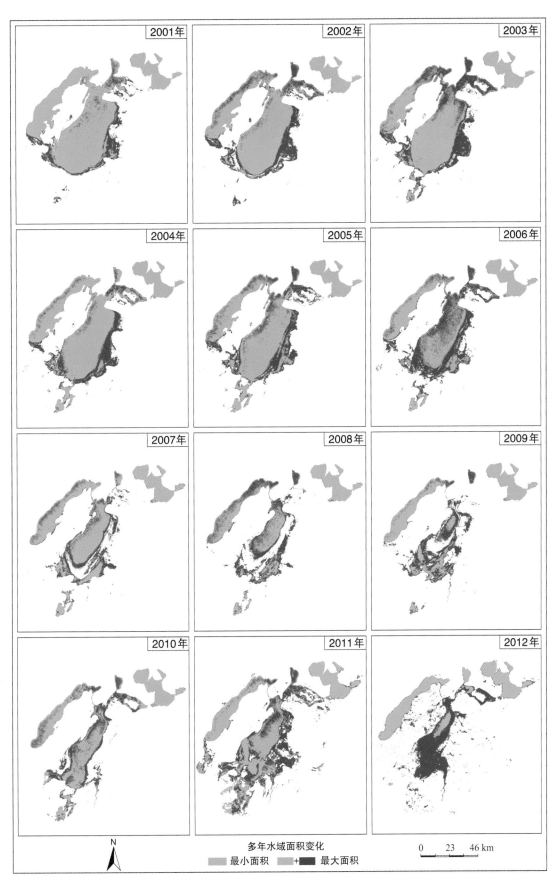

2001年　2002年　2003年

2004年　2005年　2006年

2007年　2008年　2009年

2010年　2011年　2012年

N

多年水域面积变化

最小面积　　+　最大面积

0　23　46 km

图4-5　2001~2012年咸海水域面积变化

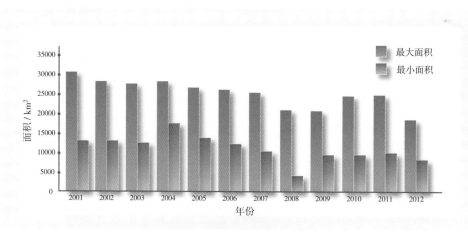

图4-6 2001~2012年咸海水域面积统计

4.2 长江中下游湖泊群

长江中下游地区是指中国长江三峡以东的中下游沿岸带状平原，包含湖北、湖南、江西、安徽、江苏、浙江和上海7个省份。长江中下游平原地势平坦，气候温暖湿润，水热条件优越，以河湖众多、水网稠密为其主要自然景观特征，素有"水乡泽国"之称（姜加虎等，2009），2012年面积在25.00 km²以上的湖泊有75个，合计面积13783.27 km²，平均占陆表面积1.72%，是我国淡水湖泊数量最多、分布最为密集的地区。享有盛誉的中国五大淡水湖——鄱阳湖、洞庭湖、太湖、洪泽湖和巢湖，除洪泽湖位于淮河流域外，都位于本区域。湖泊具有供水、防洪、灌溉、航运、养殖和旅游等多种功能，是人类赖以生栖繁衍的一个重要场所，在流域经济社会发展和生态环境改善等方面均发挥着巨大的作用。

4.2.1 2012年内变化分析

长江中下游湖泊群面积常年保持在10000 km²以上，但受长江水量和降水的影响，部分湖泊（如鄱阳湖），存在较大的季节波动性。2012年长江中下游湖泊群春季平均面积为12050.08 km²，夏季平均面积为12938.01 km²，秋季平均面积为12372.20 km²，冬季平均面积为10980.69 km²。夏秋季节降水量较大，湖泊水域面积明显大于冬春季节（图4-7）。

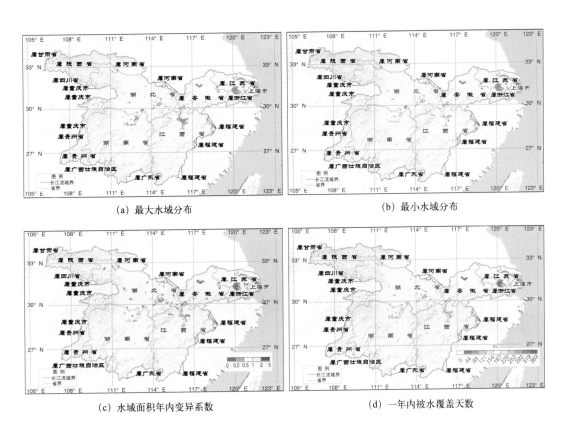

(a) 最大水域分布　　　　　　　　　　　　　　　(b) 最小水域分布

(c) 水域面积年内变异系数　　　　　　　　　　(d) 一年内被水覆盖天数

图4-7　2012年长江中下游水域分布及年内变化特征

以太湖、巢湖等为代表的长江下游地区，河流水网密集，沿湖人口众多，考虑到防洪等需要，湖周围都有人工堤坝，水域面积常年较为稳定。而鄱阳湖、洞庭湖等长江中游通江湖泊，由于与长江直接相连，且水位高于长江，水域面积受长江影响巨大（Feng et al., 2012; Zhao et al., 2005）。特别是，近年来长江中上游干旱，再加上三峡大坝蓄水，夏季丰水期与冬季枯水期湖泊水位差异悬殊，鄱阳湖"丰水一片、枯水一线"的自然景观更为突出（图4-8）。

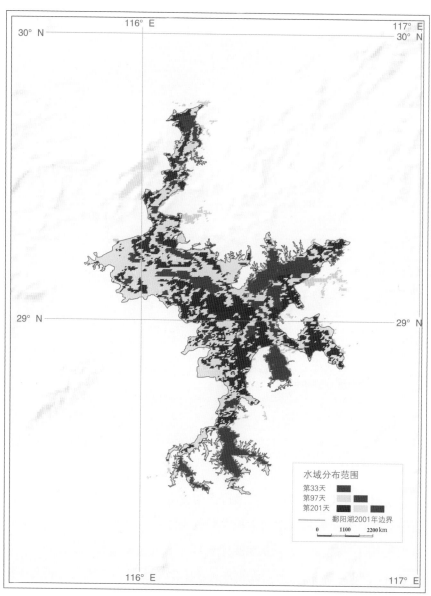

（a）鄱阳湖年内面积变化空间分布

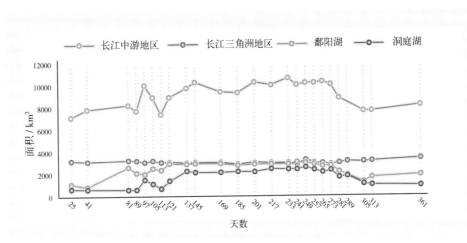

（b）长江中下游地区湖泊年内面积变化

图4-8　2012年长江中下游湖泊及鄱阳湖年内变化

2012年鄱阳湖面积在一年中的变化非常明显，第33～97天，鄱阳湖面积从837 km²增加至2600 km²，比往年的丰水期提前了一个月。这是因为该年1月之后，鄱阳湖地区出现持续60多天的低温阴雨天气，平均降水量比多年同期均值增加32%。受此影响，鄱阳湖水位迅猛回升，3月初就进入了丰水期。从第97天开始，鄱阳湖面积有所下降；一直到第201天，鄱阳湖水域面积达到2012年最大值3086 km²，并持续稳定至273天。

4.2.2　2001～2012年际变化分析

2001～2012年长江中下游地区湖泊群水域面积整体呈现萎缩趋势，萎缩速率为每年29.3 km²，主要受该区域降水减少影响，过去十年长江中下游年均降水量减少速率为每年50 mm。另外，萎缩速率较大的主要是鄱阳湖、洞庭湖等大型通江湖泊（图4-9、图4-10），每年分别达到54.76 km²和25.08 km²。

鄱阳湖、洞庭湖丰水期一般集中在每年的6～8月，秋冬季是枯水期。鄱阳湖2001～2012年每年最大面积都保持在3000 km²以上，其中2002年最高，达到3873.90 km²；每年最小面积都在1400 km²以下，且呈逐年减少趋势，2011年最低，只有721 km²。洞庭湖2001～2012年每年最大面积持续在1600 km²以上，2002年最高，达到2600.30 km²，2004年最低，为1641.40 km²；每年最小面积都小于600 km²，但呈现波动性萎缩趋势，2007年达到最低，为253 km²（图4-11）。

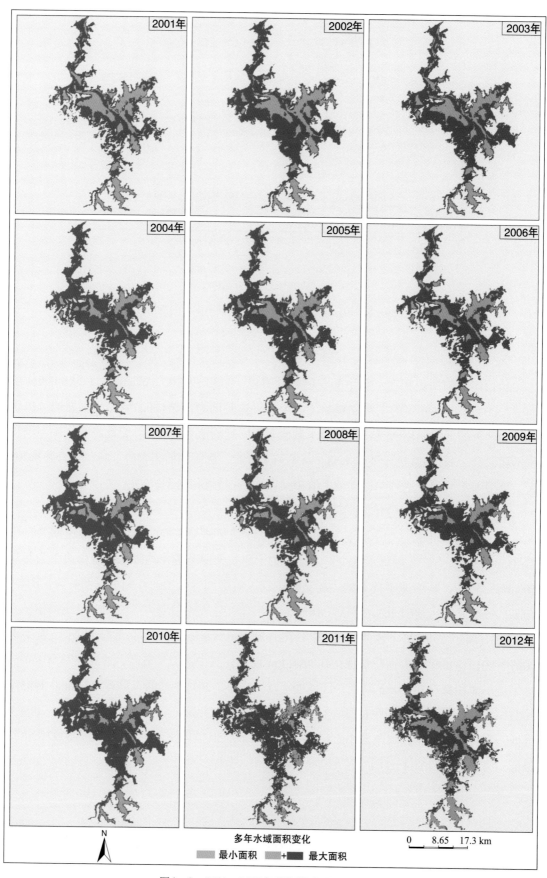

图4-9　2001～2012年鄱阳湖水域面积变化

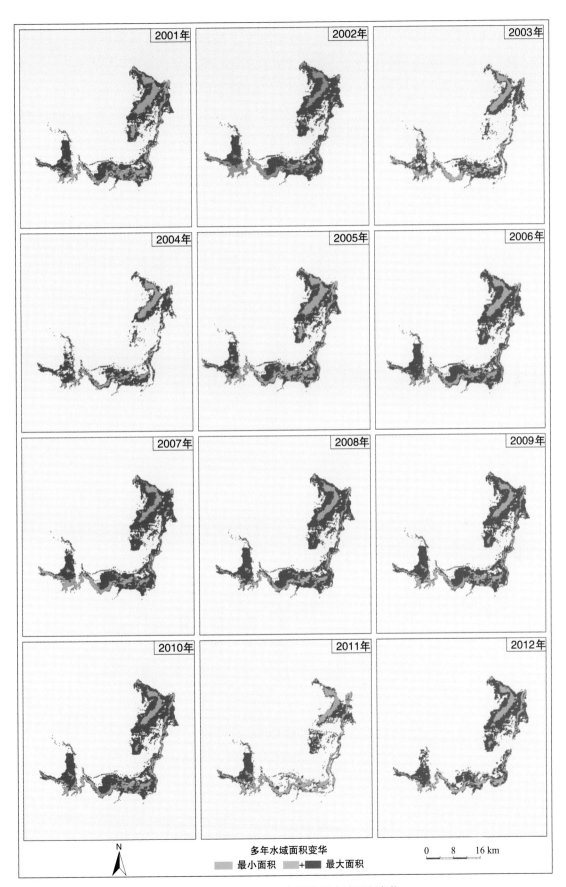

图4－10　2001～2012年洞庭湖水域面积变化

　　鄱阳湖、洞庭湖等长江中游湖泊，与长江干流直接相沟通，水域面积受长江水情影响巨大。在全球气候增暖的背景下，近年来长江上游特别是长江源区气候增暖明显，冰川呈明显后退趋势，来水持续下降，长江水位有下降趋势；特别是，当地近10年秋冬季连续干旱，降水量减少，再加上三峡大坝持续蓄水，湖泊下泄水量急剧增加，枯水期较三峡截流前提前1～2个月，水位持续走低的态势日趋明显，造成丰水期与枯水期水位差异悬殊。

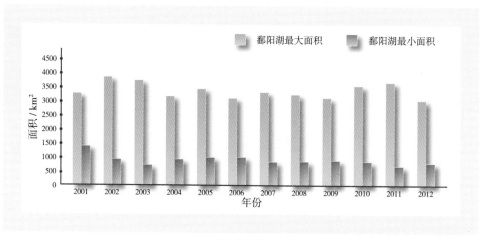

(a) 鄱阳湖

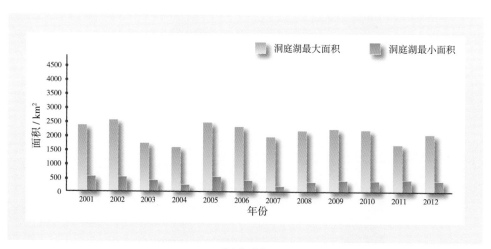

(b) 洞庭湖

图4-11　2001～2012年鄱阳湖、洞庭湖水域面积变化

4.3 青藏高原湖泊群

在全球气候变化的大背景下，作为"三极"之一的青藏高原，其环境变化较为敏感，具有较强的指示性。根据政府间气候变化专门委员会（Intergovernmental Panel on Climate Change，IPCC）第五次气候变化评估报告及相关研究，青藏高原近年来呈现气候变暖的整体趋势，表现为气温及地表温度升高、年降水量的区域性增加或减少、冰川融化、冻土消融，以及现代雪线退缩等。湖泊作为陆地水圈的组成部分，参与自然界的水分循环，对气候的波动变化极为敏感，是揭示全球气候变化与区域响应的重要信息载体。青藏高原是地球上海拔最高、湖泊数量最多、湖泊面积最大的高原湖群区，湖泊类型复杂多样，对其湖泊数量和面积变化进行监测，是研究青藏高原气候环境变化问题的一个必要组成部分，能够为全球变化研究提供重要的科学依据（李均力和盛永伟，2013）。

4.3.1 2012年内变化分析

青藏高原湖泊群面积常年较稳定，季节波动性不大。2012年青藏高原湖泊群春季平均面积为36746.51 km²，夏季平均面积为36503.48 km²，秋季平均面积为35862.14 km²，冬季平均面积为35708.43 km²。每年春季青藏高原冰雪融化，湖泊补给充分，春夏季湖泊面积明显大于秋冬季节。

青藏高原湖泊水域最大、最小分布相差较大的主要分布在青海与西藏北部，如达布逊湖、东台吉乃尔湖、西台吉乃尔湖。湖泊年内面积变化较小的湖泊主要有分布在西藏南部的羊卓雍错、格仁错、当惹雍错、塔诺错、吴如错和班公错，变异系数在0.3以下，青海湖、纳木错、色林错的湖泊面积变异系数为0.3~0.8。青海北部的哈拉湖、乌兰乌拉湖、可可西里湖、鲁玛江冬错等，变异系数较大，接近1左右（图4-12）。

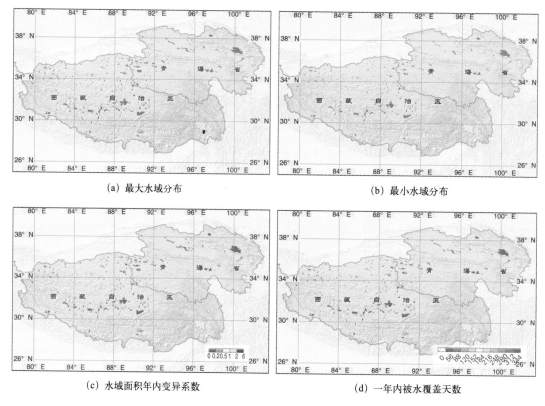

（a）最大水域分布 （b）最小水域分布

（c）水域面积年内变异系数 （d）一年内被水覆盖天数

图4-12 2012年青藏高原水域面积分布及年内变化特征

对青藏高原湖泊进行东、西、南、北四个区域的划分，其中青藏高原东部的青海湖、鄂陵湖、扎陵湖以及哈拉湖，2012年最大面积为第265天的9550 km²，最小面积为第129天的9319 km²，最小值比最大值减少2.5%。东部区域湖泊群面积夏季最大，与当地降水季节有关。位于高原西部的格仁错、当惹雍错、塔诺错、吴如错、班公错，湖泊面积年内变化较小，该区域湖泊大多处于地势陡峭的高山深谷内，湖泊面积变化不明显。位于高原南部的纳木错、色林错及周边的巴木错、班戈错、兹格塘错、乃日平错等，湖泊面积在5月面积增加较多，主要因为高原南部的湖泊以冰雪融水补给为主，5月积雪大规模融化，造成湖泊面积增长。在藏北腹地，湖泊群最大面积为第137天的10298 km²，最小面积为第185天的9525 km²，最小值比最大值减少8.1%（图4-13）。

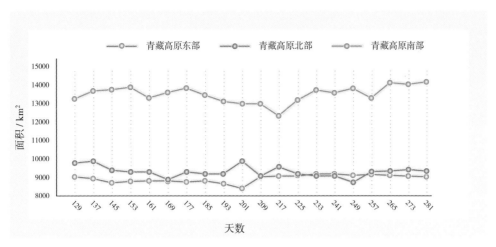

图4-13 2012年青藏高原湖泊面积年内变化

4.3.2 2001～2012年际变化分析

青藏高原湖泊群在2001～2012年面积总体呈现增加趋势。由2001年 33564.12 km² 波动性增加到2012年的36746.51 km²，其中2002年具有最小面积32122.0 km²，扩张速率为每年289.31 km²。青藏高原地区在过去30年呈现逐渐变暖的趋势，温度变化速率为每10年增加0.3℃，是全球温度增加速率的两倍（Zhang et al., 2010），增温显著的地方主要位于西藏。气候变暖使得青藏高原的冰川处于退化状态，冰川融水是藏北高原湖区补给的重要渠道，青藏高原流域内的湖泊可以有较多的水源补给（蒲健辰等, 2004）。过去十几年，青藏高原北部和中部，尤其是青海降水呈现增加趋势，西藏东南部降水呈现减少趋势。此外，青藏高原地区湖泊近十几年的水面面积变化趋势同重力卫星（Gravity Recovery and Climate Experiment，GRACE）测量的地表质量变化趋势一致（Zhang et al., 2009）。说明了青藏高原地区的湖泊受人为干预较少，同气候环境的变化较协调。

青藏高原湖泊群被水覆盖状况较好，面积波动小，湖泊淹没强度增加。近12年来，多数湖泊平均被水覆盖时长为7～9个月，如达布逊湖、东台吉乃尔湖、西台吉乃尔湖等。西藏中部和南部的湖泊，如羊卓雍错、格仁错、当惹雍错、塔诺错、吴如错、班公错，以及纳木错平均被水覆盖时长可达到10～12个月。

　　位于西藏北部、青海西部的湖泊多处于扩张趋势，扩张速率为每年5～10km²，西藏
南部的湖泊略呈现萎缩趋势。扩张速率较大的湖泊，主要有色林错、阿雅克库木湖和阿其
格库，纳木错和扎日南木错状况稳定。青藏高原东北部的达布逊湖、东台吉乃尔湖、西台
吉乃尔湖三个狭长湖泊有向北部湖岸明显扩张的趋势；高原北部的玉液湖、若拉错在12年
中有增加的趋势；高原南部湖泊的色林错，有向北部和东部湖岸区域扩张的趋势，湖泊北
部面积增加最明显（图4-14）。

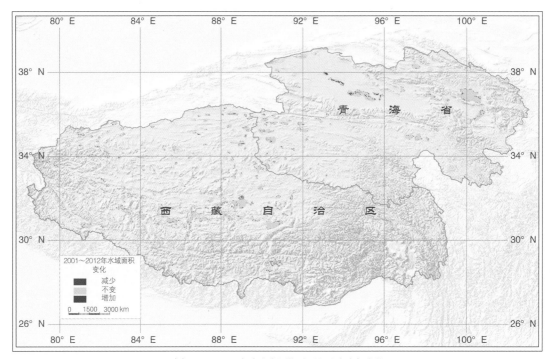

(a) 2001～2012年青藏高原湖泊面积分布空间变化

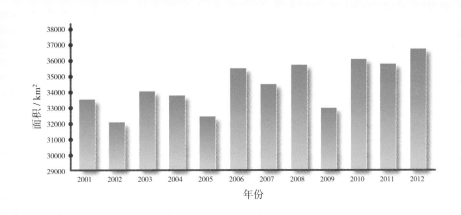

(b) 2001～2012年青藏高原湖泊面积变化

图4-14　2001～2012年青藏高原湖泊面积分布变化

　　色林错位于那曲地区，经纬度范围是31° 34'～31° 51'N，88° 33'～89° 21'E，是西藏第二大湖。色林错湖泊面积2000～2012年处于持续扩张状态，2001年平均面积为1935.04 km²，最大面积为2134.04 km²，2012年平均面积扩张至2320.25 km²，最大面积为2260.00 km²，面积扩张速率为每年31.72 km²。色林错湖泊面积扩大主要由于该区域气温持续升高，冰雪融水的补给增多以及降水量持续大幅增加（李均力等，2011）。色林错的丰水期集中在每年7～9月，在过去12年丰水期平均面积超过2000 km²，而每年1～3月是色林错的干季，过去12年湖泊枯水期水面面积一般萎缩至低于1000 km²（图4-15、图4-16）。

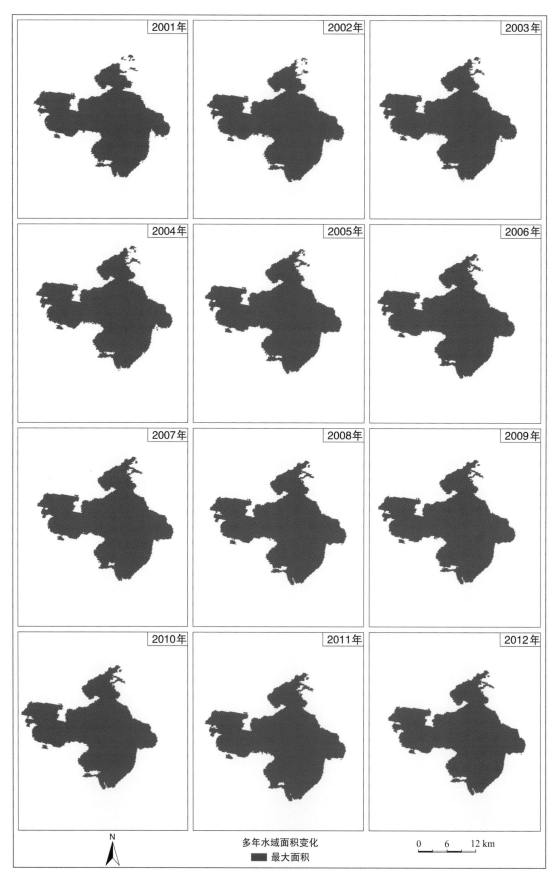

图4-15　色林错2001～2012年水域面积变化

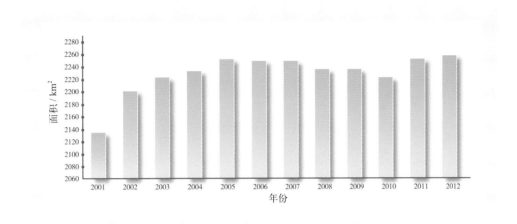

图4-16　色林错2001～2012年水域面积统计

4.4　北美五大湖群

北美五大湖是位于加拿大与美国交界处的五座大型淡水湖泊，是世界上最大的淡水水域，有北美洲"地中海"之称。五大湖原来是谷地构造，四周为终碛丘，原为第四纪冰河所挟带的大量泥沙和石块堆积作用，构成巨大的湖盆。天气转暖后，冰河融化，积水于石碛内，最后形成湖泊。五大湖除密歇根湖全属于美国之外，其他四个湖为加拿大和美国共有。

4.4.1　2012年内变化分析

2012年五大湖的最大水域面积为24.93万km²，最小水域面积为24.12万km²，相差0.81万km²。按最大水域面积从大到小依次为：苏必利尔湖、休伦湖、密歇根湖、伊利湖和安大略湖，其面积分别为83486.36km²、61316.35km²、58412.85km²、26222.52km²、19874.30km²。

2012年，五大湖群3～4月水域面积逐渐减少，6～7月为雨季，不定期的降水导致水域面积有轻微波动。从水域变异系数可以看出，五大湖群的2012年内水域面积变化小，除休伦湖乔治亚湾有轻微变化，整体覆盖状况稳定，这主要是由于五大湖巨大的水体调节着周围的气候，降水较多，水位比较稳定（图4-17）。

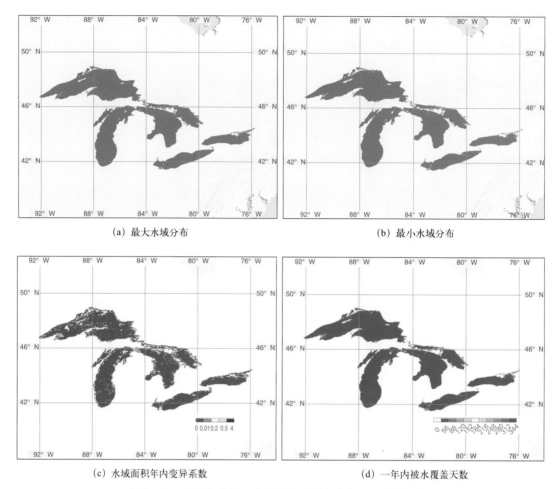

(a) 最大水域分布　　　　　　　　　　　(b) 最小水域分布

(c) 水域面积年内变异系数　　　　　　　(d) 一年内被水覆盖天数

图4-17　2012年北美五大湖群水域面积分布及年内变化特征

4.4.2　2001～2012年际变化分析

从整体趋势来看，2001～2012年五大湖水域覆盖状况基本稳定，没有显著变化（图4-18、图4-19）。2011年，五大湖水域面积最大，为25.06万km²；2007年水域面积最小，为23.82万km²，这是由于该年北美地区天气极其反常，历史性的高温、干旱频繁出现，8月全美60%地区经历了异常干燥甚至干旱，五大湖中最深的苏必利尔湖，8～9月的水位创下历史最低。

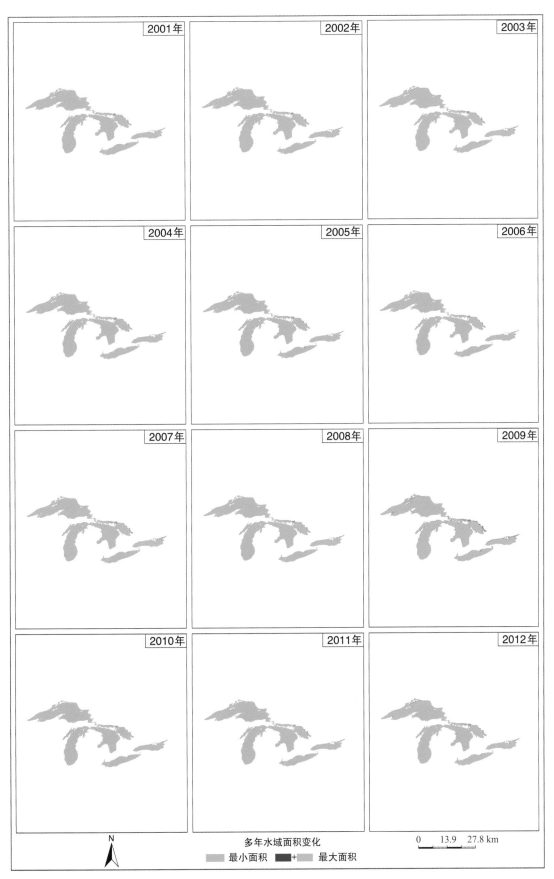

<figure>
2001年 2002年 2003年

2004年 2005年 2006年

2007年 2008年 2009年

2010年 2011年 2012年

N

多年水域面积变化

最小面积 + 最大面积

0   13.9   27.8 km
</figure>

图4-18   2001~2012年北美五大湖水域面积变化

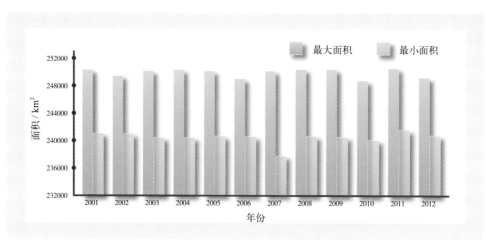

图4－19　2001～2012年北美洲五大湖水域面积变化

五、结 论

1）全球大型陆表水域集聚特征明显，季节性波动大

全球大型湖泊水库时空分布极不均匀，北半球30°～75°N的中高纬度地集中了约80%的全球大型陆表水域。2012年全球大型湖泊水库最大水域总面积为190.90万km^2，占全球陆表总面积的1.39%；最小水域总面积为158.87万km^2，占全球陆表总面积的1.16%。大型陆表水域面积年内变异系数洲际差异大，亚洲和北美洲陆表水域在一年内的波动最小，而大洋洲陆表水域在一年内的波动最大，这可能与各大洲的湖泊成因、气候特征和人类活动有关。

2）中国大型陆表水域面积排名亚洲第一，空间分布差异较大

2012年中国大型陆表水域最大面积为6.71万km^2，最小面积为5.64万km^2，占亚洲大型陆表水域面积近10%，空间分布广泛且相对集中，青藏高原湖区拥有全国约50%的大型陆表水域，主要以内陆湖为主；东部平原湖区的大型陆表水域主要分布在长江及淮河中下游、黄河及海河下游和大运河沿岸，水域聚集密度大，占全国大型陆表水域面积的25.9%，包括我国五大淡水湖：鄱阳湖、洞庭湖、太湖、洪泽湖和巢湖。

3）全球典型大型陆表水域变化受气候、地理环境、人类活动控制

2001～2012年全球典型大型陆表水域变化的差异性明显。北美五大湖属于典型构造湖，水域面积基本稳定；中亚地区的咸海为全球最大的咸水湖，受人类活动影响，面积总体呈现减小趋势，萎缩主要发生在东部区域；青藏高原湖泊面积在总体上呈现增加趋势，南部区域增加最明显，可能与气候变暖引起的冰雪融化有关；长江中下游湖泊群面积变化受降水和人类活动的双重影响，其中鄱阳湖和洞庭湖水域面积年际变化大，总体呈现明显萎缩趋势。

致 谢

　　本报告得到国家高新技术研究发展计划（863计划）地球观测与导航技术领域多个研究项目和团队的共同支持，由国家遥感中心牵头组织实施，清华大学、中国科学院遥感与数字地球研究所、广州大学、中国科学院南京地理与湖泊研究所共同参与，国家基础地理信息中心提供2000年、2010年全球30m分辨率陆表水域面积产品（GlobalLand 30），中国科学院南京地理与湖泊研究所提供中国湖泊卫星遥感调查数据，中国科学院遥感与数字地球研究所提供2000年、2008年湿地数据，国家基础地理信息中心提供报告的基础地理底图。

附　录

1.水域面积提取技术方法

本数据集按照柯本-盖格（Köpen Geiger）气候带，不同区域选用不同的水体指数和阈值进行全球水体初步提取，对于被冰、雪、云、阴影等因素干扰的数据，根据地表类型的时间连续性，构建时间序列滤波，消除干扰，提高数据的一致性（图1），最终得到2001～2012年每8天间隔的大型陆表水域空间分布遥感数据集。

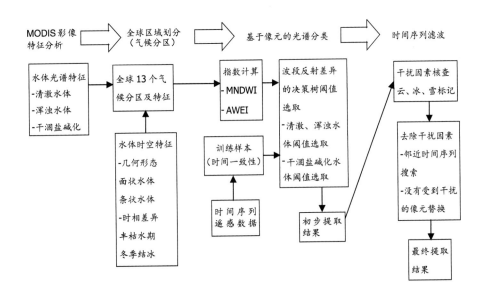

图1　水域面积提取技术路线图

1）MODIS影像特征分析

本报告采用的卫星数据为2001～2012年中分辨率成像光谱仪（MODIS）Terra/Aqua 500 m空间分辨率8天合成的反射率产品（MOD09A1）。针对不同的水体类型（清澈水体、浑浊水体、干涸盐碱化水体及富氧化水体），从MOD09A1数据中提取其光谱特征，分析不同水体在光谱特征上的异同，为水体提取提供参考和依据。

2）水体分区

由于水体特征的空间差异，基于所有样本训练得出的同一分类规则难以具有普适性。故本报告依据柯本气候带对全球水体进行分区，在相对均一的空间范围内对水体特征进行分析和提取。

3）基于像元的光谱分类

基于MODIS数据特征分析结果，本报告通过水体指数描述水体的光谱特征。水体指数可以突出水体在红外波段的吸收特征，压缩水体在可见光波段的差异。基于不同水体指数的对比分析，MNDWI（Modified Normalized Difference Water Index）和AWEI（Automated Water Extraction Index）被认为可适用于不同区域不同时相的水体提取。AWEI为线性指数，在空间相对均质的前提下，值与水体覆盖面积呈线性关系，故水体的AWEI值相对稳定。但在干涸盐碱化区域，水体易于与其他地物混淆，而MNDWI可以有效弥补其不足。

对不同气候区，以20×20像元为窗口在30m空间分辨率TM数据上选取水体大样本，则同一时相的MODIS影像中的对应像元为水体纯像元，可作为水体样本。同时利用多源数据形成的水陆掩膜在水体边界内进行非水体像元的训练样本选取。计算训练样本（包括水体像元与非水体像元）的AWEI与MNDWI指数值，通过箱线图显示这些训练样本在不同指数上的统计指标，如最大值、最小值、中位数、下四分位数、上四分位数等，然后根据水体样本指数值差异最小且水体样本与非水体样本指数值差异最大的原则确定最终选用的水体指数。在水体指数确定后，则在不同气候区上选取最小值或下四分位数作为水体提取的阈值。

4）时间序列的滤波处理

由于云和冰雪的影响，水体难以从光谱上表现其应有的特征，这会影响到分类的精度。故本报告结合数据的时相、纬度及高程的信息，通过时间序列滤波的方法消除其影响。对于某一水体像元，通过水体指数时间序列寻找异常值。异常值产生的原因主要为云及冰雪的覆盖。再利用异常值前后时相的未受干扰的水体指数值，通过插值的方法得到受干扰时相的水体指数值，从而消除这些因素对于水体提取的影响。

5）精度验证

对2010年30m空间分辨率TM遥感影像上目视解译的全球水体数据库GLWD数据库（1990～2002年）以及MOD44W MODIS Water Mask（2000～2002年）进行并集运算，将其所呈现的最大水体分布范围作为掩膜。以此对之前提取出的水体数据进行筛选，将分布在非水体地区的伪水体像元进行剔除。因此本方法所得的水体数据错分误差非常小，而由于受到图像分辨率的限制，漏分误差相对较大。

用16×16的窗口将TM重采样为480m，使之与MODIS分辨率相对应，若窗口中水体面积大于50%，则对应MODIS像元为水体，反之则为非水体。将全球30m空间分辨率TM目视解译的水体按照月份划分为12个时间区间的样本，以水体分布最丰富的季节(8月)为例对水体提取中的误差进行说明。

本报告所使用的遥感影像为500m中等分辨率遥感影像，相对于30m的TM数据，很多小面积的湖泊、水库由于混合像元的缘故而难以被提取。这无疑会使提取出的全球水体面积较TM水体稍少。在水体面积大于25 km^{2}时，漏分率为10%。

6）创新性

基于气候分区的特点，将线性水体指数（AWEI）与比值水体指数（MNDWI）相结合，实现了全球大型陆表水域面积的自动化提取；提供了全球2012年及典型区域2001～2012年500m空间分辨率、8天间隔的大型陆表水域分布产品。

2. 参考文献

白洁，陈曦，李均力，等. 2011. 1975～2007 年中亚干旱区内陆湖泊面积变化遥感分析. 湖泊科学，23(001):80～88.

姜加虎，窦洪身，苏守德. 2009. 江淮中下游淡水湖群. 湖北：长江出版社.

李均力，盛永伟，骆剑承，等. 2011. 青藏高原内陆湖泊变化的遥感制图. 湖泊科学，23: 311～320.

李均力，盛永伟. 2013. 1976～2009 年青藏高原内陆湖泊变化的时空格局与过程. 干旱区研究，30:571～581.

马荣华，杨桂山，段洪涛，等. 2011. 中国湖泊的数量、面积与空间分布. 中国科学: 地球科学，41: 394 ～ 401.

蒲健辰，姚檀栋，王宁练. 2004. 近百年来青藏高原冰川的进退变化. 冰川冻土，26: 517～522.

孙芳蒂，赵圆圆，宫鹏，等. 2014. 动态地表覆盖类型遥感监测：中国主要湖泊面积2000～2010年间逐旬时间尺度消长. 科学通报，4:397～411.

Adam L, Döll P, Prigent C, et al. 2010. Global-scale analysis of satellite-derived time series of naturallyinundated areas as a basis for floodplain modeling.Advances in Geosciences, 27:45～50.

Feng L, Hu C, Chen X, et al. 2012. Assessment of inundation changes of Poyang Lake using MODIS observations between 2000 and 2010. Remote Sensing of Environment, 121: 80～92.

Feyisa G , Meilby H, Fensholt R, et al. 2014. Automated water extraction index: A new technique for surface watermapping using Landsat imagery. Remote Sensing of Environment, 140: 23～35.

Papa F, Prigent C, Aires F, et al. 2010. Interannual variability of surface water extent at the global scale,1993～2004. Journal of Geophysical Research, 115(D12), doi:10.1029/2009JD012674.

Peel M, Finlayson B, McMahon T. 2007. Updated world map of Köppen-Geiger climate classification. Hydrology and Earth System Sciences Discussions, 11:1633～1644.

Prigent C, Papa F, Aires F, et al. 2007. Global inundation dynamics inferred from multiplesatellite observations, 1993~2000. Journal of Geophysical Research, 112(D12), doi:10. 1029/2006JD007847.

PrigentC, Papa F, Aires F, et al. 2012. Changes in land surface water dynamics since the 1990s andrelation to population pressure. Geophysical Research Letters,39(8), doi:10.1029/2012GL051276.

Xu H. 2005. A study on information extraction of water body with the modified normalized difference water index (MNDWI). Journal of Remote Sensing, 9(5):589~595.

Zhao S, Fang J, Miao S, et al. 2005. The 7-decade degradation of a large freshwater lake in Central Yangtze River, China. Environmental Science &Technology, 39:431~436.

Zhang G, Xie H, Zhu M. 2010. Water level changes of two Tibetan lakes Nam Co and Selin Co from Icesat Altimetry data. Second IITA International Conference on Geoscience and Remote Sensing, 1: 463~466.

Zhang Z, Chao B, Lu Y, et al. 2009. An effective filtering for GRACE time-variable gravity:Fan filter. Geophysical Research Letters, 36(17), doi: 10. 1029/2009GL039459.

附　表

世界100大湖泊水库名录

名称	类型	经度 （东经为正）	纬度 （北纬为正）	2012年最大 面积 / km²	2012年最小 面积 / km²
里海（Caspian Sea）	湖泊	50.36	41.85	380613.89	373047.55
苏必利尔湖（Lake Superior）	湖泊	−88.23	47.72	82412.24	81056.56
维多利亚湖（Lake Victoria）	湖泊	33.23	−1.30	66069.27	65342.13
休伦湖（Lake Huron）	湖泊	−82.21	44.78	59827.05	58025.55
密歇根湖（Lake Michigan）	湖泊	−87.09	43.86	58007.81	57190.81
坦噶尼喀湖（Tanganyika）	湖泊	29.46	−6.07	32589.16	31570.10
贝加尔湖（Baikal）	湖泊	108.14	53.63	32464.97	31595.44
Great Bear	湖泊	−121.30	65.91	31265.05	29514.24
马拉维湖（Malawi）	湖泊	34.59	−11.96	29404.34	27841.31
Great Slave	湖泊	−114.37	62.09	28931.10	26564.66
伊利湖（Lake Erie）	湖泊	−81.16	42.25	25987.28	25467.96
Winnipeg	湖泊	−97.25	52.12	24377.70	23468.08
Lake Ontario	湖泊	−77.77	43.85	19327.33	18706.87
Kara-Bogaz-Gol	湖泊	53.54	41.23	18804.33	18643.51
Balkhash	湖泊	73.95	45.91	18093.31	16673.82
Ladoga	湖泊	31.39	60.84	17574.68	16978.87
咸海（Aral Sea）	湖泊	60.08	45.13	12281.01	8501.07
Onegh	湖泊	35.35	61.90	9933.00	9190.66
Athabasca	湖泊	−109.96	59.10	7987.51	7273.27
的的喀喀湖（Titicaca）	湖泊	−69.30	−15.92	7880.83	7417.04
Nicaragua	湖泊	−85.36	11.57	7809.87	7699.05
图尔卡纳湖（Turkana）	湖泊	36.08	3.53	7372.57	7259.90
Volta	水库	0.11	7.63	6627.23	5422.92
Reideer	湖泊	−102.27	57.19	6585.75	4238.90
伊塞克湖（Issyk-kul）	湖泊	77.25	42.46	6314.34	6069.66
Smallwood	水库	−64.31	54.19	6051.69	3994.21
Nettiling	湖泊	−70.28	66.42	5758.85	4459.62
Rukwa	湖泊	32.16	−7.84	5591.58	5057.97
Winnipegosis	湖泊	−100.05	52.37	5466.24	4910.75
阿尔伯特湖（Albert）	湖泊	30.91	1.67	5423.16	3511.99

续表

名称	类型	经度 （东经为正）	纬度 （北纬为正）	2012年最大 面积 / km²	2012年最小 面积 / km²
Vanern	湖泊	13.22	58.88	5364.63	5060.28
Kuybyshevskoye	水库	48.65	54.54	5322.01	4451.33
Manitoba	湖泊	−98.80	50.99	5097.83	4613.53
Kariba	水库	27.60	−17.23	5063.73	4016.33
Mweru	湖泊	28.74	−9.01	4991.62	3956.43
大盐湖（Great Salt Lake）	湖泊	−112.50	41.20	4921.11	4193.28
Chiquita	湖泊	−62.61	−30.74	4869.04	3373.06
Bratskoye	水库	103.07	54.85	4714.21	3373.06
Nipigon	湖泊	−88.55	49.80	4674.59	3969.33
斋桑泊（Zaysan）	水库	83.44	48.70	4562.61	3949.52
Taymyr	湖泊	100.76	74.48	4451.56	3681.79
Urmia	湖泊	45.49	37.64	4412.16	3485.72
青海湖	湖泊	100.20	36.88	4396.03	4284.75
Lake of the Woods	湖泊	−94.91	49.38	4320.00	2907.42
Khanka	湖泊	132.42	44.94	4261.71	4125.54
Nasser	水库	32.58	22.86	4202.96	1553.36
Rybinskoye	水库	38.13	58.49	4097.66	3578.34
Sarykamyshskoye	湖泊	57.61	41.88	3918.41	3825.33
Lagoa Mirim	湖泊	−53.25	−32.89	3912.19	3791.23
Dubawnt	湖泊	−101.44	63.13	3847.45	3057.87
Van	湖泊	42.98	38.66	3706.44	3500.70
Uvs	湖泊	92.81	50.33	3623.96	3530.42
Peipus	湖泊	27.59	58.41	3579.49	3297.02
鄱阳湖	湖泊	116.28	29.11	3344.72	994.64
Amadjuak	湖泊	−71.13	64.99	3282.05	2787.38
Grande	水库	−76.73	53.86	3215.23	2196.86
Aydar Lake	湖泊	66.97	40.91	3151.64	2853.73
Itaparica	水库	−42.01	−10.18	3145.88	1949.18
T'ana	湖泊	37.31	11.95	3063.86	2916.86
Alakol	湖泊	81.75	46.11	3001.19	2907.19
Cedar	水库	−100.14	53.33	2927.92	2382.57
Volgogradskoye	水库	45.85	50.35	2844.52	2111.85
Hovs Gol	湖泊	100.48	51.02	2814.11	2670.80
Boeng Tonle Chhma	湖泊	104.15	12.81	2717.11	1852.88
Iliamna Lake	湖泊	−154.90	59.56	2699.37	2469.43
Grande	水库	−74.87	53.70	2689.69	1829.38

名称	类型	经度 （东经为正）	纬度 （北纬为正）	2012年最大 面积 / km²	2012年最小 面积 / km²
Southern Indian	水库	−98.61	57.14	2686.00	1786.75
Wollaston	湖泊	−103.33	58.30	2669.41	1604.97
Kivu	湖泊	29.23	−2.04	2463.90	1827.07
太湖	湖泊	120.19	31.20	2457.68	2033.51
Mistassini	湖泊	−73.81	50.82	2453.99	1647.36
库帕里湖	湖泊	−55.14	−2.88	2419.89	2130.97
Nueltin	湖泊	−99.40	60.25	2396.39	1331.48
Tsimlyanskoye	水库	42.98	48.05	2336.03	2068.07
Cabora Bassa	水库	31.63	−15.73	2326.12	2041.80
Zeyskoye	水库	127.80	54.26	2290.41	1750.58
Tucurui	水库	−49.49	−4.57	2221.75	943.26
Edward	湖泊	29.61	−0.39	2216.45	1804.03
Punta de Piedra	湖泊	−97.66	24.64	2206.77	1949.64
洞庭湖	湖泊	112.74	29.07	2182.58	480.61
色林错	湖泊	88.99	31.81	2171.75	2131.66
Kakhovskoye	水库	33.95	47.27	2168.99	1916.70
Caniapiscau	水库	−69.84	54.29	2161.84	1262.82
呼伦湖	湖泊	117.40	48.94	2157.00	1732.84
Khantayskoye	水库	87.75	67.96	2085.35	1798.27
Krasnoyarskoye	水库	90.94	54.84	2081.20	1405.67
Noname	湖泊	−178.26	68.50	2067.38	2067.38
Noname	湖泊	−176.01	67.69	2059.78	2059.78
Mai−Ndombe	湖泊	18.32	−2.14	2058.39	1468.11
Vilyuyskoye	水库	111.16	62.73	2046.41	1400.60
纳木错	湖泊	90.61	30.74	2028.67	1957.48
Bangweulu	湖泊	29.76	−11.19	2003.33	1179.88
Sivash	湖泊	34.74	45.96	2001.72	1574.32
Manicouagan	水库	−69.13	51.35	1987.66	1195.78
Kremenshugskoye	水库	32.62	49.28	1975.68	1772.01
Chany	湖泊	77.39	54.83	1966.23	1134.26
Buenos Aires	湖泊	−72.50	−46.66	1935.82	1759.33
Ijsselmeer	水库	5.42	52.66	1932.13	1803.11
Vattern	湖泊	14.57	58.33	1879.83	1742.05
Baker	湖泊	−95.28	64.13	1862.55	1532.62

第三部分
大宗粮油作物
生产形势

全球生态环境
遥感监测
2013
年度报告

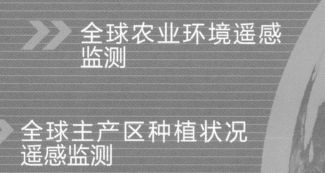

>> 全球农业环境遥感
监测

>> 全球主产区种植状况
遥感监测

>> 全球大宗粮油作物
产量遥感监测与供
应形势分析

全球生态环境
遥感监测
2013
年度报告

一、引 言

1.1　背景与意义

粮油产品是人类生存的物质基础，也是一个国家经济、政治和社会安全的重要组成部分。全球生态环境遥感监测2013年度报告——全球大宗粮油作物生产形势遥感监测（以下简称年报）关注的大宗粮油作物包含玉米、小麦、水稻和大豆。

遥感技术具有监测面积大、探测周期短、获取信息丰富、费用低廉等特点，可以实现宏观、动态、快速、实时、准确的粮油作物动态监测，已广泛应用于农业生产监测与产量估算中。

中国科学院遥感与数字地球研究所的全球农情遥感监测系统（CropWatch）创建于1998年。该系统结合遥感技术与地面观测数据，利用多种原创方法和指标及时客观地评价粮油作物状态、长势和产量。CropWatch现在已经成为由20国集团发起的地球观测组织/全球农业监测计划（GeoGLAM）中全球监测子项的主要组成部分，旨在提高全球主要谷物和大豆信息的获取能力和信息透明度。

年报发布了2013年度全球农业环境遥感监测结果、全球主产区粮油作物种植状况遥感监测结果，以及全球粮食生产形势报告，顺应了我国政府、企业以及全球各国对粮油生产形势信息的需求，对增强全球粮油信息透明性，保障全球粮油贸易稳定与全球粮食安全具有重要的意义。

年报基于2013年《全球农情遥感速报》的月报和季报撰写完成，由国家遥感中心和中国科学院遥感与数字地球所共同发布（www.nrscc.gov.cn/，www.chinageoss.org/gee/）。月/季报已通过纸质版和CropWatch网站（www.cropwatch.com.cn/）发布，同时网站还提供了大量详细的数据产品和方法介绍。

1.2　数据与方法概述

全球大宗粮油作物生产形势遥感监测所使用的基础分析数据包括归一化植被指数（NDVI）、气温、光合有效辐射（PAR）、降水、植被健康指数（VHI）、潜在生物量等，在此基础上采用农业环境指标、复种指数（CI）、耕地种植比例（CALF）、最佳植被状况指数（VCIx）、作物种植结构、时间序列聚类分析，以及NDVI过程监测等方法进行四种大宗粮油作物（玉米、小麦、水稻和大豆）的生长环境评估、长势监测，以及生产与供应形势分析。附录1对以上各数据产品、方法，以及年报的监测期进行了定

义与介绍，对年报所使用的空间单元的定义、各遥感指标的详细介绍和产品示例请参阅
CropWatch网站的在线资源部分。

1.3 监测期

除特别说明外，本年报的监测时间范围均为2013年1～12月。动态监测时则将全年分
为四个监测期（1～4月（JFMA），4～7月（AMJJ），7～10月（JASO），10～翌年1月
（ONDJ）），包括了2014年1月。为了更好地反映粮油作物的整个生长期，各监测期有一
个月的重叠。

环境指标（包括降水、气温、PAR及潜在生物量）及植被健康指数（VHI）的历史监
测时间范围为2001～2012年，对比分析采用的是2013年与近12年平均值进行比较。

考虑到农业活动对经济社会活动和其他限制指标（如环境胁迫）的动态响应和快速适
应，农情遥感指标（包括耕地种植比例（CALF）、最佳植被状况指数（VCIx），以及复
种指数（CI））的历史监测范围为2008～2012年，对比分析是将2013年的指标值与近5年
的平均值进行对比。

二、全球农业环境遥感监测

　　农业生态区是本年报全球农情分析的大尺度的标准空间单元。基于全球60个农业生态区，对农业环境指标异常的区域进行重点分析。每个环境指标都计算了四个监测期的数值，并与2001～2012年的平均值进行对比。农业生态区的划分及环境指标的计算方法及结果请访问CropWatch网站。

2.1　全球农业环境分析

　　2013年全球主要经历了两次大范围的环境异常，分别为2013年上半年北半球的异常寒冷事件和2013年年末地中海南部以及中欧毗邻地区的降水短缺事件。

　　2013年上半年北半球的异常寒冷对刚结束冬眠期的冬小麦危害最大。亚欧大陆的大部分地区，包括印度西北部、中国部分地区、中亚和欧洲，以及北美地区，受寒潮影响较大（图2-1）。另外，很多主产国在2013年上半年都经历了一段低温时期，如西欧的主产国法国和德国。此外，一些非主产国家如西非的一些国家（塞拉利昂、利比里亚、几内亚、几内亚比绍共和国、赤道几内亚、毛里塔尼亚、科特迪瓦）和非洲东部及南部（乌干达、肯尼亚、索马里、南非和斯威士兰）也遭受了低温的影响。

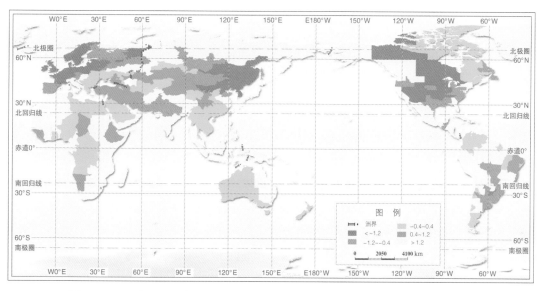

图2-1　2013年1～4月与2002～2012年历史同期平均温度差异分布图（单位：℃）

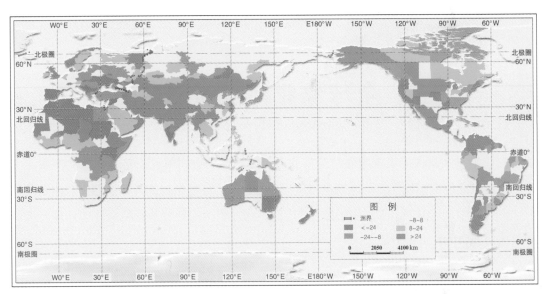

图2-2　2013年10月～2014年1月与2001～2012年历史同期降水差异分布图

受2013年下半年降水短缺事件影响，2013年10月至2014年1月地中海南北两侧大范围地区干旱较严重，中欧毗邻国家受干旱影响也较大（图2-2）。

除了全球性经历的两次气候异常外，2013年对农业有直接影响的自然灾害还有热带风暴、寒流、洪水与干旱等。

多个热带气旋（台风、风暴）袭击亚洲，其中11月侵袭菲律宾的台风"海燕"是有记录以来的最强风暴之一，对该区的粮食产量造成了严重影响，这些地区洪水减退缓慢，多年生作物需要经过多年后才能恢复生长。"海燕"在菲律宾登陆并造成严重破坏，也对越南和中国造成了影响。

北半球大部分地区均受到寒流的影响，包括塔吉克斯坦、白俄罗斯、波兰和乌克兰、印度北部、中国东北部（3～4月的极冷天气导致作物种植结构发生变化）和北美五大湖地区。小范围的极冷天气在8月出现在了南美西部和中部，造成玻利维亚西部五个地区发生了强降雪。反常的寒冷天气和霜冻影响了巴西巴拉那州作物生长，正常情况下，该地区小麦产量应占巴西小麦出口的50%。2013年10月至2014年1月美国本土虽经历了寒流，但2014年1月西部暖流对东部寒流有抵消作用，使全国的整体气温仅略低于平均水平。

2013年洪水在多个地区造成了严重破坏，如巴拉那河与伊瓜苏河的洪水、中国南方地区"尤特"热带风暴带来的洪水、加拿大洪水、美国科罗拉多州洪水，以及罗马尼亚东部和俄罗斯过量降水都对农业造成了严重影响。

2013年9月南美洲阿根廷科尔多瓦市遭受了大范围的火灾，使1.5万hm²土地受灾。南非2013年度降水低于平均水平，导致半干旱的南部和北部地区作物产量低于年平均水平。2013年7～8月，印度东部重要的稻米生产地区降水低于平均水平，旱情严重。在欧洲，旱灾在2013年主要影响了黑海地区、巴尔干和中欧大部分地区，尤其是干旱、低降水量和热风，综合造成了摩尔多瓦作物产量损失严重。10月中旬，澳大利亚发生了严重的干旱和火灾，随后在2014年1月和2月初再次出现，这都将影响该地区的作物生长。2013年年底在美国西部发生了近500年来最严重的旱情。

2.2 区域农业环境分析

在全球农业环境分析的背景下，从全球60个农业生态区中挑选了受环境因子影响显著的23个农业生态区（图2-3），开展了区域综合分析。

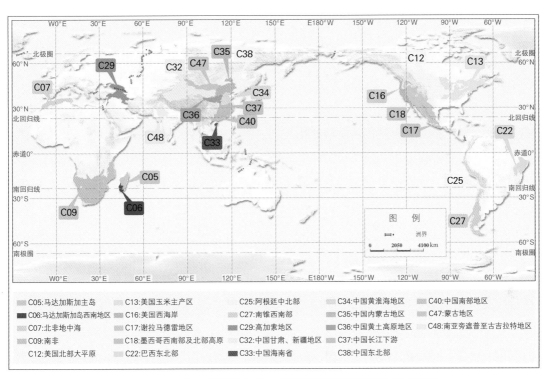

图2-3 2013年全球农业生态区受环境因子影响显著的部分区域

2.2.1 北美洲

2013年4~7月的高温、10月至2014年1月的较少降水和强烈太阳辐射，使美国西海岸（C16）遭遇了500年一遇的旱灾。降水、温度、太阳辐射等多重不利环境要素的共同作用导致了该区潜在生物量与近12年平均相比降低38.4%。

美国玉米主产区（C13）和美国北部大平原（C12）两个农业生态区具有相似的环境状况，两区各季度的温度和太阳辐射都较低，2013年上半年更为突出。两区降水较为正常，但是美国和加拿大的气温全年明显偏低，美国四个时期的平均气温与历史时期的差值分别为-1.1℃、-0.9℃、-0.3℃和-1.5℃；加拿大四个时期的气温距平分别为-0.5℃、

大宗粮油作物生产形势

-0.4℃、0.8℃和-1.3℃。其中，美国受影响最为严重的区域是新墨西哥州（四个时期的气温距平分别为-4.3℃、-3.4℃、-3.4℃和-3.7℃）和犹他州（-4.4℃、-2.4℃、-3.3℃和-3.6℃），亚利桑那州和科罗拉多州受到的影响程度稍小，年气温距平分别为-2.2℃和-3.0℃，且春季和秋季的气温较为正常。明尼苏达州和北达科他州的年平均气温距平平均为-1.5℃。

墨西哥西南部及北部高地（C18）全年气温低于平均水平，1~4月最为显著。尽管7~10月的降水有所增加（太阳辐射相应降低），该区整体潜在生物量仍下降了7%。谢拉马德雷地区（C17）在1~4月遭受了严重的降水短缺，降水距平为-43.8%。墨西哥1~4月的气温稍高于平均水平，其他时期稍低于平均水平（四个时期气温距平分别为0.1℃、-0.2℃、-0.2℃和-0.1℃）。

2.2.2　南美洲

巴西东北部（C22）的2013年年均温度高于历史平均水平，年均降水低于历史平均水平，导致潜在生物量下降了7.9%，尤其上半年的玉米和水稻种植期受影响较大。7~10月该区降水丰沛，潜在生物量得到显著累积。

阿根廷中北部农业生态区（C25）位于格兰查科平原。该区受多个环境因子异常的影响，如2013年1~4月的明显少雨（降水减少40.6%）、7~10月的低温，以及年末PAR的显著降低（图2-4）。南半球冬季作物生长季内的寒潮为作物主产区带来了严重影响，涉及巴西南部、阿根廷北部，以及乌拉圭和巴拉圭的部分地区。10月至2014年1月辐射遭遇了异常现象（图2-4），即北美北部地区（C11）、北美南端和南美北部（C19），以及东南亚农业生态区（C49）太阳辐射不足，而全球其他地区日照较充沛。

2013年南美洲西南部（也称南椎体，C27）的年均潜在生物量较历史水平下降了25%，这主要是受全年降水短缺的影响（四个时期的降水距平比例分别为-34.4%、-18.1%、-34.4%以及-61.3%）。由于该区年均降水和积云的减少，该区年均太阳辐射有所增加，但是年均气温接近历史平均水平。

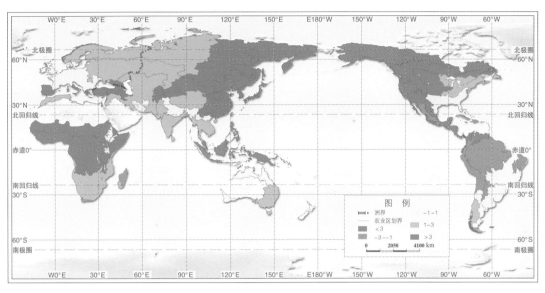

图2-4　全球农业生态区2013年10月～2014年1月与2001～2012年
历史同期光合有效辐射差异分布图

2.2.3　亚洲

蒙古地区（C47）年均气温高于历史水平，2013年下半年尤为显著，降水和光照条件理想，潜在生物量明显提高。

南亚旁遮普至古吉拉特地区（C48）全年降水丰沛（高出历史平均水平24.1%），潜在生物量水平高出历史平均水平29.7%。南部地区1～4月以及北部大部分地区7～10月降水量较大。另外，10月至2014年1月的小幅降温对潜在生物量累积也有一定帮助。与该农业生态区接壤的巴基斯坦、阿富汗，以及查谟和克什米尔争议区在全年不同时期降水丰沛，不同时期的降水距平比例为30%～50%。与该农业生态区北部毗邻的哈萨克斯坦、乌兹别克斯坦和塔吉克斯坦在2013年下半年降水量较多，各地区降水距平比例为30%～50%。充沛的降水在南亚和东南亚地区的影响程度不同，呈由西向东递减趋势，至柬埔寨和越南降水回归正常。

中国东北地区（C38）、甘肃-新疆地区（C32）以及海南地区（C33）降水量高出平均水平15%～30%，太阳辐射增加3%，温度有小幅升高，年平均潜在生物量增长近20%。1～4月，中国南部的温度有所升高，降水有所增加，而北部（内蒙古C35和中国东北C38区域）经历了影响北半球大部分地区的寒潮。7～10月，内蒙古地区（C35）的降水增加了34.9%，中国南部地区（C40）降水增加了18%，光合有效辐射增加了3%，温度也有小幅升高。10月至2014年1月期间，甘肃-新疆地区（C32）的降水增幅达150%，光合有效辐射增加10%，但气温持续较低；长江中下游地区（C37）、黄淮海地区（C34）和黄土高原地区（C36）日照充沛。北半球的寒潮仅在黑龙江和吉林对粮油作物有所影响，受

1～4月的低温影响,两省年均气温分别下降0.5℃和0.7℃,但是之后,两省气候适宜,尤其是黑龙江总体年降水增加了36.7%。

2.2.4 欧洲和非洲

北非地中海地区2013年的潜在生物量下降了16.3%,这主要由于该区年降水减少了近20%。7～10月,该区降水持续低于平均水平,而10月至2014年1月降水亏缺更为严重,降幅达53.4%,潜在生物量也下降近40%。降水的减少影响到了从土耳其到摩洛哥的一系列国家,导致潜在生物量较低。降水亏缺在黎巴嫩尤为严重(-70%),其次为塞浦路斯和摩洛哥(-65%),以及阿尔及利亚、叙利亚共和国、利比亚及其毗邻国家(-50%)。

西欧的部分国家,如西班牙和葡萄牙降水分别减少了26%和43%。在欧洲东部和中部大部分地区,如希腊到波兰以及巴尔干半岛地区降水都显著减少,乌克兰和白俄罗斯作为该区的粮食主产区尤其值得注意,乌克兰降水减少了27%,白俄罗斯也经历了有史以来较严重的干旱,降水减少63%。高加索地区(C29)也经历了一系列连续的环境因子异常,1～4月气温偏低,4～7月初显干旱,尤其是7～10月气温和降水同时偏低,导致了潜在生物量的损失。

由于降水的减少,南非(C9)的年潜在生物量降低了约10%,其中7～10月潜在生物量降低了23.8%,10月至2014年1月降低了16.6%。虽然该区光合有效辐射高于正常水平,但水仍是该区的主导限制因子,因此降水的亏缺导致了潜在生物量的降低。其中,博茨瓦纳、纳米比亚和莱索托受降水影响尤为严重,降水减少了25%～30%,导致潜在生物量减少了20%～25%,4～7月强烈的日照和高温使环境状况不理想,潜在生物量和降水下降了40%～80%。马达加斯加地区(C05和C06),潜在生物量下降约10%,部分归因于10月至2014年1月间的低温,但主要原因在于4～7月的降水亏缺(-50%)。

三、全球主产区种植状况遥感监测

针对各大洲粮食主产区以及中国粮食主产区，综合利用环境指标和农情指标（最佳植被状况指数、种植耕地比例和复种指数）分析作物种植强度与胁迫在作物生长季节的变化特点，阐述与其相关的影响因子。

对降水、温度和植被健康指数采用时间序列聚类方法，得到每一类的空间分布和过程线。过程线是2013年指标值与2001~2012年平均水平的差值时间变化曲线：0表示正常（无偏差），正值表示状态优于平均水平，负值表示状态比平均水平差。考虑到农业活动对社会、生态环境（如环境胁迫）的动态响应，最佳植被状况指数、耕地作物种植比例和复种指数等三个农情指标的参照期为近5年（2008~2012年）。

作物长势的季节发展与变化可以利用NDVI过程线与上年同一季节、近5年平均水平对比来评估。复种指数按年计算，每个像元值表示种植作物的次数，从100%（一季作物）~200%（典型的冬季和夏季作物轮作）和最大300%（如同一地块的三季水稻）。

3.1 全球大宗粮油作物主产区

全球大宗粮油作物主产区主要包括：非洲西部、南美洲、北美洲、南亚与东南亚、欧洲西部、欧洲中部与俄罗斯西部，以及澳大利亚。图3-1至图3-7显示了各个地区作物长势的信息。这些信息包括：①NDVI 背景值(1999~2012年NDVI平均值)；②VHI与2008~2012年平均水平差值空间聚类图；③VHI差值空间聚类过程线；④旬降水量与2001~2012年平均水平差值空间聚类图；⑤降水差值空间聚类过程线；⑥旬平均温度与2001~2012年平均水平差值空间聚类图；⑦旬平均温度差值空间聚类过程线；⑧四个监测期的最佳植被指数；⑨四个监测期的耕地作物种植比例；⑩复种指数。

3.1.1 非洲西部

2013年1月非洲大部分地区温度低于多年平均值（图3-1），尤其是塞拉利昂，但尼日利亚中南部以东却在2013年年初出现了高温。在4~8月，几内亚西部、几内亚比绍和尼日利亚北部受到了低温影响；在5~10月，全区温度变化较大，整体低于多年平均值，使得处于主要生长期的玉米和水稻受到影响，只有加纳东北部、多哥北部和贝宁中部整个季风期累积积温与多年平均值持平。

西部气温偏低区域降水条件较正常，而其他大部分地区都显示出不同程度的水分亏缺，尤其是中东部，包括尼日利亚东南部（阿夸伊伯母州、阿南布拉州、贝努埃州东南和塔拉巴州南部），降水的亏缺影响了玉米和水稻的种植。在第三季度，非洲西部降水低于12年平均水平约13%（表3－1），降水从9月开始回归正常水平，部分地区甚至出现降水过多的情况。在12月初，非洲西部经历了有利的降水条件。与温度和降水相对照，VHI和其他基于NDVI的指数很好地体现了降水和温度的综合影响。低于平均水平的作物长势发生在上半年的西南部，尤其是6～7月萨赫勒地区位于科特迪瓦的部分、尼日利亚中东部（阿达马瓦和塔拉巴州东北部）。作物长势好的区域集中在尼日利亚中部，包括年底种植的小麦种植区，整个地区10月VHI低于平均水平。

在大部分南部以及西部区域，最佳植被指数、耕地种植比例和复种指数与非洲西部降水双峰分布的季风特点表现出很高的一致性。在尼日利亚北部年底耕地种植比例显著降低（表3－2），可能是由于国内动乱影响了北部小麦的种植。

表3－1　2013年非洲西部农业主产区的环境指标

时段	降水量		温度 / ℃		光合有效辐射		潜在生物量	
	P / mm	ΔP / %	T	ΔT	PAR / (MJ/m^2)	ΔPAR / %	PB / (gDM/m^2)	ΔPB / %
1～4月	189	10	28.6	0.1	964	−1	609	11
4～7月	581	−7	27.7	−0.3	929	3	1616	−4
7～10月	723	−13	25.8	−0.3	894	1	1792	−8
10～翌年1月	239	14	26.8	0.0	1007	6	641	12

注：ΔT表示温度与2001～2012年12年均值的差值；ΔP、ΔPAR、ΔPB分别表示降水、光合有效辐射，以及潜在生物量与2001～2012年12年均值比较的变化百分率。

表3－2　2013年非洲西部农业主产区的农情指标

时段	耕地种植比例		最佳植被状况指数		复种指数	
	CALF	ΔCALF / %	VCIx	ΔVCIx / %	CI	ΔCI / %
1～4月	0.74	4.3	0.81	11.3		
4～7月	0.95	−0.6	0.78	−2.3	144.29	0.58
7～10月	0.99	−0.2	0.83	−2.9		
10～翌年1月	0.86	−12.4	0.85	0.2		

注：ΔCALF、ΔVCIx、ΔCI分别表示耕地种植比例、最佳指标状况指数和复种指数与2008～2012年5年均值比较的变化百分率。

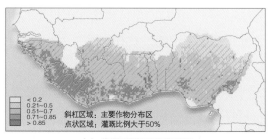

（a）非洲西部NDVI背景图

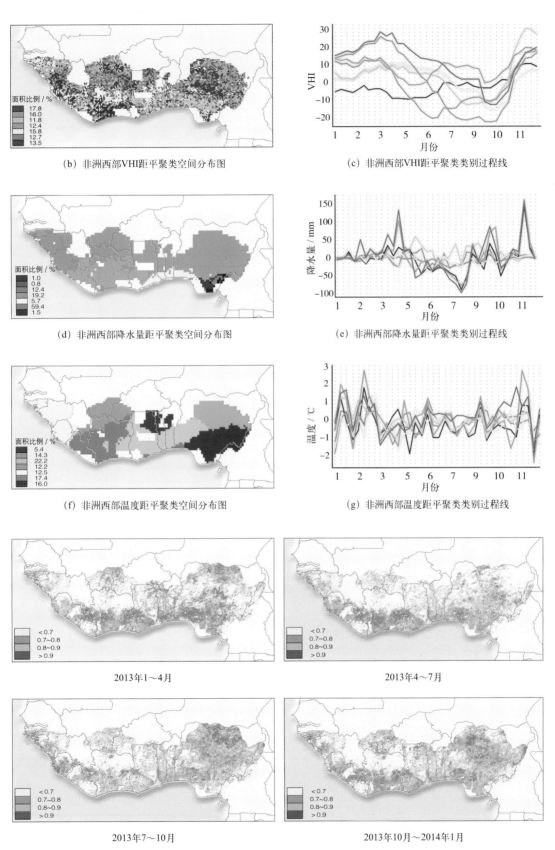

（b）非洲西部VHI距平聚类空间分布图

（c）非洲西部VHI距平聚类类别过程线

（d）非洲西部降水量距平聚类空间分布图

（e）非洲西部降水量距平聚类类别过程线

（f）非洲西部温度距平聚类空间分布图

（g）非洲西部温度距平聚类类别过程线

2013年1～4月

2013年4～7月

2013年7～10月

2013年10月～2014年1月

（h）非洲西部最佳植被状况指数

大宗粮油作物生产形势

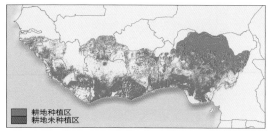

2013年1～4月　　　　　　　　　　　2013年4～7月

2013年7～10月　　　　　　　　2013年10月～2014年1月

（i）非洲西部耕地种植区与未种植区分布图

（j）非洲西部复种指数

图3-1　2013年非洲西部农业主产区作物生长状况

3.1.2　南美洲

VHI距平聚类类别过程线（图3-2）显示，2013年南美洲主产区内大部分地区作物生长条件良好，但阿根廷最北部以及巴西圣卡塔琳娜和巴拉那州沿海区域的作物生长条件较差，原因是该区域冬季气温偏高，9月、11月和2014年1月的异常高温天气抑制了作物生长。9～11月，阿根廷大豆主产区（主要包括布宜诺斯艾利斯省西部、科尔多瓦和圣塔菲南部地区）的持续高温天气对作物生长发育不利。2～6月，南美洲主产区最北部地区的作物生长状况不如近五年平均水平。旬降水量和平均温度距平聚类类别过程线显示，2013年内降水量与温度变化剧烈，但基本呈现以月为周期的周期性变化。总的来说，冬季和9月之后偏高的气温主导了主产区内作物的生长发育（表3-3）。

根据最佳植被状况指数分析（表3-4），主产区内阿根廷和巴西两国作物长势差异显著。7～10月，阿根廷境内除布宜诺斯艾利斯省东南部外，大部分地区最佳植被状况指数偏低，高出平均温度5℃的异常高温直接导致了这一现象；布宜诺斯艾利斯省西部和拉潘帕省东部地区的降水量偏少，土壤墒情较差，严重的旱情导致部分作物受损。2014年1月的降水补充了土壤水分，在一定程度上缓解了布宜诺斯艾利斯省西部和拉潘帕省东部地区的旱情，玉米和大豆开始恢复生长。在巴西境内，由于降水明显偏少，7～10月的主产区最北部、2013年10月至2014年1月的圣保罗州及其北部地区和马托格罗索州北部地区植被状况指数偏低。

主产区内4～7月、7～10月，以及10月至2014年1月三个时段的最佳植被状况指数均值较过去五年平均水平有不同程度的提高（1%～9%），但部分地区的玉米和大豆生长仍受到降水偏少的制约，未来还需要更多的降水才能使受到干旱和炎热天气影响的作物彻底恢复。

南美洲主产区的耕地种植比例总体很高。1～4月，几乎所有的耕地种有作物，其余三个监测时段的耕地种植比例分别为98%、95%和99%，较过去五年平均水平有小幅下降，但降幅不超过1%。未种植耕地主要分布在阿根廷的布兰卡港西北部至拉潘帕省会圣罗莎，并一直向北延伸到萨尔塔省，且集中出现在7～10月，该时期未种植耕地约占主产区耕地面积的5%，占主产区内阿根廷耕地面积的14%。

南美主产区内约一半的耕地为双季作物轮作种植模式，全区复种指数为144，较近5年平均复种指数提高5%。巴西境内的双季作物轮作种植区与10月至2014年1月期间的最佳植被状况指数较高区域几乎相同，而阿根廷境内的双季作物轮作种植区与7～10月最佳植被状况指数较高的区域分布态势基本一致，反映了这两个地区物候的差异。

表3-3　2013年南美洲主产区的环境指标

时段	降水量		温度 / ℃		光合有效辐射		潜在生物量	
	P / mm	ΔP / %	T	ΔT	PAR/ (MJ/m²)	ΔPAR / %	PB/ (gDM/m²)	ΔPB / %
1～4月	644	−4	23.0	−0.6	1182	0	1627	−4
4～7月	342	14	18.3	0.2	819	−2	990	14
7～10月	306	−10	18.6	−0.3	1023	−2	914	−6
10～翌年1月	660	−7	24.1	0.7	1385	1	1759	0

注：ΔT表示温度与2001～2012年12年均值的差值；ΔP、ΔPAR、ΔPB分别表示降水、光合有效辐射，以及潜在生物量与2001～2012年12年均值比较的变化百分率。

表3-4　2013年南美洲主产区的农情指标

时段	耕地种植比例		最佳植被状况指数		复种指数	
	CALF	ΔCALF / %	VCIx	ΔVCIx / %	CI	ΔCI / %
1～4月	1.00	0.2	0.83	−0.8		
4～7月	0.98	−0.6	0.82	8.5	144.26	5.27
7～10月	0.95	−0.4	0.72	4.9		
10～翌年1月	0.99	−0.9	0.82	1.1		

注：ΔCALF、ΔVCIx、ΔCI分别表示耕地种植比例、最佳指标状况指数和复种指数与2008～2012年5年均值比较的变化百分率。

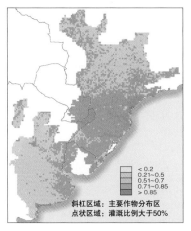

（a）南美洲NDVI背景图

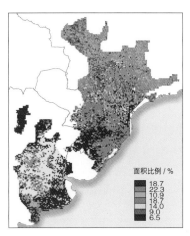

（b）南美洲VHI距平聚类空间分布图

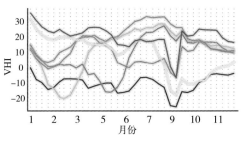

（c）南美洲VHI距平聚类类别过程线

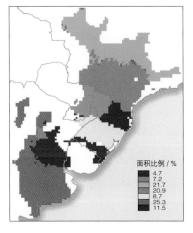

（d）南美洲降水量距平聚类空间分布图

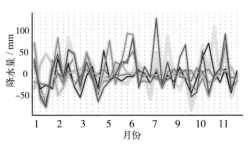

（e）南美洲降水量距平聚类类别过程线

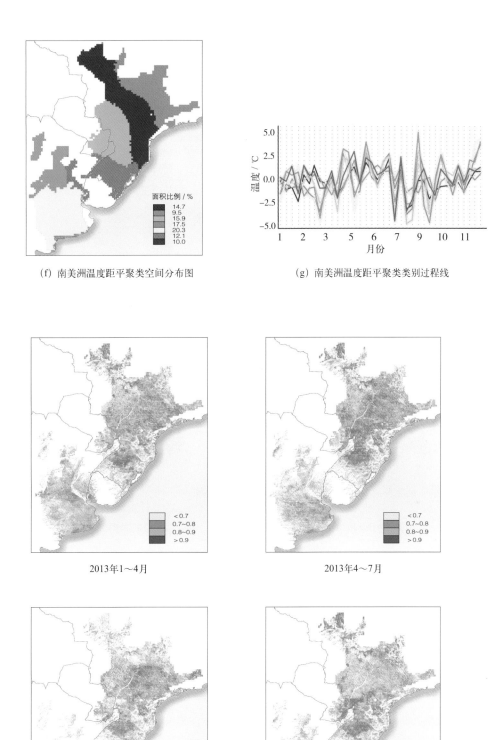

（f）南美洲温度距平聚类空间分布图

面积比例 / %
14.7
9.5
15.9
17.5
20.3
12.1
10.0

（g）南美洲温度距平聚类类别过程线

温度 / ℃

月份

< 0.7
0.7~0.8
0.8~0.9
> 0.9

2013年1~4月

< 0.7
0.7~0.8
0.8~0.9
> 0.9

2013年4~7月

< 0.7
0.7~0.8
0.8~0.9
> 0.9

2013年7~10月

< 0.7
0.7~0.8
0.8~0.9
> 0.9

2013年10~2014年1月

（h）南美洲最佳植被状况指数

大宗粮油作物生产形势

189

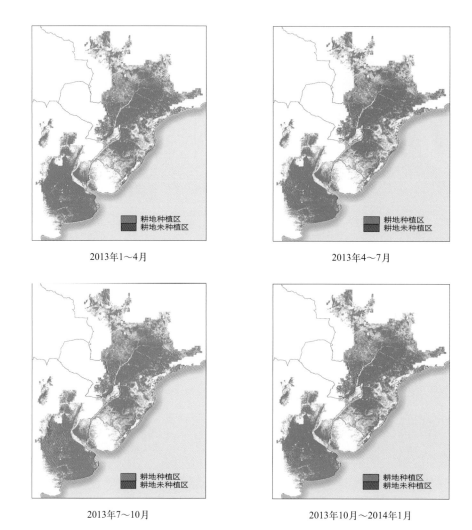

2013年1～4月　　　　　　　2013年4～7月

2013年7～10月　　　　　2013年10月～2014年1月

（i）南美洲耕地种植区与未种植区分布图

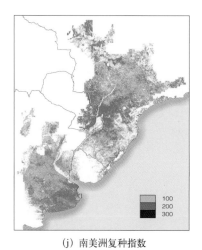

（j）南美洲复种指数

图3-2　2013年南美农业主产区作物生长状况

3.1.3 北美洲

2013年北美粮食主产区的VHI距平聚类空间分布与NDVI背景值的空间分布一致（图3-3）。VHI呈现两极分化的现象，占主产区总面积20%的西部地区受2～6月异常低温的影响，作物生长状况不如过去5年平均水平，VHI小于5年平均值；与此相反，东部与南部地区自3月以来风调雨顺，作物生长状况好于过去5年平均水平，VHI大于5年平均值。10月至2014年1月，北美粮食主产区的降水量距平聚类类别过程线表明该时间段的降水量与过去12年的平均水平基本持平（表3-5）。与此相反，温度距平聚类类别过程线呈现不同的变化类型。2月下旬到5月上旬，西部主产区的温度低于同期多年平均水平，此时正值冬小麦生长与春小麦播种的关键时期，异常低温抑制了冬小麦的正常生长，延误了春小麦的播种。7～9月，是玉米、大豆与春小麦生长的关键时节，除7月温度突降之外，其余时间温度适宜，有利于作物的生长。

2013年年初的最佳植被状况指数表明作物生长状况不佳，佐证了异常低温对作物生长的不利影响。4～5月之后，主产区北部地区的VCIx高于平均值，但是西南地区VCIx持续在低位徘徊（表3-6）。7～10月是夏季作物生长与收割的关键时期，VCIx高于平均值。10月至2014年1月，夏季作物已经收割，冬季作物完成播种，强暴风雪抑制了得克萨斯州与五大湖区域的冬季作物生长，VCIx低于平均水平，而其他区域的VCIx与平均水平持平。

表3-5　2013年北美洲主产区的环境指标

时段	降水量		温度/℃		光合有效辐射		潜在生物量	
	P/mm	ΔP/%	T	ΔT	PAR/(MJ/m²)	ΔPAR/%	PB/(gDM/m²)	ΔPB/%
1～4月	319	10	3.8	−1.1	742	−2	697	−8
4～7月	442	13	18.1	−1.1	1202	−3	1304	6
7～10月	338	−5	20.0	−0.1	1034	−1	1092	−1
10～翌年1月	284	0	3.5	−1.7	534	3	713	−1

注：ΔT表示温度与2001～2012年12年均值的差值；ΔP、ΔPAR、ΔPB分别表示降水、光合有效辐射，以及潜在生物量与2001～2012年12年均值比较的变化百分率。

表3-6　2013年北美洲主产区的农情指标

时段	耕地种植比例		最佳植被状况指数		复种指数	
	CALF	ΔCALF/%	VCIx	ΔVCIx/%	CI	ΔCI/%
1～4月	0.48	−21.9	0.58	−17.7		
4～7月	0.96	−0.3	0.83	0.3	112.08	−1.38
7～10月	0.95	−1.0	0.87	4.6		
10～翌年1月	0.73	−15.1	0.80	9.0		

注：ΔCALF、ΔVCIx、ΔCI分别表示耕地种植比例、最佳指标状况指数和复种指数与2008～2012年5年均值比较的变化百分率。

191

(a) 北美洲NDVI背景图

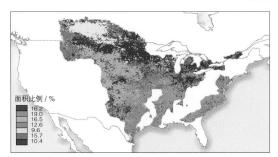

(b) 北美洲VHI距平聚类空间分布图

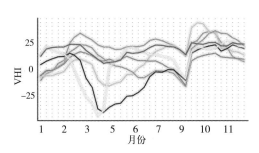

(c) 北美洲VHI距平聚类类别过程线

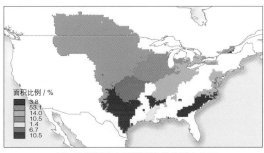

(d) 北美洲降水量距平聚类空间分布图

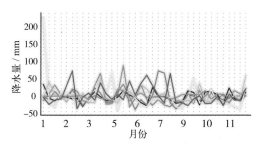

(e) 北美洲降水量距平聚类类别过程线

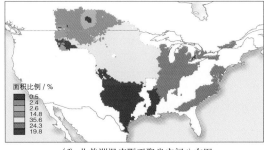

(f) 北美洲温度距平聚类空间分布图

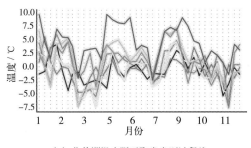

(g) 北美洲温度距平聚类类别过程线

2013年1～4月

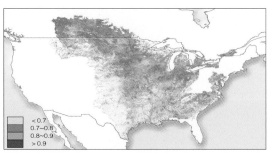

2013年4～7月

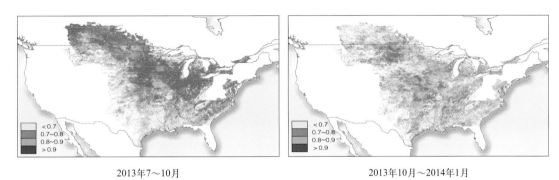

2013年7～10月　　　　　　　　　　　　　　　2013年10月～2014年1月

（h）北美洲最佳植被状况指数

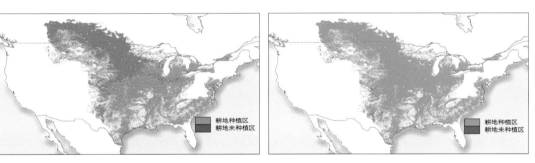

2013年1～4月　　　　　　　　　　　　　　　2013年4～7月

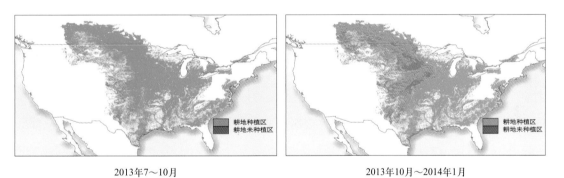

2013年7～10月　　　　　　　　　　　　　　　2013年10月～2014年1月

（i）北美洲耕地种植区与未种植区分布图

（j）北美洲复种指数

图3-3　2013年北美农业主产区作物生长状况

耕地种植面积比例与物候关系紧密。1～4月，受异常低温的影响，加拿大南部与美国西北部地区的春季作物播种推迟，导致CALF偏小。4～7月，温度逐步回升，有利于春季作物播种，CALF值显著增大，未种植耕地面积主要集中在得克萨斯州地区。7～10月，尽管冬小麦已经收割，但是由于夏季作物的轮作，CALF与4～7月持平。9月之后，夏季作物陆续收割，未种植耕地面积逐渐扩大。

作物复种指数与气候条件密切相关。北美粮食主产区的CI指数较5年平均减少1.38%，呈由北向南递增分布。由于气候偏冷，北部地区以单季种植为主，而南部地区，温度较高，作物种植以"冬小麦-夏玉米"轮作为主。

3.1.4 南亚与东南亚

南亚与东南亚农业主产区（不包括东南亚诸岛）是种植特征高度异质的区域。作物种植区主要分布在印度、孟加拉国、缅甸的伊洛瓦底三角洲、越南的红河三角洲和湄公河三角洲、洞里萨湖地区，以及泰国中部和东北地区。水稻是该区的主要作物，小麦和玉米主要种植在印度和缅甸。

所有国家的夏季作物通常在年底收获（种植期为2～6月），冬季作物一般在9～12月种植，5～8月收获，种植期的差异取决于生长周期的长度、农事活动及当地条件。大部分国家降水条件与多年平均水平持平，而孟加拉的"马哈森"热带气旋影响使得降水在5月高于平均水平。大的季风降水导致缅甸沿海和伊洛瓦底三角洲地区在7～8月发生洪水。9月中旬的热带低气压也导致越南中部引发洪水。通过环境指标的分析，年初温度低于平均水平的区域发生在印度西部、缅甸中部和孟加拉国。孟加拉国甚至出现了历史最低气温值3℃（表3-7）。1月中旬和3月，越南和泰国温度高于平均水平，而在12月出现了异常低温，泰国北部和东北部遭受寒潮，许多区域成为灾区。同时，寒流还袭击了越南北部、中南部沿海省份，尤其是老街省和河江省。

2013年该农业主产区的复种指数高达181.87，高出5年平均水平的11%（表3-8）。三角洲地区由于全年有利的降水条件，其复种指数值最高。与5年平均水平相比，2013年最佳植被指数在1～4月降低了1.7%，与VHI聚类结果一致。最佳植被指数低值区出现在泰国中部和东北部、缅甸旱作区和印度南部区域。整个农业主产区在其他三个监测时期的VCIx高于平均水平2%～8%（4～7月、7～10月和10月至2014年1月）。1～4月、7～10月，几乎所有的耕地像往年一样种植；4～7月，未种植耕地区主要分布在印度的中央邦、安得拉邦和拉贾斯坦邦北部，以及缅甸的旱作区（小麦是主要作物）。10月至2014年1月，未种植耕地比例约低于5年平均值2.1%，这些区域主要位于印度的拉贾斯坦邦北部。

在印度的中央邦，VHI结果表明植被长势高于平均水平，冬季和夏季尤为显著（图3-4）。夏季之后，由于过多的季风降水，中央邦的VHI突然下降到低于平均水平，对大豆作物造成了损害。7～10月，最佳植被指数也指示出中央邦的植被长势出现低值。印度泰米尔纳德邦的VHI一直低于平均水平，直到6月才开始逐渐好转，数值与平均水平持平，这个时期正好是夏季作物（西南季风）的重要种植期。

表3-7 2013年南亚和东南亚主产区的环境指标

时段	降水量		温度 / ℃		光合有效辐射		潜在生物量	
	P / mm	ΔP / %	T	ΔT	PAR/(MJ/m²)	ΔPAR / %	PB/(gDM/m²)	ΔPB / %
1~4月	113	-9	23.8	0.0	1108	0	407	4
4~7月	838	11	28.3	-0.2	1114	-1	1578	7
7~10月	1093	8	26.4	-0.2	954	-2	2010	9
10~翌年1月	250	25	21.4	-0.4	953	2	567	22

注：ΔT表示温度与2001~2012年12年均值的差值；ΔP、ΔPAR、ΔPB分别表示降水、光合有效辐射，以及潜在生物量与2001~2012年12年均值比较的变化百分率。

表3-8 2013年南亚和东南亚主产区的农情指标

时段	耕地种植比例		最佳植被状况指数		复种指数	
	CALF	ΔCALF / %	VCIx	ΔVCIx / %	CI	ΔCI / %
1~4月	0.90	0.8	0.76	-1.7		
4~7月	0.85	-1.6	0.74	4.2	181.87	0.11
7~10月	0.98	0.3	0.88	2.6		
10~翌年1月	0.95	-2.1	0.88	7.8		

注：ΔCALF、ΔVCIx、ΔCI分别表示耕地种植比例、最佳指标状况指数和复种指数与2008~2012年5年均值比较的变化百分率。

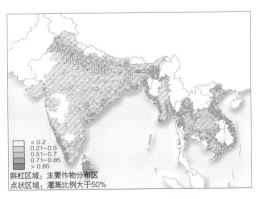

（a）南亚与东南亚NDVI背景图

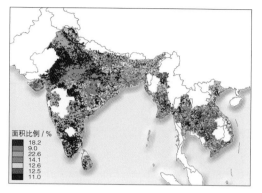

（b）南亚与东南亚VHI距平聚类空间分布图

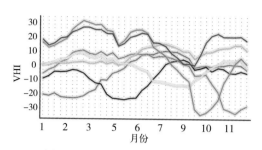

（c）南亚与东南亚VHI距平聚类类别过程线

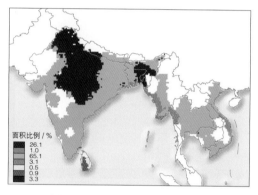

（d）南亚与东南亚降水量距平聚类空间分布图

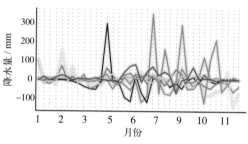

（e）南亚与东南亚降水量距平聚类类别过程线

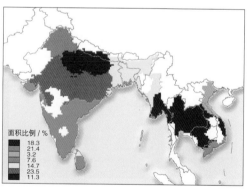

（f）南亚与东南亚温度距平聚类空间分布图

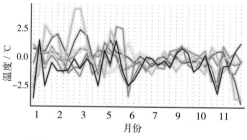

（g）南亚与东南亚温度距平聚类类别过程线

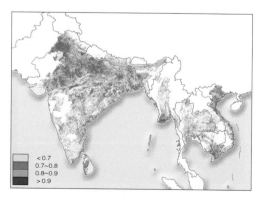

2013年1～4月

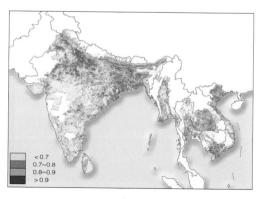

2013年4～7月

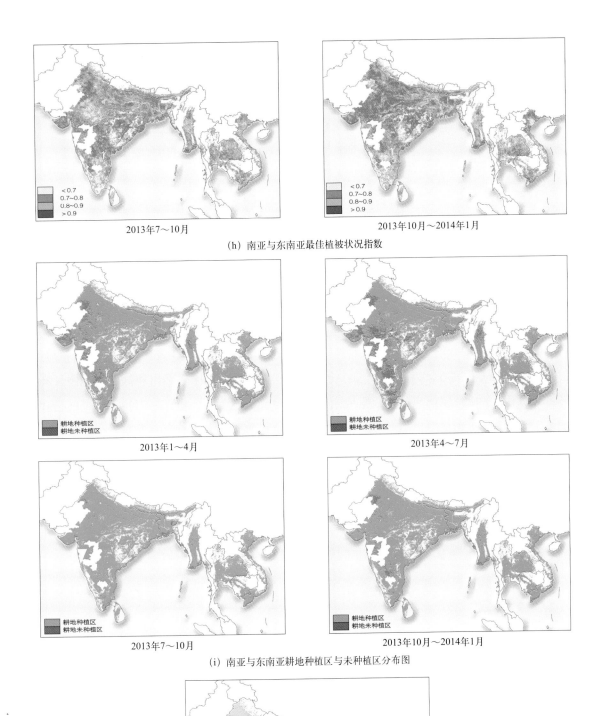

2013年7～10月

2013年10月～2014年1月

（h）南亚与东南亚最佳植被状况指数

2013年1～4月

2013年4～7月

2013年7～10月

2013年10月～2014年1月

（i）南亚与东南亚耕地种植区与未种植区分布图

（j）南亚与东南亚复种指数

图3－4　2013年南亚与东南亚农业主产区作物生长状况

3.1.5 欧洲西部

该主产区与近12年平均水平相比，2013年至少有3个月的温度偏离平均值。2月底在西班牙、法国西南部、德国、意大利的波河流域、捷克和奥地利东部的温度比平均值低7.5℃，其他区域（尤其是匈牙利、捷克东部和斯洛伐克南部）3月底的温度也偏低。短暂的或持续的高温峰值主要发生在4～5月、6月中旬和8月。许多地区12月的温度又出现了高出平均水平的情况（约2.5℃）。

与温度变化的特点不同，降水的变化过程没有明显的规律性。大部分地区降水在6月前高于平均水平，7月和8月低于平均水平（农业主产区降水降低8%，潜在生物量降低5%，而PAR增加1%），11月和12月东部降水都比较低（表3-9）。

VHI显示不同地域植被状况不同（图3-5）。英国和丹麦部分区域在5月（夏季作物种植期）长势较差；德国和奥地利部分区域在夏季作物生长受到胁迫；西班牙东部在玉米收获期间环境条件较好。

1～4月，该地区的VCIx值低于近5年平均水平的1.1%，在7～10月和10月至2014年1月分别高出平均水平的6.2%和9.7%（表3-10），但是在少数地区仍然出现低值，如匈牙利东部（豪伊杜-比豪尔州和包尔绍德-奥包乌伊-曾普伦州）、西班牙（阿拉贡和卡斯蒂利亚-拉曼查）、英国部分区域（林肯郡）、德国（不来梅）、意大利（普利亚北部）和法国（布列塔尼东部、卢瓦尔河地区北部、比利牛斯中部部分区域和朗格多克-鲁西永）。1～4月的耕地种植比例高出5年平均水平的1.5%，10月至2014年1月却低于平均水平的0.5%，这主要是由于西班牙的耕地种植比例降低造成的。

表3-9 2013年欧洲西部主产区的环境指标

时段	降水量		温度/℃		光合有效辐射		潜在生物量	
	P/mm	ΔP/%	T	ΔT	PAR/(MJ/m^2)	ΔPAR/%	PB/(gDM/m^2)	ΔPB/%
1～4月	258	14	4.1	-1.4	515	-4	879	6
4～7月	308	12	14.6	-0.8	1136	-3	1127	5
7～10月	259	-8	17.1	0.8	929	1	1017	-5
10～翌年1月	283	3	6.7	1.1	284	0	946	4

注：ΔT表示温度与2001～2012年12年均值的差值；ΔP、ΔPAR、ΔPB分别表示降水、光合有效辐射，以及潜在生物量与2001～2012年12年均值比较的变化百分率。

表3-10 2013年欧洲西部主产区的农情指标

时段	耕地种植比例		最佳植被状况指数		复种指数	
	CALF	ΔCALF/%	VCIx	ΔVCIx/%	CI	ΔCI/%
1～4月	0.96	1.5	0.82	-1.1		
4～7月	0.98	1.2	0.84	0.4	108.61	-0.61
7～10月	0.96	1.6	0.84	6.2		
10～翌年1月	0.93	-0.5	0.88	9.7		

注：ΔCALF、ΔVCIx、ΔCI分别表示耕地种植比例、最佳指标状况指数和复种指数与2008～2012年5年均值比较的变化百分率。

(a) 欧洲西部NDVI背景图

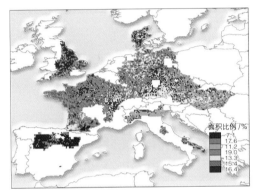

(b) 欧洲西部VHI距平聚类空间分布图

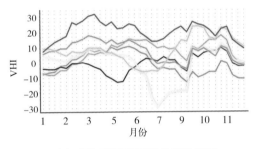

(c) 欧洲西部VHI距平聚类类别过程线

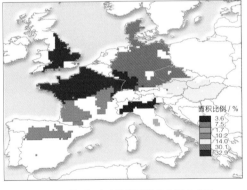

(d) 欧洲西部降水量距平聚类空间分布图

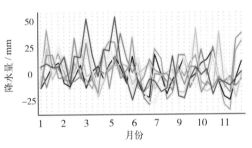

(e) 欧洲西部降水量距平聚类类别过程线

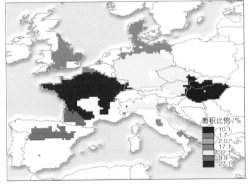

(f) 欧洲西部温度距平聚类空间分布图

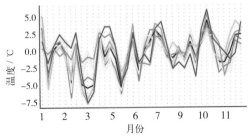

(g) 欧洲西部温度距平聚类类别过程线

199

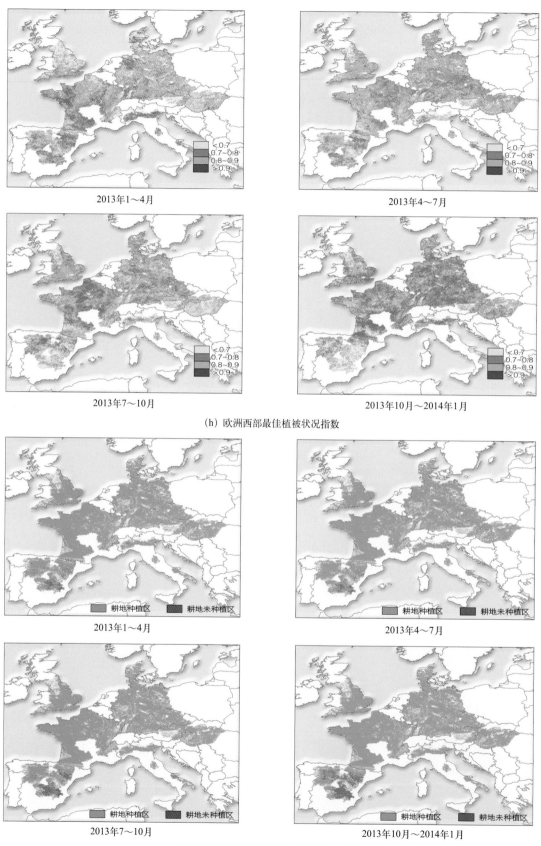

2013年1～4月

2013年4～7月

2013年7～10月

2013年10月～2014年1月

（h）欧洲西部最佳植被状况指数

2013年1～4月

2013年4～7月

2013年7～10月

2013年10月～2014年1月

（i）欧洲西部耕地种植区与未种植区分布图

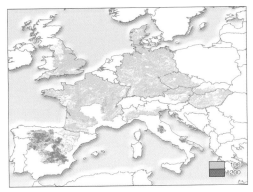

(j) 欧洲西部复种指数

图3-5   2013年欧洲西部农业主产区作物生长状况

3.1.6   欧洲中部与俄罗斯西部

该主产区大部分为一季作物，两季作物仅分布在俄罗斯的克拉斯诺达尔边疆区、斯塔夫罗波尔边疆区以及达吉斯坦共和国。区内冬季作物（主要为冬小麦）通常在8月种植，来年7月收割；夏季作物（主要为玉米）通常在5月种植，9～11月收割。10月至来年4月处于夏季作物收割后和冬季作物播种初期，未播种耕地比例较高。

2013年1～4月和10月至2014年1月耕地种植比例相对其他时期较低，分别为0.72%和0.84%，尤其是10月至2014年1月，耕地种植比例降幅达11.7%。由于大部分未种植耕地都在俄罗斯境内（图3-6），10月至2014年1月耕地种植比例的下降预示着俄罗斯2014年冬小麦种植面积的减少。4～7月和7～10月耕地种植比例分别为1.00%和0.99%，耕地基本得到利用。

俄罗斯的伏尔加河、乌拉尔山以及西伯利亚区域降水充沛，2013全年降水大于历史平均水平（表3-11）；罗马尼亚和乌克兰西南部7～8月降水稀少；乌克兰的顿涅茨克州、扎波罗热州南部，以及俄罗斯境内的车臣共和国、印古什共和国、北地群岛、北奥塞梯-阿兰共和国、卡巴尔达-巴尔卡尔共和国、克拉斯诺达尔边疆区和罗斯托夫州西部，尤其是卡拉恰伊-切尔克斯共和国在2013年2月、5月、10月和12月降水低于5年平均水平。该主产区在1月、3月、7月、10月初和11月末经历了5次寒潮，但在7月的寒潮中，波兰温度却高于平均水平；另外，在2月和10月末主产区也经历了两次显著升温。

1～4月，主产区的平均最佳植被状况指数为0.76，与近5年平均相比增长了11.2%（表3-12）。乌克兰尼古拉耶夫州到俄罗斯中部区域和伏尔加河南部区在1～3月植被状况显著低于平均水平，在VHI距平聚类空间分布图中呈现一条东北走向的条带。

4～7月，主产区的平均最佳植被状况指数为0.85，与近5年平均相比降低0.3%，作物长势较差区主要分布于俄罗斯境内的罗斯托夫州和卡尔梅克共和国以及乌克兰的卢甘斯克州。

7～10月，主产区的最佳植被状况指数为0.81，与近5年平均相比增长1.7%。但是俄罗斯境内的基洛夫州、克拉斯诺达尔边疆区和斯塔夫罗波尔边疆区以及乌克兰的顿涅茨克州、赫尔松州植被状况显著低于5年平均水平，在乌克兰东部和俄罗斯南部区域较大范围内作物长势较差。

10月至2014年1月，主产区的最佳植被状况指数为0.81，相比近5年平均水平显著增长12.4%。主产区内大部分地区植被状况显著高于平均水平，但波兰境内的滨海省、库亚维-波美拉尼亚省、马佐夫舍省和瓦尔米亚-马祖里省等个别区域例外。作物长势良好区域主要分布在波兰的西南部和东南部、乌克兰西北部以及俄罗斯的乌拉尔山和西伯利亚地区。11~12月，白俄罗斯大部分地区以及俄罗斯的科斯特罗马州北部和彼尔姆州土壤墒情较好，有利于来年的作物生长。

表3-11　2013年欧洲中部和俄罗斯西部主产区的环境指标

时段	降水量		温度 / ℃		光合有效辐射		潜在生物量	
	P / mm	ΔP / %	T	ΔT	PAR/ (MJ/m^2)	ΔPAR / %	PB/ (gDM/m^2)	ΔPB / %
1~4月	189	11	−1.0	−0.1	481	0	617	−3
4~7月	243	−2	16.3	0.8	1140	2	993	−3
7~10月	259	8	15.1	−0.6	836	−1	1056	8
10~翌年1月	181	−10	0.8	1.0	226	2	666	1

注：ΔT表示温度与2001~2012年12年均值的差值；ΔP、ΔPAR、ΔPB分别表示降水、光合有效辐射，以及潜在生物量与2001~2012年12年均值比较的变化百分率。

表3-12　2013年欧洲中部和俄罗斯西部主产区的农情指标

时段	耕地种植比例		最佳植被状况指数		复种指数	
	CALF	ΔCALF / %	VCIx	ΔVCIx / %	CI	ΔCI / %
1~4月	0.72	−2.2	0.76	11.2		
4~7月	1.00	0.0	0.85	−0.3	103.81	−2.97
7~10月	0.99	0.1	0.81	1.7		
10~翌年1月	0.84	−11.7	0.81	12.4		

注：ΔCALF、ΔVCIx、ΔCI分别表示耕地种植比例、最佳指标状况指数和复种指数与2008~2012年5年均值比较的变化百分率。

（a）欧洲中部与俄罗斯西部NDVI背景图

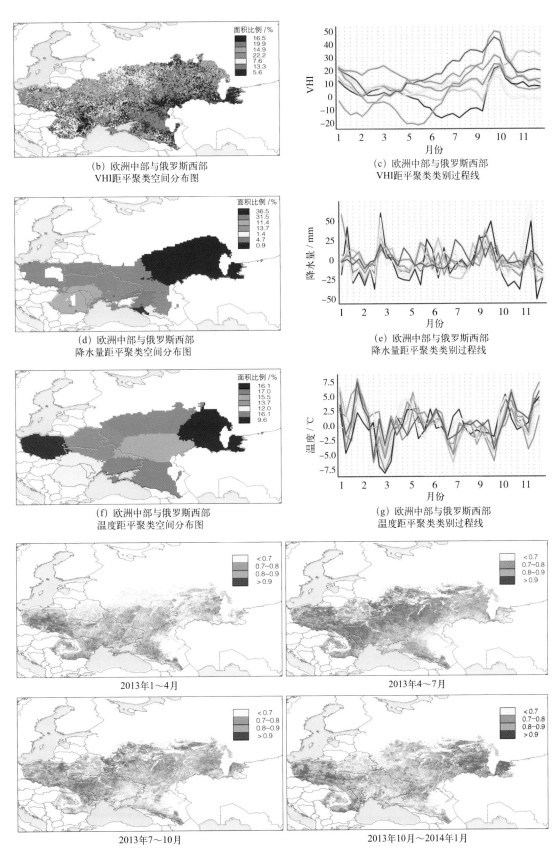

（b）欧洲中部与俄罗斯西部
VHI距平聚类空间分布图

（c）欧洲中部与俄罗斯西部
VHI距平聚类类别过程线

（d）欧洲中部与俄罗斯西部
降水量距平聚类空间分布图

（e）欧洲中部与俄罗斯西部
降水量距平聚类类别过程线

（f）欧洲中部与俄罗斯西部
温度距平聚类空间分布图

（g）欧洲中部与俄罗斯西部
温度距平聚类类别过程线

2013年1～4月

2013年4～7月

2013年7～10月

2013年10月～2014年1月

（h）欧洲中部与俄罗斯西部最佳植被状况指数

大宗粮油作物生产形势

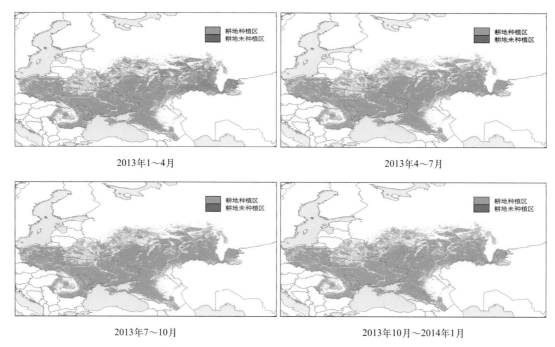

2013年1～4月　　　　　　　　　　2013年4～7月

2013年7～10月　　　　　　　　　2013年10月～2014年1月

(i) 欧洲中部与俄罗斯西部耕地种植区与未种植区分布图

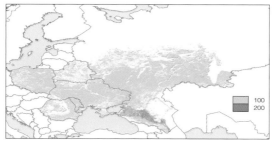

(j) 欧洲中部与俄罗斯西部复种指数

图3－6　2013年欧洲中部与俄罗斯西部农业主产区作物生长状况

3.1.7　澳大利亚

2013年的全年VHI表明澳大利亚的整体农业形势较好，但昆士兰州的东南部和新南威尔士州北部的小片区域的植被健康指数低于近5年平均水平。维多利亚州南部和南澳大利亚州东南部的植被健康指数在9月之前也低于近5年平均水平，9月之后有所增加，表明该区植被仍有健康生长的潜力（图3-7）。

2013年的降水量总体上与近12年平均值相当（表3-13）。昆士兰州东南部1月中下旬和10月中下旬至12月有超过50mm相对丰沛的降水，年底的降水有利于小麦生长。温度在整个2013年里虽然波动较大，但整体上接近12年的平均水平。西澳大利亚州西南部的温度稍低于平均水平，可能会减缓作物生长。

1～4月最佳植被状况指数绝大部分地区低于0.7（表3-14），由于这段时间不是澳大利亚主要的生长季，因此耕地种植比例相应较低。4～7月小麦播种并开始生长，7～9月是重要的生长季，整个农业区的最佳植被状况指数在4～7月迅速增长，在7～10月保持基本稳定。耕地种植比例也呈现类似的变化趋势，表明澳大利亚2013年的农业活动正常。最佳植被状况指数和耕地种植比例在10月至2014年1月的收割季节均呈现整体性降低。

西澳大利亚州小麦带的东北部、新南威尔士州的中部和东部地区，以及维多利亚州北部的复种指数为200，其他地区耕地的复种指数为100。整个澳大利亚的复种指数比近5年的均值下降2.83%。

表3－13　2013年澳大利亚的环境指标

时段	降水量		温度 / ℃		光合有效辐射		潜在生物量	
	P / mm	ΔP / %	T	ΔT	PAR / (MJ/m^2)	ΔPAR / %	PB / (gDM/m^2)	ΔPB / %
1～4月	277	6	21.5	0.4	1267	0	682	−3
4～7月	197	15	13.7	0.4	705	−3	703	13
7～10月	164	−4	14.4	1.0	993	1	615	−5
10～翌年1月	190	−26	20.8	0.3	1550	3	602	−23

注：ΔT表示温度与2001～2012年12年均值的差值；ΔP、ΔPAR、ΔPB分别表示降水、光合有效辐射，以及潜在生物量与2001～2012年12年均值比较的变化百分率。

表3－14　2013年澳大利亚的农情指标

时段	耕地种植比例		最佳植被状况指数		复种指数	
	CALF	$\Delta CALF$ / %	VCIx	$\Delta VCIx$ / %	CI	ΔCI / %
1～4月	0.39	−17.3	0.46	−18.8		
4～7月	0.92	3.3	0.79	15.3	145.67	−2.83
7～10月	0.94	3.2	0.83	11.9		
10～翌年1月	0.74	−14.3	0.69	1.0		

注：$\Delta CALF$、$\Delta VCIx$、ΔCI分别表示耕地种植比例、最佳指标状况指数和复种指数与2008～2012年5年均值比较的变化百分率。

(a) 澳大利亚NDVI背景图

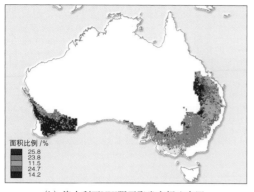

（b）澳大利亚VHI距平聚类空间分布图

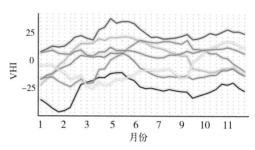

（c）澳大利亚VHI距平聚类类别过程线

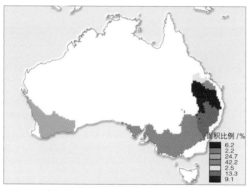

（d）澳大利亚降水量距平聚类空间分布图

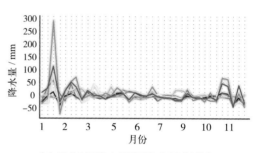

（e）澳大利亚降水量距平聚类类别过程线

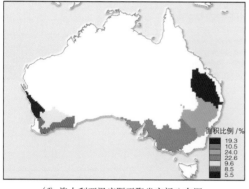

（f）澳大利亚温度距平聚类空间分布图

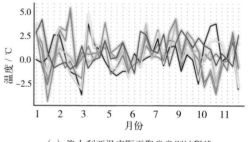

（g）澳大利亚温度距平聚类类别过程线

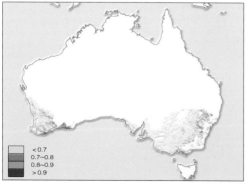

2013年1～4月

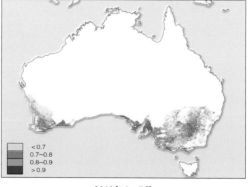

2013年4～7月

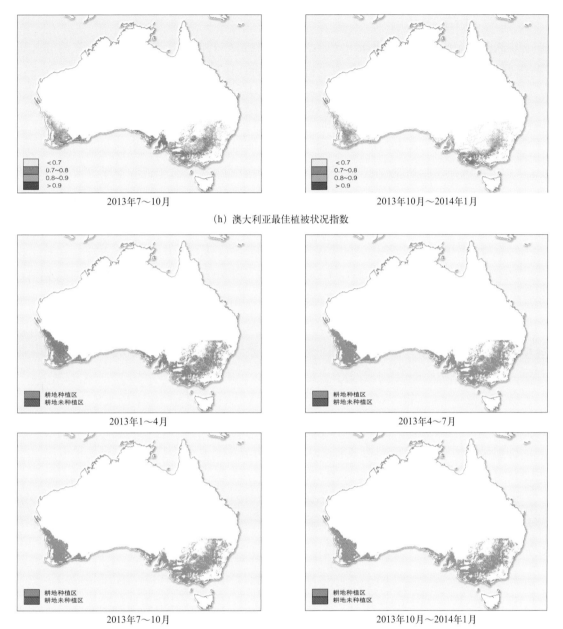

（h）澳大利亚最佳植被状况指数

（i）澳大利亚耕地种植与未种植分布

（j）澳大利亚复种指数

图3－7　2013年澳大利亚作物生长状况

3.1.8 小结

非洲西部主产区：2013年该主产区西南部作物长势上半年低于平均水平。在南部大部分区域以及西部区域，最佳植被指数、耕地作物种植比例和复种指数与主产区降水双峰分布的季风特点表现出很高的一致性。尼日利亚中南部的玉米和水稻受温度较大波动影响，作物长势好的区域集中在尼日利亚中部，包括年底种植的小麦种植区。

南美洲主产区：2013年该主产区耕地利用强度增加，复种指数较近5年平均水平提高5%，全年耕地种植比例保持稳定。主产区内作物生长状况总体比近五年平均水平稍好，但4~7月和9月后高温少雨天气抑制了主产区内作物的正常生长发育。

北美主产区：2013年2~5月，受低温的影响，加拿大南部的萨斯喀彻温省、艾伯塔省与美国北部北达科他州、明尼苏达州和南达科他州的冬季作物生长受到抑制，夏季作物播种延迟。7~9月，气温逐步回升至正常水平，风调雨顺，夏季作物生长形势好于往年同期水平。10月后，五大湖流域、得克萨斯与阿肯色州遭遇暴风雪的影响，冬季作物生长受到抑制。

南亚与东南亚主产区：2013年该主产区复种指数全球最高，1~4月以及7~10月该区耕地几乎全部播种。除1~4月外，其余时期作物整体长势优于近5年平均水平。印度中央邦的大豆由于该区的过量降水遭受了一定损失。

欧洲西部主产区：2013年1~4月该主产区的VCIx值低于近5年平均水平。VCIx值在7~10月和10月至2014年1月分别增长6.2%和9.7%，但是在少数地区仍然出现低值。1~4月的种植耕地比例高于5年平均水平；但由于西班牙的高复种指数区域的耕地种植比例降低，10月至2014年1月又低于平均水平。

欧洲中部与俄罗斯西部主产区：2013年该主产区作物长势整体好于历史平均水平。10月至2014年1月主产区气温较近12年平均升高1℃，耕地种植比例为0.84%，相比近5年平均水平下降了11.7%，预示着俄罗斯2014年冬小麦种植面积的减少。

澳大利亚主产区：2013年该主产区降水量与近12年平均水平相当，温度接近12年平均水平。在作物生长期内（4~10月）耕地种植比例保持稳定，最佳植被状况指数呈现增长态势，植被健康指数表明总体作物产量形势较好。

3.2 中国大宗粮油作物主产区

中国大宗粮油作物主产区主要包括：东北地区、内蒙古中部地区、黄淮海地区、黄土高原地区、长江中下游地区、西南地区及华南地区。图3-8至图3-14显示了各个地区作物长势的信息：①NDVI背景值（1999~2012年NDVI平均值）；②VHI与2008~2012年平均水平差值空间聚类图；③VHI差值空间聚类过程线；④旬降水量与2001~2012年平均水平差值空间聚类图；⑤降水差值空间聚类过程线；⑥旬平均温度与2001~2012年平均水平差值空间聚类图；⑦旬平均温度差值空间聚类过程线；⑧四个监测期的最佳植被指数；⑨四个监测期的耕地作物种植比例；⑩复种指数；⑪NDVI作物生长过程线。

3.2.1 东北地区

与近12年平均水平相比，2013年4月至2014年1月东北地区降水异常，增加了26%（表3-15）。1月和4月温度异常，低于平均水平5.0℃。PAR正常，但在2013年的最后4个月比平均水平增加了6%。由于降水充足和温度适宜，从4月至2014年1月的三个时期，该区潜在生物量较历史水平均高14%。

1~4月受低温影响，耕地种植比例与5年平均水平相比大幅下滑（表3-16）。4~10月作物生长良好，大部分区域最佳植被状况指数高于0.9。2013年10月至2014年1月受强降水影响，耕地种植比例明显下降（图3-8）。

4月的低温对作物的播种有不利影响，导致大豆种植面积下降；8月中旬的低温抑制了作物的生长，同时吉林西南部和辽宁东部地区遭受强降水的影响，作物生长受到危害。其他地区，在2013年的大部分时间内，作物长势好于近5年平均水平。

虽然2013年4月前的低温改变了作物种植结构、抑制了作物长势，但随后充足的降水和适宜的温度促进了作物的生长，作物产量稳定，而8月后的降水使粮食储藏面临风险。

表3-15　2013年中国东北地区环境指标

时段	降水量		温度 / ℃		光合有效辐射		潜在生物量	
	P / mm	ΔP / %	T	ΔT	PAR / (MJ/m²)	ΔPAR / %	PB / (gDM/m²)	ΔPB / %
1~4月	78	3	-9.4	-3.0	651	0	317	0
4~7月	442	26	15.3	-0.4	1140	0	1343	14
7~10月	534	45	16.0	-0.1	922	-1	1509	26
10~翌年1月	126	56	-6.5	1.1	426	6	422	33

注：ΔT表示温度与2001~2012年12年均值的差值；ΔP、ΔPAR、ΔPB分别表示降水、光合有效辐射，以及潜在生物量与2001~2012年12年均值比较的变化百分率。

表3-16　2013年中国东北地区农情指标

时段	耕地种植比例		最佳植被状况指数		复种指数	
	CALF	ΔCALF / %	VCIx	ΔVCIx / %	CI	ΔCI / %
1~4月	0.12	-35.9	0.61	-12.2		
4~7月	1.00	0.0	0.92	1.5	100.11	0.02
7~10月	0.99	-0.2	0.93	0.3		
10~翌年1月	0.69	-27.3	0.71	-0.4		

注：ΔCALF、ΔVCIx、ΔCI分别表示耕地种植比例、最佳指标状况指数和复种指数与2008~2012年5年均值比较的变化百分率。

（a）东北地区NDVI背景图

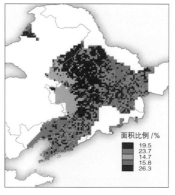

（b）东北地区VHI距平聚类空间分布图

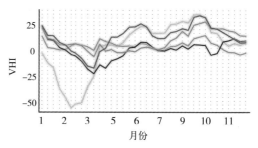

（c）东北地区VHI距平聚类类别过程线

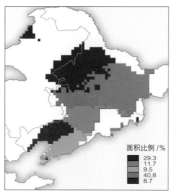

（d）东北地区降水量距平聚类空间
分布图

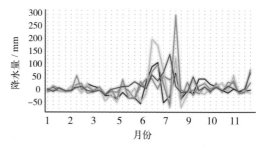

（e）东北地区降水量距平聚类类别过程线

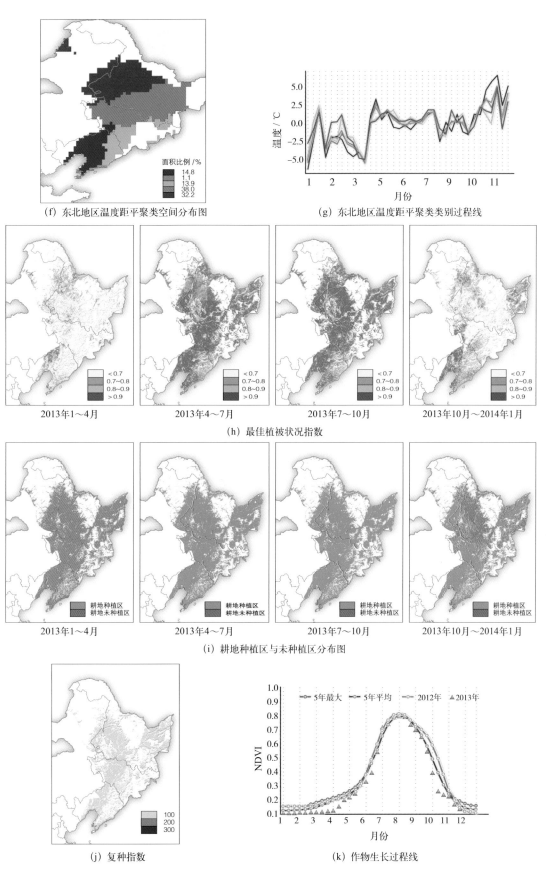

（f）东北地区温度距平聚类空间分布图

面积比例/%
14.8
1.1
13.9
38.0
32.2

（g）东北地区温度距平聚类类别过程线

<2013年1～4月　2013年4～7月　2013年7～10月　2013年10～2014年1月

（h）最佳植被状况指数

2013年1～4月　2013年4～7月　2013年7～10月　2013年10～2014年1月

（i）耕地种植区与未种植区分布图

（j）复种指数　　　（k）作物生长过程线

图3－8　2013年中国东北地区作物生长状况

3.2.2　内蒙古中部地区

内蒙古中部地区在2013年经历了数次环境因子异常，4～10月的降水高出近12年平均35%，10月至2014年1月PAR高出近12年7%（表3-17）。2013年，这一区域的温度处于正常水平，4月至年底，三个时期的潜在生物量增幅大于20%。

与近5年平均相比，4～12月的耕地种植比例和最佳植被状况指数均高于平均水平，作物生长状态良好（最佳植被状况指数在大部分区域高于0.9，尤其是辽宁省北部）。1～4月间，耕地种植比例是0.04（表3-18），这表明由于天气寒冷，这个地区几乎没有作物生长。

该区降水在大部分时间里都高于近12年的平均水平，有利于作物的生长。1～3月该区降水变化平缓（东部地区除外），之后降水变化非常剧烈。与降水相比，温度在年初的几个月内变化很大，这一地区在12月上旬遭受高温，东北部地区尤为严重。2013年年初，作物长势受到胁迫，但随后由于降水充足，温度适宜，作物长势转为良好（图3-9）。

表3-17　2013年中国内蒙古地区环境指标

时段	降水量		温度 / ℃		光合有效辐射		潜在生物量	
	P / mm	ΔP / %	T	ΔT	PAR / (MJ/m^2)	ΔPAR / %	PB / (gDM/m^2)	ΔPB / %
1～4月	43	9	-5.8	-1.7	744	1	203	2
4～7月	325	31	15.2	-0.6	1231	-1	1119	20
7～10月	345	35	15.5	-0.1	1031	0	1209	26
10～翌年1月	58	38	-4.1	1.6	522	7	268	31

注：ΔT表示温度与2001～2012年12年均值的差值；ΔP、ΔPAR、ΔPB分别表示降水、光合有效辐射，以及潜在生物量与2001～2012年12年均值比较的变化百分率。

表3-18　2013年中国内蒙古地区农情指标

时段	耕地种植比例		最佳植被状况指数		复种指数	
	CALF	ΔCALF / %	VCIx	ΔVCIx / %	CI	ΔCI / %
1～4月	0.04	7.8	0.62	-5.0		
4～7月	0.97	8.4	0.93	26.5	100.38	0.01
7～10月	0.97	4.1	0.91	13.7		
10～翌年1月	0.71	2.9	0.81	14.3		

注：ΔCALF、ΔVCIx、ΔCI分别表示耕地种植比例、最佳指标状况指数和复种指数与2008～2012年5年均值比较的变化百分率。

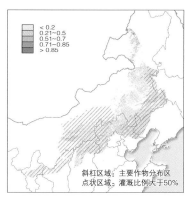

（a）内蒙古中部地区NDVI背景图

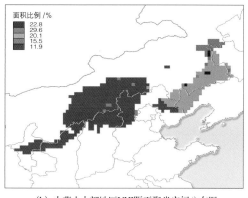

（b）内蒙古中部地区VHI距平聚类空间分布图

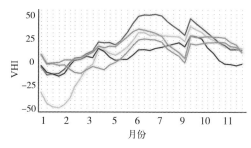

（c）内蒙古中部地区VHI距平聚类类别过程线

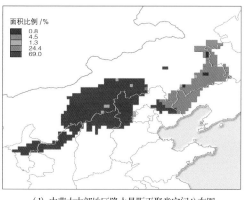

（d）内蒙古中部地区降水量距平聚类空间分布图

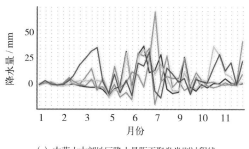

（e）内蒙古中部地区降水量距平聚类类别过程线

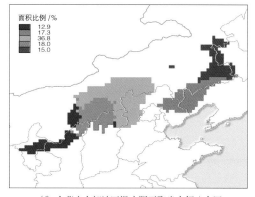

（f）内蒙古中部地区温度距平聚类空间分布图

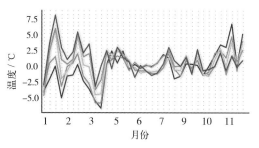

（g）内蒙古中部地区温度距平聚类类别过程线

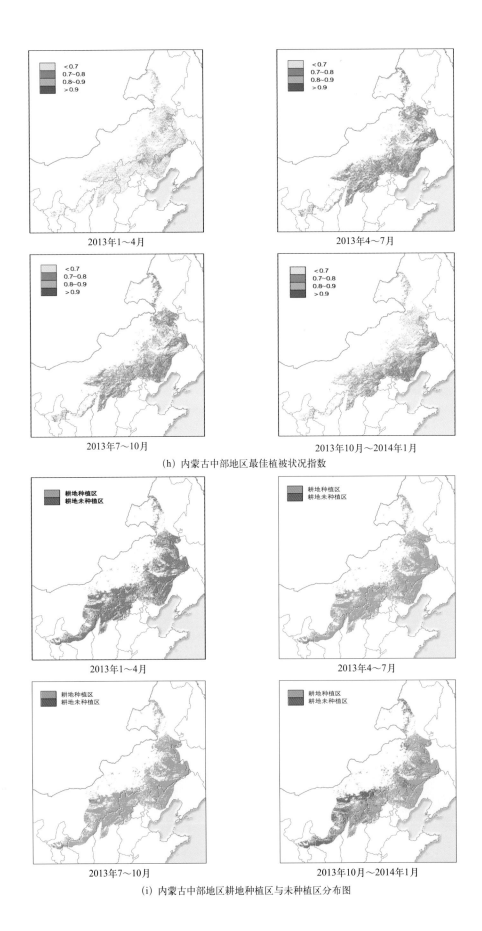

2013年1～4月

2013年4～7月

2013年7～10月

2013年10月～2014年1月

（h）内蒙古中部地区最佳植被状况指数

2013年1～4月

2013年4～7月

2013年7～10月

2013年10月～2014年1月

（i）内蒙古中部地区耕地种植区与未种植区分布图

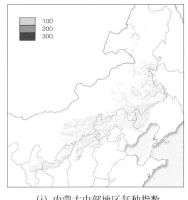

(j) 内蒙古中部地区复种指数

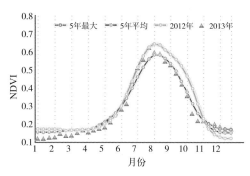

(k) 内蒙古中部地区作物生长过程线

图3-9 2013年内蒙古地区作物生长状况

3.2.3 黄淮海地区

2013年黄淮海地区降水低于近12年平均水平，尤其是1～4月，降水减少了34%，导致了作物生长状况变差，这一时期的NDVI曲线和潜在生物量同样证明了这一点（图3-10）。尽管温度正常，但10月至2014年1月降水减少17%，导致潜在生物量降低8%（表3-19）。

与近5年平均相比，耕地种植比例和最佳植被状况指数均有所下降，但最佳植被状况指数在4月至7月增加2.3%（表3-20）。虽然该主产区作物长势不如近5年平均水平，但在4～10月山东中部地区的最佳植被状况指数高于0.9，表明其作物生长状况良好。与平均水平相比，主产区的复种指数几乎没有变化。

该区2月温度异常偏高，随后温度降低，使河南东部和安徽北部地区的作物生长受到抑制。降水能够满足该地区夏季作物的生长，6～8月，作物长势良好。11月上旬的降水为2014年种植的冬小麦提供了良好的生长条件。

表3-19 2013年中国黄淮海地区环境指标

时段	降水量		温度 / ℃		光合有效辐射		潜在生物量	
	P / mm	ΔP / %	T	ΔT	PAR / (MJ/m^2)	ΔPAR / %	PB / (gDM/m^2)	ΔPB / %
1～4月	59	-34	5.4	-0.8	759	3	283	-25
4～7月	433	8	21.8	-0.2	1151	1	1205	2
7～10月	438	-7	23.4	1.0	960	3	1251	-2
10～翌年1月	61	-17	6.7	0.9	605	12	286	-8

注：ΔT表示温度与2001～2012年12年均值的差值；ΔP、ΔPAR、ΔPB分别表示降水、光合有效辐射，以及潜在生物量与2001～2012年12年均值比较的变化百分率。

大宗粮油作物生产形势

215

表3－20　2013年中国黄淮海地区农情指标

时段	耕地种植比例		最佳植被状况指数		复种指数	
	CALF	ΔCALF / %	VCIx	ΔVCIx / %	CI	ΔCI / %
1～4月	0.72	−3.6	0.73	−6.2		
4～7月	0.99	−0.1	0.83	2.3	170.08	0.24
7～10月	1.00	−0.2	0.85	−4.2		
10～翌年1月	0.93	−5.2	0.72	−5.4		

注：ΔCALF、ΔVCIx、ΔCI分别表示耕地种植比例、最佳指标状况指数和复种指数与2008～2012年5年均值比较的变化百分率。

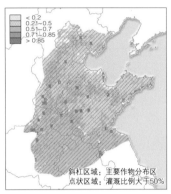

(a) 黄淮海NDVI 背景图

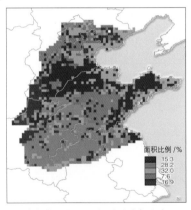

(b) 黄淮海VHI距平聚类空间分布图

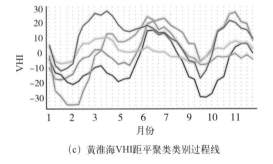

(c) 黄淮海VHI距平聚类类别过程线

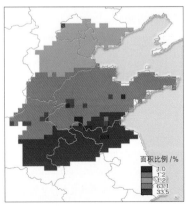

(d) 黄淮海降水量距平聚类空间分布图

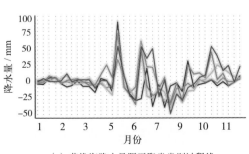

(e) 黄淮海降水量距平聚类类别过程线

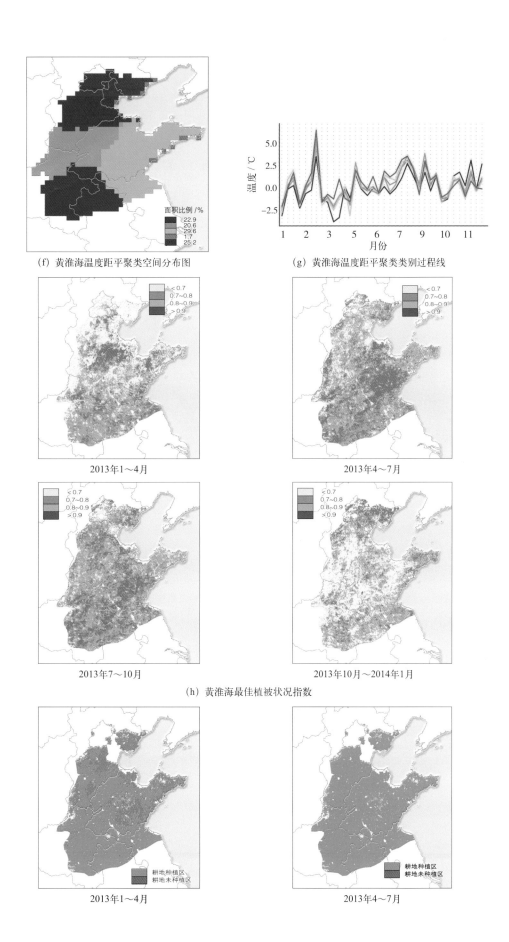

（f）黄淮海温度距平聚类空间分布图

（g）黄淮海温度距平聚类类别过程线

2013年1～4月

2013年4～7月

2013年7～10月

2013年10月～2014年1月

（h）黄淮海最佳植被状况指数

2013年1～4月

2013年4～7月

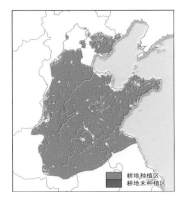

2013年7～10月   2013年10月～2014年1月

(i) 黄淮海耕地种植区与未种植区分布图

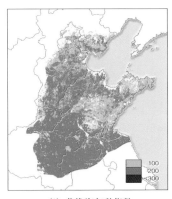

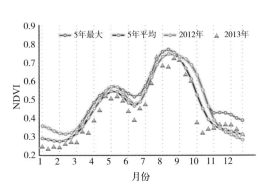

(j) 黄淮海复种指数   (k) 黄淮海作物生长过程线

图3-10   2013年黄淮海地区作物生长状况

3.2.4   黄土高原地区

     黄土高原地区2013年经历了多次环境因子异常，1～4月的降水量减少了21%，4～7月降水量高出平均水平57%，10月至2014年1月的光合有效辐射高出平均水平11%（表3-21）。1～4月由于干旱天气造成潜在生物量的大幅下降，下降幅度达20%，之后由于充足的降水和适宜的温度，潜在生物量得以恢复，高出均值23%。

表3-21   2013年中国黄土高原地区环境指标

时段	降水量		温度 / ℃		光合有效辐射		潜在生物量	
	P / mm	ΔP / %	T	ΔT	PAR / (MJ/m²)	ΔPAR / %	PB / (gDM/m²)	ΔPB / %
1～4月	42	−21	3.7	0.8	811	4	207	−20
4～7月	409	57	18.0	0.0	1226	0	1230	23
7～10月	401	12	18.1	0.8	1042	3	1246	1
10～翌年1月	70	9	2.3	1.0	640	11	295	5

     注：ΔT表示温度与2001～2012年12年均值的差值；ΔP、ΔPAR、ΔPB分别表示降水、光合有效辐射，以及潜在生物量与2001～2012年12年均值比较的变化百分率。

1~4月和10月至2014年1月，该地区的耕地种植比例与近5年平均相比分别降低11.6%和16.6%（表3-22），表明冬季作物种植面积下降。4~10月，充足的降水、适宜的温度和光合有效辐射使最佳植被状况指数增加10%以上，但该区复种指数减少了3.72%。

8月整个地区遭受少雨天气，不利于玉米和其他作物的生长。全年温度变化剧烈，其中河南西北部8月和10月遭受高温，特别是10月的高温对冬小麦的播种有不利影响。

1~4月降水稀少，作物长势低于平均水平（图3-11），但在甘肃中部和宁夏全年大部分时间作物生长良好。

表3-22　2013年中国黄土高原地区农情指标

时段	耕地种植比例		最佳植被状况指数		复种指数	
	CALF	ΔCALF / %	VCIx	ΔVCIx / %	CI	ΔCI / %
1~4月	0.33	−11.6	0.64	−3.3	123.9	−3.72
4~7月	0.97	6.1	0.92	22.5		
7~10月	0.98	2.7	0.90	10.8		
10~翌年1月	0.75	−16.6	0.76	−6.3		

注：ΔCALF、ΔVCIx、ΔCI分别表示耕地种植比例、最佳指标状况指数和复种指数与2008~2012年5年均值比较的变化百分率。

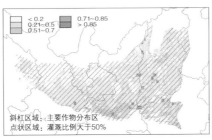

（a）黄土高原地区NDVI背景图

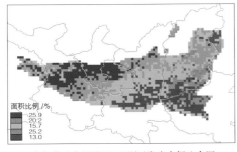

（b）黄土高原地区VHI距平聚类空间分布图

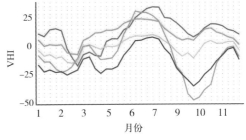

（c）黄土高原地区VHI距平聚类类别过程线

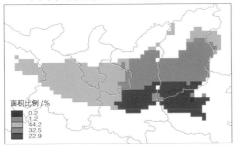

（d）黄土高原地区降水量距平聚类空间分布图

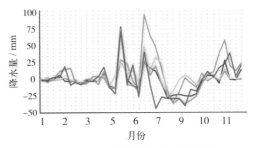

（e）黄土高原地区降水量距平聚类类别过程线

大宗粮油作物生产形势

219

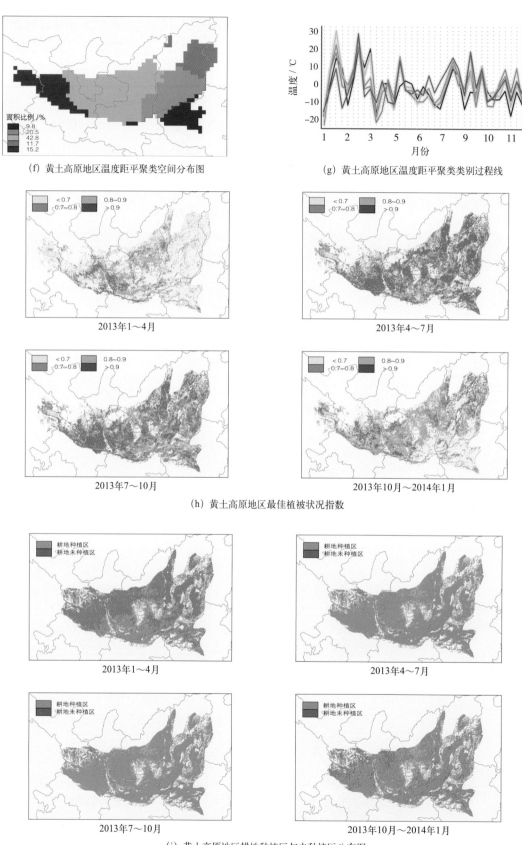

（f）黄土高原地区温度距平聚类空间分布图 （g）黄土高原地区温度距平聚类类别过程线

2013年1～4月 2013年4～7月

2013年7～10月 2013年10月～2014年1月

（h）黄土高原地区最佳植被状况指数

2013年1～4月 2013年4～7月

2013年7～10月 2013年10月～2014年1月

（i）黄土高原地区耕地种植区与未种植区分布图

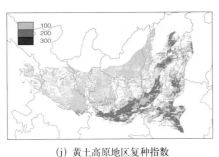

(j) 黄土高原地区复种指数   (k) 黄土高原地区作物生长过程线

图3-11 2013年黄土高原地区作物生长状况

3.2.5 长江中下游地区

长江中下游地区，尤其是江苏、安徽南部和浙江，2013年1~9月降水量与近12年平均相比偏低，但温度和光合有效辐射基本与近12年平均水平保持一致。这些环境要素特点导致该地区前三个监测期内，潜在生物量与近12年相比分别偏低9%、3%和12%。10月至2014年1月，长江中下游地区降水和光照条件充足（尤其在广西北部与湖南东南部相邻地区），温度与近12年平均相比稍高（表3-23）。

2013年大部分时间长江中下游地区耕地种植比例均高于0.95，但总体低于近5年平均水平。上半年该地区作物生长好于近5年平均水平，下半年最佳植被状况指数与近5年平均相比偏低5%。长江中下游地区复种指数在所监测的7个地区中位居第二，接近240，比近5年平均水平高2%，表明该地区农田耕种效率较高（表3-24）。NDVI作物生长曲线表明，长江中下游地区全年作物长势不如近5年平均水平，这与潜在生物量监测的结果相一致（图3-12）。

表3-23 2013年中国长江中下游地区环境指标

时段	降水量		温度 / ℃		光合有效辐射		潜在生物量	
	P / mm	ΔP / %	T	ΔT	PAR / (MJ/m²)	ΔPAR / %	PB / (gDM/m²)	ΔPB / %
1~4月	392	-11	11.3	0.4	767	3	1086	-9
4~7月	733	-9	23.3	0.1	1075	4	1810	-3
7~10月	426	-14	25.1	0.6	1009	5	1209	-12
10~翌年1月	281	20	11.8	0.4	737	13	685	-11

注：ΔT表示温度与2001~2012年12年均值的差值；ΔP、ΔPAR、ΔPB分别表示降水、光合有效辐射，以及潜在生物量与2001~2012年12年均值比较的变化百分率。

表3－24　2013年中国长江中下游地区农情指标

时段	耕地种植比例		最佳植被状况指数		复种指数	
	CALF	ΔCALF / %	VCIx	ΔVCIx / %	CI	ΔCI / %
1～4月	0.97	0.0	0.83	2.8		
4～7月	0.99	−0.3	0.87	0.3	239.78	1.96
7～10月	0.99	−0.5	0.82	−5.0		
10～翌年1月	0.95	−3.7	0.82	−3.1		

注：ΔCALF、ΔVCIx、ΔCI分别表示耕地种植比例、最佳指标状况指数和复种指数与2008～2012年5年均值比较的变化百分率。

（a）长江中下游地区NDVI背景图

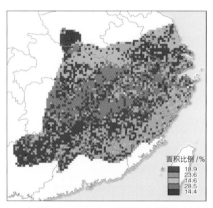

（b）长江中下游地区VHI距平聚类空间分布图

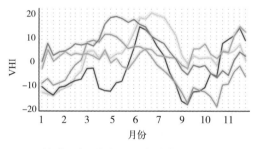

（c）长江中下游地区VHI距平聚类类别过程线

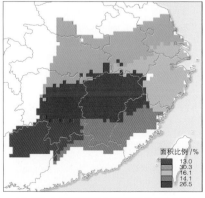

（d）长江中下游地区降水量距平聚类空间分布图

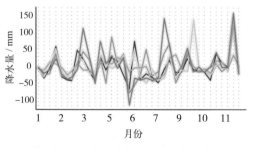

（e）长江中下游地区降水量距平聚类类别过程线

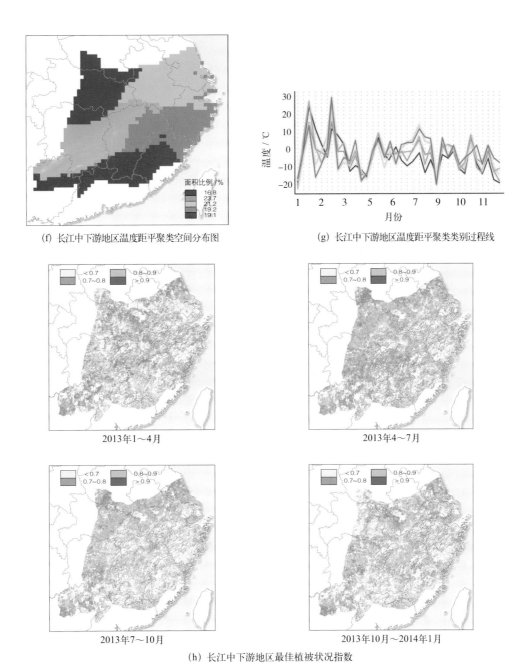

(f) 长江中下游地区温度距平聚类空间分布图

面积比例/%
16.8
23.7
21.2
19.2
19.1

(g) 长江中下游地区温度距平聚类类别过程线

温度/℃

月份

<
0.7   0.8~0.9
0.7~0.8   >0.9

2013年1~4月

<
0.7   0.8~0.9
0.7~0.8   >0.9

2013年4~7月

<
0.7   0.8~0.9
0.7~0.8   >0.9

2013年7~10月

<
0.7   0.8~0.9
0.7~0.8   >0.9

2013年10月~2014年1月

(h) 长江中下游地区最佳植被状况指数

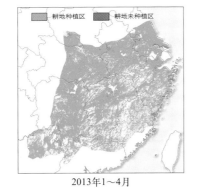

耕地种植区   耕地未种植区

2013年1~4月

耕地种植区   耕地未种植区

2013年4~7月

大宗粮油作物生产形势

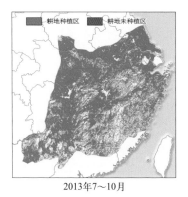

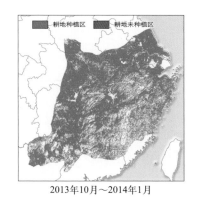

2013年7～10月 　　　　　　　　　　　2013年10月～2014年1月

(i) 长江中下游地区耕地种植区与未种植区分布图

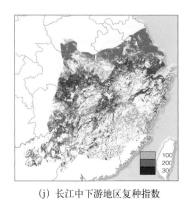

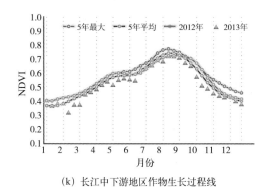

(j) 长江中下游地区复种指数　　　　　　(k) 长江中下游地区作物生长过程线

图3-12　2013年长江中下游地区作物长势

3.2.6　西南地区

　　2013年该地区温度和光合有效辐射高于近12年平均水平，1～10月降水量偏低，其中1～8月重庆和湖北西南部降水明显偏低。1～4月较高的温度和偏低的降水量抑制了作物生长，累计潜在生物量与近12年平均水平相比偏低10%，VHI也验证了这一点（图3-13）。10～12月该地区降水偏多，高出近12年平均水平22%，降水明显偏多的地区包括贵州西南部和广西西北部，温度和光合有效辐射也偏高。11月中旬之前作物生长明显受到环境条件胁迫，之后充足的降水、适宜的温度和光照条件加速了作物生长，到2014年1月该地区潜在生物量累积高出近12年平均水平的5%（表3-25）。

　　该地区耕地种植比例较高，2013年上半年与近5年平均水平保持一致，下半年略有下降。该地区上半年作物生长略好于近5年平均水平，下半年作物生长状况略差。复种指数与近5年保持一致，表明该地区耕地利用强度较稳定（表3-26）。

表3-25　2013年中国西南地区环境指标

时段	降水量		温度 / ℃		光合有效辐射		潜在生物量	
	P / mm	ΔP / %	T	ΔT	PAR / (MJ/m²)	ΔPAR / %	PB / (gDM/m²)	ΔPB / %
1～4月	137	−8	10.7	1.1	891	3	492	−10
4～7月	584	−2	20.6	0.6	1175	3	1615	−1
7～10月	523	−4	20.7	0.4	1017	3	1546	0
10～翌年1月	167	22	9.2	0.3	695	4	525	5

注：ΔT表示温度与2001～2012年12年均值的差值；ΔP、ΔPAR、ΔPB分别表示降水、光合有效辐射，以及潜在生物量与2001～2012年12年均值比较的变化百分率。

表3-26　2013年中国西南地区农情指标

时段	耕地种植比例		最佳植被状况指数		复种指数	
	CALF	ΔCALF / %	VCIx	ΔVCIx / %	CI	ΔCI / %
1～4月	0.98	0.4	0.85	6.2		
4～7月	1.00	0.0	0.88	1.1	159.78	1.42
7～10月	1.00	−0.1	0.90	−0.5		
10～翌年1月	0.98	−1.6	0.88	−0.5		

注：ΔCALF、ΔVCIx、ΔCI分别表示耕地种植比例、最佳指标状况指数和复种指数与2008～2012年5年均值比较的变化百分率。

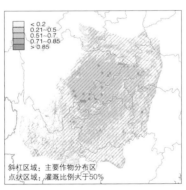

（a）西南地区NDVI背景图

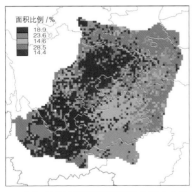

（b）西南地区VHI距平聚类空间分布图

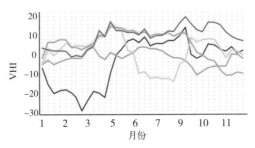

（c）西南地区VHI距平聚类类别过程线

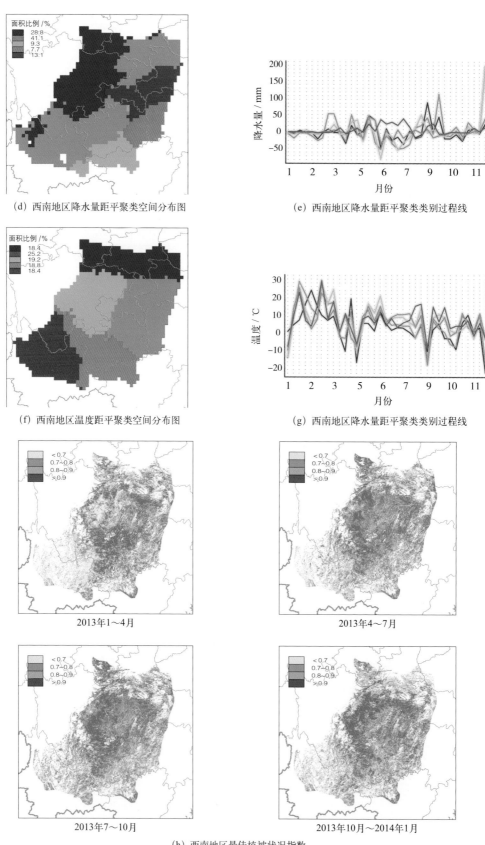

（d）西南地区降水量距平聚类空间分布图

（e）西南地区降水量距平聚类类别过程线

（f）西南地区温度距平聚类空间分布图

（g）西南地区降水量距平聚类类别过程线

2013年1～4月

2013年4～7月

2013年7～10月

2013年10月～2014年1月

（h）西南地区最佳植被状况指数

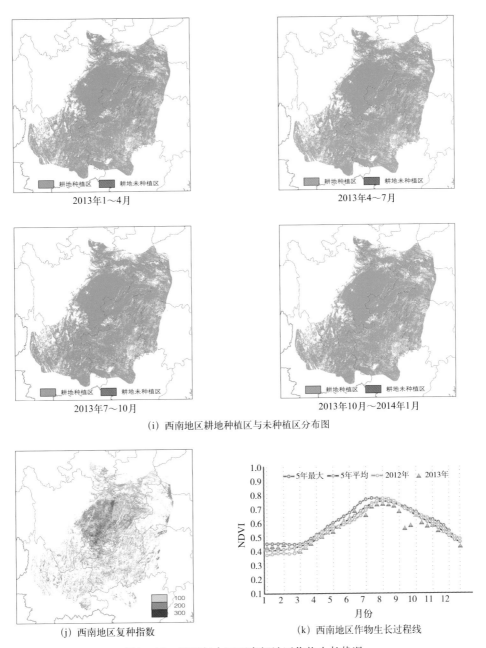

(i) 西南地区耕地种植区与未种植区分布图

2013年1~4月

2013年4~7月

2013年7~10月

2013年10月~2014年1月

(j) 西南地区复种指数

(k) 西南地区作物生长过程线

图3－13　2013年中国西南部地区作物生长状况

3.2.7　华南地区

　　2013年该地区除4~6月之外，全年降水充沛。4~6月广东和广西两省份降水偏少也导致了该时间段内该地区作物生长状况处于全年最差。4~12月，华南地区温度低于近12年平均水平。年初，华南地区光合有效辐射与历史同期持平，随后4~7月以及7~10月的光合有效辐射分别低于同期12年平均2%和3%，10月至2014年1月，华南地区光合有效辐射有所恢复，高出近12年平均水平5%（表3-27）。4~10月较低的温度和光照条件抑制了作物生长。

华南地区的复种指数位居全国首位,是中国耕地利用强度最高的地区。2013年复种指数达280,高出近5年平均水平4%。2013年华南地区耕地种植比例略低于近5年平均水平,并且表现出持续下降的趋势。上半年作物生长好于近5年同期平均水平,下半年作物生长状况变差,作物生长低于近5年平均水平。最佳植被状况指数表明,广西全年作物生长好于华南其他地区(图3-14)。10月至2014年1月,福建东南部和广东作物生长较差,最大植被状况指数低于0.7,作物生长低于近5年平均水平(表3-28),这可能是由于11月台风"海燕"带来的过多降水,以及2014年年初的低温导致。

表3-27 2013年中国华南地区环境指标

时段	降水量		温度 / ℃		光合有效辐射		潜在生物量	
	P / mm	ΔP / %	T	ΔT	PAR / (MJ/m^2)	ΔPAR / %	PB / (gDM/m^2)	ΔPB / %
1～4月	273	21	16.4	0.7	933	1	703	−3
4～7月	875	−1	23.2	−0.2	1060	−2	1969	2
7～10月	844	18	23.4	−0.4	992	−3	1807	5
10～翌年1月	213	31	15.3	−0.5	857	5	575	5

注:ΔT表示温度与2001～2012年12年均值的差值;ΔP、ΔPAR、ΔPB分别表示降水、光合有效辐射,以及潜在生物量与2001～2012年12年均值比较的变化百分率。

表3-28 2013年中国华南地区农情指标

时段	耕地种植比例		最佳植被状况指数		复种指数	
	CALF	ΔCALF / %	VCIx	ΔVCIx / %	CI	ΔCI / %
1～4月	0.97	0.1	0.85	5.0		
4～7月	0.98	−0.3	0.85	0.8	279.85	4.15
7～10月	0.98	−0.6	0.87	−0.5		
10～翌年1月	0.96	−2.3	0.84	−2.2		

注:ΔCALF、ΔVCIx、ΔCI分别表示耕地种植比例、最佳指标状况指数和复种指数与2008～2012年5年均值比较的变化百分率。

(a) 华南地区NDVI背景图

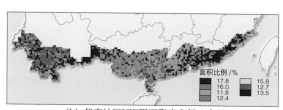

(b) 华南地区VHI距平聚类空间分布图

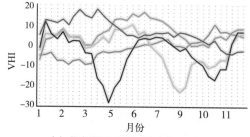

(c) 华南地区VHI距平聚类类别过程线

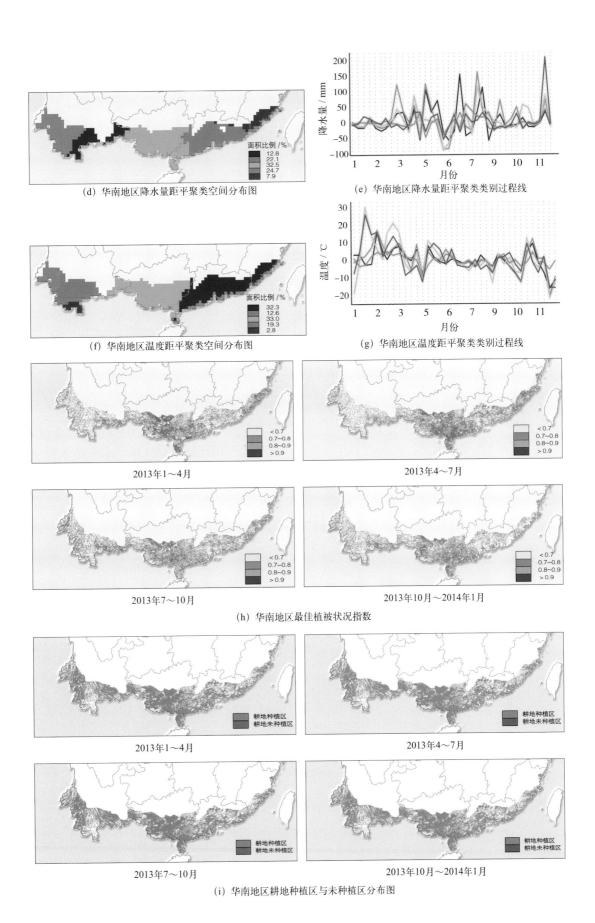

（d）华南地区降水量距平聚类空间分布图

（e）华南地区降水量距平聚类类别过程线

（f）华南地区温度距平聚类空间分布图

（g）华南地区温度距平聚类类别过程线

2013年1～4月

2013年4～7月

2013年7～10月

2013年10月～2014年1月

（h）华南地区最佳植被状况指数

2013年1～4月

2013年4～7月

2013年7～10月

2013年10月～2014年1月

（i）华南地区耕地种植区与未种植区分布图

大宗粮油作物生产形势

(j) 华南地区复种指数　　　　　　　　(k) 华南地区作物生长过程线

图3-14　2013年华南地区作物生长状况

3.2.8　小结

2013年与近12年相比，1~4月中国降水减少6%，之后降水增加，高于平均水平，特别是10月至2014年1月高出平均水平23%。在全国尺度上，全年温度总体没有变化，但局部地区有显著变化。光合有效辐射在10月之前接近平均水平，在随后几个月内增加8%。由于降水充足，温度和光合有效辐射适宜，潜在生物量自4月到年底均高于平均水平。

4~10月东北大部分地区、四川东部、贵州西部和甘肃南部以及山东中部地区，作物长势好于近5年平均水平。内蒙古中部地区全年的耕地种植比例均高于平均水平，表明这一地区的耕地种植面积有所增加。在其他地区，如东北地区、黄淮海地区和长江中下游地区，耕地种植比例与近5年平均相比降低。除黄土高原地区外，中国其他6个区的复种指数与近5年平均相比均有所增加，其中南方地区的复种指数涨幅最大，达到4.15%。

四、全球大宗粮油作物产量遥感监测与供应形势分析

4.1 全球大宗粮油作物产量

与2012年遥感监测结果比较，2013年31个粮食生产与出口大国的小麦与水稻产量分别增长2.3%与0.8%，增幅低于世界平均水平，玉米与大豆产量分别增长1.7%与1.6%，增幅高于世界平均水平，其余国家粮食总产占全球粮食总产的比例较低。2013年小麦与水稻产量增长了13.4%与8.4%；玉米产量下跌了6.1%；大豆产量与2012年相比微跌0.8%。2013年全球大宗作物的总产和增幅如下：小麦70500万t，同比增长4.1%；水稻73900万t，同比增长1.6%；玉米94400万t，同比增长0.3%；大豆28200万t，同比增长1.2%（表4-1）。

表4-1 2013年各国小麦、水稻、玉米以及大豆产量

国家	玉米		水稻（稻谷）		小麦		大豆	
	Prod /万t	ΔProd /%	Prod /万t	ΔProd /%	Prod /万t	ΔProd /%	Prod /万t	ΔProd /%
阿根廷	2475	-3.7			1254.7	14.1	5018.9	-2.5
澳大利亚	40.3	-10.4	82.1	-10.6	2895.7	-4.2	5.7	-32.7
孟加拉国	152.9	-25	4241.4	24	100.1	-2.8	6.4	3.1
巴西	6347.8	-11	1243.4	9.1	503.5	14.9	7025.8	6.9
加拿大	1119.6	-4.3			2613.7	-3.2	455.8	-6.4
中国	19417.8	3.1	20014.5	0.6	11817.8	-1.3	1324.5	-6.8
德国	508.8	1.9			2261.6	0.8	0.2	0
埃及	693.8	-0.9	608.8	-6.3	860.2	-2.2	3.1	-3.5
埃塞俄比亚	552.8	-9	9	1	288.6	-1	2.6	-28
法国	1576.4	1	12.6	2.1	3916.1	-2.8	11.3	8.7
英国					1425.9	7.5		
印尼	1850.3	-4.5	6739.3	-2.4			84.8	-0.5
印度	2141	1.7	15525.0	1.7	9087.7	-4.2	1185.7	3.1
伊朗	125.9	2.9	235.0	-2.1	1365.0	-1.1	18.5	-7.5
哈萨克斯坦	29.5	175.1	28.4	28	1801.9	35.4	15.2	-10.9
柬埔寨	75.4	-4.6	904.0	-2.8			11.7	-2.3
墨西哥	1985.2	-10.1	17.6	-1.2	294.3	30.3	22.6	-8.5
缅甸	149.2	-0.5	3100.5	-6.1	17.9	-3.6	22.1	7.8
尼日利亚	929.5	-1.2	470	-2.7	13.3	32.5	50.7	12.7

续表

国家	玉米		水稻（稻谷）		小麦		大豆	
	Prod /万 t	ΔProd /%	Prod /万 t	ΔProd /%	Prod /万 t	ΔProd /%	Prod /万 t	ΔProd /%
巴基斯坦	390.3	10.4	929.7	−1.1	2436.5	3.6		
菲律宾	718.9	−2.9	1735.8	−3.7				
波兰	273.1	−19.8			897.5	4.3		
罗马尼亚	883.5	48.4	5.8	14.1	621.5	17.3	12.3	18.4
俄罗斯	758.8	−7.6	105.4	0.2	4698	24.5	178.1	−1.4
泰国	481.5	0.04	3619.4	−4.3			17.8	−1.1
土耳其	440	−4.3	89	1.1	2095	4.2	10.9	−5.5
乌克兰	2190	4.5	16.5	3.2	1904.3	20.8	233.7	−3
美国	29389	7.3	871.9	−3.6	5808.4	−5.9	8312.3	1.3
乌兹别克斯坦	23.2	11.6	12	0.1	678.2	1.2		
越南	481.9	0.3	4303	−1.5			22.1	26
南非	1143	−8.6			189.9	5.9	78	−8.2
小计	77344.4	1.7	64920.1	0.8	59847.3	2.3	24130.8	1.6
其他国家	17102.1	−6.1	8983.1	8.4	11377.7	13.4	4077.2	−0.8
总计	94446.5	0.3	73903.2	1.6	70546.8	4.1	28208	1.2

注：Prod表示2013年总产量；ΔProd（%）表示与2012年数据相比的总产变化百分率。其他国家的产量数据由FAO 2010年和2011年数据回归分析得到。无数据的表格表示无数据或者数据远小于1000 t。中国产量采用最新发布的ChinaCover 30m分辩率土地覆盖数据及覆盖全国的单产地面调查数据进行更新，更新时间为2014年12月。

1. 主要出口国

通常情况下，包括美国与阿根廷在内的全球九大小麦出口国控制了全球小麦总出口量的80%，与2012年遥感监测结果相比，2013年九国小麦产量增长了3.8%。但美国、法国、加拿大与澳大利亚四大小麦出口国的小麦产量分别减少了5.9%、2.8%、3.2%与4.2%，而原世界第五大小麦出口国俄罗斯，2013年小麦产量同比增长了24.5%，总产升至五国的次席。

与2012年相比，2013年全球31个国家的水稻总产基本保持稳定，五个最大的水稻出口国的水稻产量状况与五大小麦出口国状况相似，泰国、越南、巴基斯坦、美国的水稻产量分别下降了4.3%、1.5%、1.1%与3.6%，印度水稻总产为1.55亿t，同比增加了1.7%，但是2013年印度小麦减产近400万t，增产的水稻被印度国内市场所消化，削减了印度水稻的出口量。

与2012年相比，2013年美国、阿根廷、巴西与法国四大玉米出口国的总产量增加了3%，其中美国增长了7.3%，从而抵消了巴西11.0%的减幅和阿根廷3.7%的减幅。

与2012年相比，2013年美国、巴西与阿根廷三大大豆出口国的总产量增加了2.2%，其中巴西增长了6.9%，抵消了阿根廷2.5%的减幅。

2. 其他应关注的变化

2013年美国小麦产量减产5.9%，其次是印度与澳大利亚，各减产了4.2%。墨西哥小麦总产增长了30.3%，其次是巴西与阿根廷，分别增长了14.9%和14.1%。在欧洲，罗马尼亚、乌克兰、俄罗斯与哈萨克斯坦的小麦显示出强劲地增长，分别增长了17.3%、20.8%、24.5%与35.4%。

埃及与缅甸是两个重要的水稻生产国。与2012年相比，由于水资源的匮乏，埃及减产了6.3%，另一水稻出口大国泰国减产了4.3%，而巴西增加了9.1%。

在玉米总产超过100万t的国家中，巴基斯坦与罗马尼亚玉米分别增加了10.4%与48.4%，孟加拉国、波兰、巴西与墨西哥分别减产了25.0%、19.8%、11.0%与10.1%，非洲玉米生产大国南非减产了8.6%。

中国与阿根廷是两个主要的大豆生产国，2013年大豆分别减产了6.8%与2.5%，与此同时印度大豆增长了3.1%，巴西更是增长了6.9%。

4.2 中国大宗粮油作物产量

2013年中国大宗粮油作物产量变化与全球水平并不一致。2013年中国玉米总产量19417.8万t，比2012年增产约3.1%；水稻产量20014.5万t，比2012年增产约0.6%；大豆产量1324.5万t，比2012年减产约6.8%；小麦产量11817.8万t，比2012年减产约1.3%（表4-2）。

2013年中国单一作物分省产量占全国该作物总产比例最高的是黑龙江的大豆，其大豆产量占全国大豆总产的35%。安徽的大豆总产占全国大豆总产的比例次之，为8%。黑龙江、吉林和山东三省作为玉米主产区，玉米产量占全国总产的比例分别为13%、12%和10%。2013年中国水稻产量与其他作物产量相比分布较为均衡，湖南、黑龙江和江西三省的水稻产量占全国总产的比例较高，分别占全国水稻总产的13%、10%和9%。河南、山东、河北、安徽和江苏作为中国小麦主产区，五省小麦产量占全国小麦总产的比例分别为22%、19%、9%、9%和8%，所占比例合计高达66%。

与2012年相比，受2012年年底和2013年年初东北地区低温天气的影响，2013年黑龙江的小麦产量变幅最大，降幅高达35.6%。在其他小麦产区中，内蒙古小麦产量变幅最大，较2012年增加2.5%。除天气原因导致的单产下降之外，年初的低温也使得黑龙江种植结构发生变化，春小麦和大豆种植面积减少，导致该省大豆总产量较2012年下降10.9%，玉米种植面积增加使黑龙江省2013年玉米总产增加2.5%。宁夏和安徽水稻产量较2012年变化最大，变幅分别为-2.4%和3.6%。

表4-2　2013年中国部分省份小麦、水稻、玉米以及大豆产量

省份	玉米		水稻		大豆		小麦	
	Prod / 万 t	ΔProd / %	Prod / 万 t	ΔProd / %	Prod / 万 t	ΔProd / %	Prod / 万 t	ΔProd / %
安徽省	379.9	−3.9	1674.6	2.6	109.6	−4.1	1105.0	−2.3
重庆市	203.7	−1.3	486.6	0.8			113.1	−2.1
福建省			282.2	0.5				
甘肃省	494.2	0.7					274.4	−0.6
广东省			1110.6	−1.7				
广西壮族自治区			1095.3	1.2				
贵州省	472.2	−2.6	512.6	−2.8				
河北省	1663.5	6.2			17.4	3.7	1024.5	−1.6
黑龙江省	2548.1	2.5	2004.4	1.7	462.5	−10.9	48.2	−35.6
河南省	1669.7	−1.2	410.2	1.5	77.6	−9.6	2548.6	−0.7
湖北省			1587.1	−0.6			441.0	−2.8
湖南省			2554.7	−1.7				
内蒙古自治区	1517.2	4.7			84.5	−4.2	190.4	2.5
江苏省	217.0	0.2	1671.5	−2.4	79.7	0.9	912.7	0.4
江西省			1722.1	−2.6				
吉林省	2394.7	4.0	506.6	1.4	64.9	−3.9		
辽宁省	1327.0	0.3	469.5	1.2	52.0	−3.5		
宁夏回族自治区	168.7	−14.9	46.2	−2.6			74.1	−6.7
陕西省	399.8	2.3	105.2	1.7			389.0	−8.3
山东省	1858.7	5.5			69.7	−4.6	2224.2	0.7
山西省	978.6	11.7			19.3	10.9	197.0	−4.8
四川省	706.0	1.4	1458.1	2.0			456.7	1.6
云南省	589.0	0.1	507.4	−2.0				
浙江省			281.5	3.2				
小计	17587.9		18486.5		1037.2		9998.8	
其他省	1829.9		1528.0		287.3		1819.0	
全国总计	19417.8	3.1	20014.5	0.6	1324.5	−6.8	11817.8	−1.3

注：Prod表示2013年总产量；ΔProd（%）表示与2012年数据相比的总产变化百分率。各省产量采用最新发布的ChinaCover 30m分辨率土地覆盖数据及覆盖全国的单产地面调查数据进行更新，更新时间为2014年12月。

4.3 全球大宗粮油作物供应形势

本报告对中国和占全球总产80%以上的30个主产国的玉米、水稻、小麦和大豆总产量进行了展望，主要分析主产国的玉米、水稻、小麦和大豆总产量的总体变化趋势，并分析全球的粮食供应形势。

4.3.1 大宗粮油作物产量变化趋势

1）玉米

2005年起，全球玉米主产国产量年度波动明显，年际供应数量变化幅度高达5%，其中2009年全球玉米供应数量最高，但随后玉米供应数量逐年下降，2012年的玉米供应数量为近10年最低水平，2013年玉米供应数量小幅增加。供应数量波动同时受种植面积和单产变化的影响，2009年全球玉米供应数量最高的主要原因是美国玉米单产达到历史最高水平，总产量也达到历史第二高产，2012年全球玉米产量显著下降，主要原因是受干旱影响，美国玉米产量下降幅度较大（图4-1）。

2）水稻

全球水稻主产国水稻总产量变幅较小，年际供应数量变幅小于1%。2009～2011年，全球水稻产量在近10年内处于较低水平，其中2009年水稻产量最低，之后水稻产量逐渐增加（图4-1）。受2008年粮价上涨的影响，东南亚各国加强了水稻的自给自足力度，从2010年起产量稳步上升，而且增幅逐年增大，从而使得2013年水稻的供应形势到达了2008年水稻供应危机前的水平。

3）大豆

全球大豆供应数量增加趋势显著，2009年之后全球主产国大豆供应数量基本呈现增加趋势（图4-1）。2010年全球大豆供应数量增加幅度较大。近3年来，全球大豆供应数量相对稳定，这与全球大豆市场特点密不可分，目前全球只有美国、巴西和阿根廷三个大豆

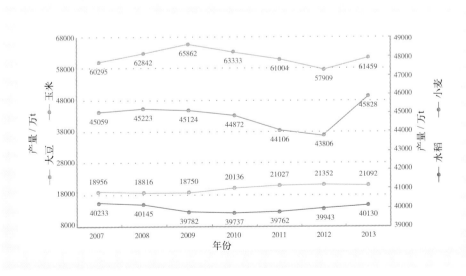

图4-1　主产国大豆、玉米、水稻、小麦三年滑动平均产量变化趋势

主产国以及中国一个主要进口国，随着中国国内对国际大豆市场依赖程度的增加，全球大豆种植面积逐渐扩大，导致产量较2008年以前增加约10%。在这种畸形的生产与消费情况下，出口国和进口国都比较脆弱，这种市场的脆弱性可以通过增加其他出口国来改善，但这种改变短期内很难实现。虽然已经有一些国家开始投资大豆生产，但埃及、法国、印度尼西亚、墨西哥、菲律宾、泰国和土耳其等国家已经逐步退出或降低它们在全球大豆市场中的出口份额。

从21世纪初至今，澳大利亚、德国和埃塞俄比亚的大豆种植面积增加了3倍，哈萨克斯坦和乌克兰的大豆种植面积增加了6倍，但也有国家的大豆种植比例持续下降，巴基斯坦已经逐渐退出了大豆种植的行列。根据巴基斯坦消息，保持传统的用于榨油的油菜种植（与印度情况类似）面积，以及玉米抗热性提高导致的单产增加使得巴基斯坦农民渐渐对大豆种植失去兴趣转而种植玉米。

4）小麦

全球小麦供应数量变化趋势显著。2012年之前，全球主产国小麦供应数量总体上呈现波动下降趋势，但年际小麦供应数量下降幅度小于1%，2013年全球小麦供应数量显著增加，为近10年来最高年份。近10年来，全球众多国家的小麦种植面积保持稳定，但南半球的阿根廷、南非和巴西，小麦面积持续稳步下降。欧洲主要小麦生产国（包括俄罗斯）以及墨西哥等国小麦单产基本保持不变。

4.3.2 粮油作物供应形势展望

玉米在全球粮食市场始终占主导地位，随后分别是水稻和小麦。玉米是全球最主要的粮食作物，其年总产量较高，接近9亿t。尽管在过去5～6年水稻已经超过小麦成为全球第二大作物，但水稻和小麦产量差异较小，这两者每年的全球总产都约为7亿t。虽然小麦作为主要作物的优势在持续下降，但小麦仍然是占主导地位的粮食作物。因为小麦不仅仅是主食作物，而且还可以在冬季生长。作物产量增长模式表现为大豆产量增速最快，随后是玉米、水稻和小麦。如前所述，虽然一些国家也开始尝试种植大豆，但另外一些国家正在退出大豆种植行列，因此，大豆的主要生产国只有三个。

除个别国家由于当地的偏好或政策原因导致作物种植面积、单产和总产量发生变化之外，其他大多数国家的作物生长及产量主要受到区域或全球需求的影响和作物生长环境条件变化的限制。对全球粮食产量影响较大的作物主产国，如乌克兰（四种作物）、俄罗斯（玉米、水稻和大豆）、缅甸（水稻）、土耳其（水稻）和南非（大豆），以及埃塞俄比亚、孟加拉国和柬埔寨等这些对全球产量影响较小的国家，产量变化均较为明显。这些国家作物生产形势的变化会在不远的将来改变全球粮食供应形势。

2013年年底，南美洲玉米、大豆主产区内出现旱情，持续的高温少雨天气对玉米、大豆的生长发育与产量形成不利，2014年年初的降水在一定程度上缓解了该地区的旱情，未来还需要更多的降水才能使受到干旱和炎热天气影响的作物彻底恢复。如果2014年2～4月天气条件好转，降水增加，南美洲玉米、大豆等作物产量不会产生大幅变化。

五、结 论

1）2013年全球小麦产量好于上年，玉米、水稻与大豆产量基本持平

2013年全球大宗粮油作物产量为26.7亿t，同比增长1.7%，有利于改善2014年粮油供应形势。小麦总产量7.05亿t，同比增长4.1%，其中，俄罗斯小麦总产同比增长24.5%，而美国、法国、加拿大和澳大利亚等主产国同比有所下降；水稻总产量7.39亿t，同比增长1.6%，其中，中国、印度、孟加拉国等主产国产量增加，但泰国、越南、巴基斯坦等传统的水稻出口国同比减产，全球水稻可交易量面临短缺的风险；玉米9.44亿t，同比增长0.3%；大豆2.82亿t，同比增长1.2%。

2）气候异常和自然灾害是2013年部分区域作物减产的主要原因

2013年全球主要经历了两次大范围的环境异常，其中，2013年上半年北半球的异常寒冷事件造成了印度、中国、中亚和欧洲，以及北美地区的小麦减产；下半年地中海南北两侧及其毗邻地区的降水短缺对北非各国、中东，以及邻近的欧洲中部地区作物产量影响较大。台风"海燕"席卷菲律宾，严重破坏了农业生产，并影响越南与中国；美国科罗拉多州洪水，以及罗马尼亚东部和俄罗斯过量降水都对农业生产造成了严重影响。

3）2013年中国大宗粮油作物总产量同比增长0.9%

2013年中国大宗粮油作物总产量为5.3亿t[①]，其中，小麦总产1.18亿t，占全球小麦总产的17%，同比减产1.3%，主要由于小麦单产和面积的同时小幅下降；水稻总产2.00亿t，占全球水稻的27%，同比增长0.6%，主要由于水稻单产和面积的同时增长；玉米总产1.94亿t，占全球玉米总产的21%，同比增长3.1%，主要由于玉米种植面积的大幅增长；大豆总产为0.13亿t，占全球大豆总产小于5%，同比减少6.8%，主要由于大豆种植面积的大幅下降。

4）2014年大宗粮油作物供应形势趋好

玉米在全球粮食市场始终占主导地位，随后分别是水稻和小麦。近五年，全球水稻和大豆的产量稳步增长，小麦和玉米的产量虽然前四年有所下降，而2013年产量大幅度增长；根据2014年第一季度监测结果，2014年南半球小麦总产量增长明显。由此预测，2014年大宗粮油作物供应形势可能向好。

大宗粮油作物生产形势

---

①国家统计局2013年公布的中国粮食总产量为60193.5万t，统计范围包括谷物（小麦、水稻、玉米、谷子、高粱和其他谷物）、薯类和豆类，本报告仅监测大宗粮油作物。在2014年6月年报发布后，编写组又对大宗粮油作物生产形势部分进行了修改和完善，对中国产量数据有所更新，更新时间为2014年12月。

致　谢

　　本年报由中国科学院遥感与数字地球研究所数字农业研究室的CropWatch团队撰写。

　　年报得到了中华人民共和国科学技术部、国家自然科学基金委员会、国家粮食局以及中国科学院的项目和经费支持，包括：国家高技术研究发展计划（863）（No.2012AA12A307）、国家国际科技合作专项项目（No.2011DFG72280）、国家自然科学基金重点项目（91025007）、国家粮食局公益专项（201313009-01）、中国科学院战略先导专项（XDA05050100）、中国科学院外国专家特聘研究员计划（2013T1Z0016）和中国科学院遥感地球所"全球环境与资源空间信息系统"项目。

　　感谢中国资源卫星应用中心、国家卫星气象中心、中国气象科学数据共享服务网、广州大学等对年报工作提供的支持。感谢欧盟联合研究中心粮食安全部门（FOODSEC/JRC）的 François Kayitakire和Ferdinando Urbano提供的作物掩膜数据；感谢VITO公司的 Herman Eerens, Dominique Haesen,以及 Antoine Royer提供的SPIRITS 软件、SPOTVGT遥感影像、生长季掩膜和慷慨的建议；感谢Patrizia Monteduro 和Pasquale Steduto提供的 GeoNetwork 产品的技术细节；感谢国际应用系统分析研究所和 Steffen Fritz提供的国际土地利用地图。

附　录

1. 数据

在年报中，全球农业环境评估及环境指标计算所使用的基础数据包括全球的气温、降水、光合有效辐射（PAR）产品；全球大宗粮油作物生产形势分析所使用的基础分析数据包括潜在生物量、归一化植被指数（NDVI）和植被健康指数（VHI）等。

1）归一化植被指数

年报所用的归一化植被指数（NDVI）主要是美国国家航空航天局（NASA）提供的2002年1月至2014年1月的MODIS NDVI数据(LAADS Web[①])。利用全球耕地分布数据对NDVI数据进行掩膜处理，剔除非耕地地区，确保NDVI数据集适于粮油作物长势监测及估产等研究。此外，年报还使用了比利时弗拉芒技术研究院（VITO）提供的法国SPOT卫星VEGETATION传感器的长时间序列（1999～2012年）的NDVI平均数据，分辨率为0.185°。

2）气温

年报生产的气温产品为覆盖全球（0.25°×0.25°）的旬产品，产品时间范围为2000年1月至2014年1月。该产品数据源为美国国家气候中心（NCDC）生产的全球地表日数据集（GSOD[②]），包含全球9000多个站点的气温、露点温度、海面气压、风速、降水、雪深等观测参量。

3）光合有效辐射

光合有效辐射（PAR）是影响作物生长的一个重要参数，是指波长范围在400～700nm的太阳短波辐射。年报所用的2000～2013年旬累积PAR数据来自NASA小时尺度的全球产品（NASA Goddard Earth Sciences Data and Information Services Center[③]），统一重采样为0.25°×0.25°；2014年1月的PAR数据由欧盟联合研究中心（EC/JRC[④]）提供。

[①] LAADS Web. Level 1 and Atmosphere Archice and Distribution System Web. http://Ladsweb.nascom.nasa.gov/data/search.html.

[②] GSOD.Global Surface Summary of Day. www.ncdc.noaa.gov/cgi-bin/res40.pl?page=gsod.html.

[③] NASA Goddard Earth Sciences Data and Information Services Center. http://disc.sci.gsfc. nasa.gov/mdisc/.

[④] EC/JRC. European Commission/Joint Research Center. http://mars.jrc.ec.europa.eu/mars/Web-Tools, http://marswiki.jrc.ec.europa.eu/datadownload/index.php.

4）降水

年报生产了2000年1月至2014年1月的旬降水产品，空间分辨率为0.25°×0.25°，覆盖范围为90°N～50°S的陆地。该产品有两个数据源：①第7版的热带降水卫星（TRMM[①]）遥感降水数据集，空间分辨率为0.25°×0.25°，覆盖范围为50°N～50°S；②气象存档与反演系统（MARS）产品（European Commission. FoodSec Meteodata Distribution Page[②]），空间分辨率为0.25°×0.25°，覆盖范围为50°～90°N。

5）植被健康指数

植被健康指数（VHI）可以有效地指示作物生长状况。年报采用温度状态指数（TCI）和植被状态指数（VCI）加权的方法计算植被健康指数(Kogan 1995, 2001; Kogan et al., 2004)。温度状态指数和植被状态指数数据均可以通过美国国家海洋和大气管理局（NOAA）国家气候数据中心的卫星数据应用和研究数据库下载（NOAA Star Center for Satellite Applications and Research—VCI and TCI downloads[③]）。

6）潜在生物量

潜在生物量指一个地区可能达到的最大生物量。本年报基于Lieth"迈阿密"模型(Lieth, 1972; Grieser et al., 2006)计算了净初级生产力，并以此作为潜在生物量。迈阿密模型中考虑了温度和降水两个环境要素，单位为克干物质每平方米（gDM/m^2）。

2．方法

在全球尺度上，利用三个农业环境指标（降水、PAR和气温）以及潜在生物量对全球农业环境进行评估；在7个洲际尺度上增加了植被健康指数、复种指数、最佳植被状况指数和耕地种植比例四个农情遥感指标对各洲际主产区的作物长势及农田利用强度进行了分析；对全球总产80%以上的30个主产国进行了玉米、小麦、水稻和大豆四种大宗粮油作物的产量分析，对中国通过加入种植结构和耕地比例指标进行了省级尺度的产量分析。图1显示了年报的整体技术方法路线图。

1）农业环境指标获取

农业环境指标包括环境三要素（降水、温度、PAR）和潜在生物量，为粮油作物生产形势等农情分析提供大范围的全球环境背景信息。农业环境指标的计算基于25km空间分辨率的光、温、水数据，利用多年平均潜在生物量作为权重（像元的潜在生产力越高，权重值越大），结合耕地掩膜计算降水、气温和PAR在不同区域以及用户定义时段内的累积

---

① TRMM. Tropical Rainfall Measuring Mission, http://trmm.gsfc.nasa.gov.

② European Commission. FoodSec MeteodataDistribution Page. http://marswiki.jrc.ec.europa.eu/datadownload/index.php.

③NOAA Star Center for Satellite Applications and Research – VCI and TCI downloads. ftp://ftp.star.nesdis.noaa.gov/pub/corp/scsb/wguo/data/gvix/gvix_weekly.

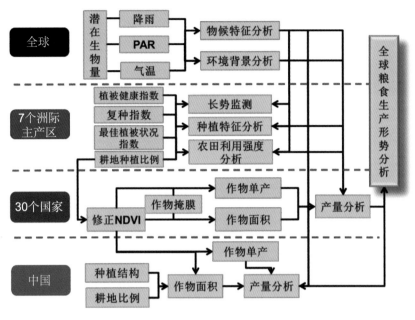

图1 全球大宗粮油作物遥感监测技术方法路线图

值。其中，"降水"、"气温"、"PAR"等因子并不是实际的环境变量，而是在各个农业生态区的耕地上经农业生产潜力加权平均后的指标。例如，具有较高农业生产潜力地区的"降水"指标是对该区耕地面积上的平均降水赋予较高权重值，进行加权平均计算得出的一个表征指标；"温度"、"PAR"指标的计算与此类似。

2）复种指数提取

复种指数（CI）指同一田地上一年内接连种植两季或两季以上作物的种植方式，CI是用来描述耕地在生长季中利用程度的指标，通常以全年总收获面积与耕地面积比值计算（Wu et al., 2014），也可以用来描述某一区域的粮食生产能力。年报采用经过平滑后的MODIS时间序列NDVI曲线，提取曲线峰值个数、峰值宽度和峰值等指标，计算耕地复种指数。

3）耕地种植比例计算

年报中，引入耕地种植比例（CALF）是为了在用户关心时期内，特定区域内的耕地播种面积变化情况。基于像元NDVI峰值、多年NDVI峰值均值（NDVIm）以及标准差（NDVIstd），利用阈值法和决策树算法(Zhang et al., 2014; Jain et al., 2013)区分耕种与未耕种耕地。

4）植被状况分析

年报基于Kogan提出的植被状态指数（VCI）(Kogan, 1990)，采用"最佳植被状况指数"（VCIx）来描述监测期内的当前最佳植被状态与历史同期的比较。最佳植被状况指数的取值为0～1，值越高，代表研究期内作物生长状态越好，生物量越大。因此，最佳植被状况指数更适宜描述生长季内的作物状态及生物量情况。

5）时间序列聚类分析

时间序列聚类方法是自动或半自动地比较各像元的时间序列曲线，把具有相似特征曲线的像元归为同一类别，最终输出不同分类结果的过程。这种方法的优势在于能够综合分析时间序列数据，捕捉其典型空间分布特征。本报告应用VITO为联合研究中心农业资源监测中心（JRC/MARS）开发的SPIRITS软件，对NDVI和VHI时间序列影像（当前作物生长季与近5年平均的差值）以及降水量和温度（当前作物生长季与近12年平均的差值）进行了时序聚类分析。

6）NDVI过程监测

基于NDVI数据，绘制研究区耕地面积上的平均NDVI值的时间变化曲线，并与该区上一年度、近5年平均、近5年最大NDVI的过程曲线进行对比分析，以此反映研究区作物长势的动态变化情况。

7）作物种植结构采集

作物种植结构是指在某一行政单元或区域内，每种作物的播种面积占总播种面积的比例，该指标仅用于中国的作物种植面积估算（吴炳方和李强子，2004）。作物种植结构数据通过利用种植成数地面采样仪器（GVG）在特定区域内开展地面观测，来估算每一区域各种作物的种植比例(吴炳方等，2004a,2004b; Wu et al., 2014)。

8）作物种植面积估算

中国、美国、加拿大的作物种植面积和其他国家的作物种植面积估算方法有所不同。对于中国、美国和加拿大，报告利用作物种植比例（播种面积/耕地面积）和作物种植结构（某种作物播种面积/总播种面积）对播种面积进行估算（Li and Wu, 2012）。其中，中国的耕地种植比率基于高分辨率的环境星（HJ-1 CCD）数据和高分一号（GF-1）数据通过非监督分类获取，美国和加拿大等国外国家的耕地种植比例基于MODIS数据估算；中国的作物种植结构通过GVG系统由田间采样获取，美国和加拿大的作物种植结构由主产区线采样抽样统计获取。通过农田面积乘以作物种植比例和作物种植结构估算不同作物的播种面积。

对于其他无条件开展地面观测的主产国种植面积估算，报告引入耕地种植比率（CALF）的概念进行计算，公式如下：

$$面积_i = a + b \times CALF_i$$

式中a, b为利用2002～2013年时间序列耕地种植比率（CALF）和2002～2013年FAOSTAT或各国发布的面积统计数据线性回归得到的两个系数，各个国家的耕地种植比率通过CropWatch系统计算得出。通过当年和去年的种植面积值计算面积变幅。

9）作物总产量估算

CropWatch基于上一年度的作物产量，通过对当年作物单产和面积相比于上一年变幅的计算，预测当年的作物产量。计算公式如下：

$$总产_i = 总产_{i-1} \times （1 + \triangle 单产_i） \times （1 + \triangle 面积_i）$$

式中i代表关注年份，$\triangle$单产$_i$和$\triangle$面积$_i$分别为当年单产和面积相比于上一年的变化比率。

对于中国，各种作物的总产通过单产与面积的乘积进行估算，公式如下所示：

$$总产 = 单产 \times 面积$$

对于31个粮食主产国，单产的变幅是通过建立当年的NDVI与上一年的NDVI时间序列函数关系获得。计算公式如下：

$$\triangle 单产_i = f\left(NDVI_i, NDVI_{i-1}\right)$$

式中$NDVI_i$和$NDVI_{i-1}$是当年和上一年经过作物掩膜后的NDVI序列空间均值。综合考虑各个国家不同作物的物候，可以根据NDVI时间序列曲线的峰值或均值计算单产的变幅。

10）全球验证

以上各遥感农情指标及产量的验证是基于全球28个研究区的地面观测工作。其中，中国国内的观测站点包括山东禹城、黑龙江红星农场、广东台山、河北衡水、浙江德清等试验站；国外观测验证区包括俄罗斯、南美洲阿根廷、美国大豆与玉米主产区等地的地面观测点。另外，通过与泰国正大集团的合作，获取了中国278个样地共计834个样方的玉米种植面积与产量调查数据，为国内省级尺度的作物生产形势监测提供了数据与验证支持。

3. 创新性

（1）构建了全球、洲际、国家、省/州等不同空间尺度，年度、生长季、月、旬等时间尺度的全球农情遥感监测技术体系，使用了十余种遥感农情指标进行作物生长环境和大宗粮油作物生产形势的分析。

（2）以遥感数据为主要数据源，以遥感农情指标为技术核心，以全球验证为精度保障，构建了业务化运行的CropWatch全球农情遥感监测系统，实现了独立的全球大范围的作物生产形势监测与分析，成为全球三大遥感估产系统之一。

4. 参考文献

吴炳方, 范锦龙, 田亦陈, 等. 2004a. 全国作物种植结构快速调查技术与应用. 遥感学报, 8 (6): 618~627.

吴炳方, 李强子. 2004. 基于两个独立抽样框架的农作物种植面积遥感估算方法. 遥感学报, 8(6): 551~569.

吴炳方, 田亦陈, 李强子. 2004b. GVG农情采样系统及其应用. 遥感学报, 8(6): 570~580.

Grieser J, Gommes R, Cofield S, et al. 2006. World maps of climatological net primary production of biomass, NPP. ftp://tecproda01.fao.org/public/climpag/downs/globgrids/npp/npp.pdf. last retrieved [2014-02-08].

Jain M, Mondal P, DeFries R, et al. 2013. Mapping cropping intensity of smallholder farms: A comparison of methods using multiple sensors. Remote Sensing of Environment, 134: 210~223.

Kogan F, Stark A, Gitelson L, et al. 2004. Derivation of pasture biomass in Mongolia from AVHRR-based vegetation health indices. International Journal of Remote Sensing. 25(14):2889~2896.

Kogan F. 1990. Remote sensing of weather impacts on vegetation in non-homogenous areas. International Journal of Remote Sensing, 11:1405~1419.

Kogan F. 1995. Application of vegetation index and brightness temperature for drought Detection. Advances in Space Research, 15:91~100.

Kogan F. 2001. Operational space technology for global vegetation assessment.Bulletin of the American Meteorological Society,82: 1949~1964.

Li Q, Wu B. 2012. Crop planting and type proportion method for crop acreage estimation of complex agricultural landscapes. International Journal of Applied Earth Observation and Geoinformation, 16: 101~112.

Lieth H. 1972. Modeling the productivity of the world. Nature & Resources, 8(2): 5~10.

Wu B, Meng J, Li Q, et al. 2014. Remote sensing-based global crop monitoring: Experiences with China's Crop Watch system. International Journal of Digital Earth, 7(2):113~137.

Wu B, Zhang M, Zeng H, et al. 2014. New indicators for global crop monitoring in CropWatch—case study in North China Plain. IOP Conference Series: Earth and Environmental Science. IOP Publishing, 17(1): 012～050.

Zhang M, Wu B, Meng J, et al. 2014. Fallow land mapping for better crop monitoring in Huang—Huai—Hai Plain using HJ—1 CCD data. IOP Conference Series: Earth and Environmental Science. IOP Publishing, 17(1): 012～048.

大宗粮油作物生产形势

第四部分
城乡建设用地
分布状况

全球生态环境
遥感监测
2013
年度报告

>> 全球城乡建设用地
现状及变化

>> 城乡建设用地时空
差异对比分析

全球生态环境
遥感监测
2013
年度报告

一、引　言

1.1　背景与意义

城乡建设用地主要指居住、工矿、商业、交通等用地类型，是人类生活场所、操作空间和工程的载体。其空间分布反映着人类社会的资源配置、产业布局和经济状况，而时空变化则体现着人类生产生活对资源环境利用、能源消耗和生态系统变化的影响。全面掌握全球城乡建设用地的空间分布及时空变化，对于生态环境健康诊断、资源环境的合理开发利用、全球可持续发展研究等具有重要意义。

全球城乡建设用地具有分布广、变化快、区域差异显著等特点，难以用抽样统计、地面调查等传统手段进行有效监测。现代遥感技术为全球城乡建设用地监测提供了先进的技术手段，但以往主要以国家或区域的大中城市为监测对象。国外曾利用DMSP/OLS夜间灯光数据和MODIS数据提取建设用地范围，但空间分辨率较低，难以有效表征乡村建设用地(Angel et al., 2011; Elvidge et al., 2007; Hoymann, 2012; Loveland et al., 2010; Potere and Schneider, 2007; Schneider et al., 2009)。利用全球地表覆盖30m分辨率遥感数据制图成果（GlobalLand 30），提取全球城乡建设用地的空间分布信息，进行空间格局解读与时空变化分析，已成为全球生态环境监测的一项重要任务。

基于遥感数据监测的城乡建设用地数据与国土和住建部门对城乡建设用地的含义略有不同，本报告中城乡建设用地监测可分为居民区（城市、乡镇、村庄）、交通、通信，以及工矿设施等类型，下垫面为土壤的城市绿地（如公园、高尔夫球场）和水体不包括在内。

该数据是世界上第一套30m分辨率的两期（2000年和2010年）全球城乡建设用地数据集，可为联合国后2015年（Post-2015）可持续发展目标（SDGs）计划的实施提供独特的数据支撑。

1.2　监测方法

1.2.1　基础数据和主要参考数据

（1）遥感数据：美国陆地卫星Landsat 5专题制图仪（TM）数据，Landsat 7增强型专题制图仪（ETM+）数据，中国环境减灾卫星（HJ-1）影像数据。

（2）参考数据：欧洲CORINE Land Cover数据集（2000年、2005年）(Bossard et al., 2000)，美国地质调查局USGS NLCD数据集（2000年）(Homer et al., 2004; Xian and Homer, 2010)，美国国家航空航天局（NASA）全球SRTM DEM数据，中国国家测绘地理信息局1∶100万全球基础地理底图数据，柯本-盖格气候带分区数据。

城乡建设用地分布状况

（3）统计数据：包含人口和GDP统计资料。中国部分的人口数据和GDP统计资料来自《中国统计年鉴》，其他国家和地区的人口数据和GDP统计资料分别来自《国际统计年鉴》和"世界银行WDI数据库"。

1.2.2　数据处理与分析

（1）数据处理：对30m遥感影像数据进行了几何纠正、辐射校正、大气校正和地形纠正等预处理。以遥感数据为主要数据源，结合其他参考数据采用基于像素分类-对象提取-知识检核的综合方法进行生产。

（2）质量控制：以9×9像素（面积大于72900km²）作为质量控制的基本单元，进行逐一的人工交互检查与编辑，以保证人造覆盖的提取精度。通过10%～20%的抽样检验，全球人造覆盖数据的漏判率低于10%。

1.2.3　监测分析的内容与指标

（1）分析内容：2010年全球城乡建设用地空间分布现状、地域分布差异；2000～2010年全球城乡建设用地变化量及分布；全球城乡建设用地空间分布与社会经济发展的关联分析与区域对比分析。

（2）分析指标：城乡建设用地面积、地均人口（定义为区域人口总数与该区域城乡建设用地面积之比，单位为人/km²）、人均占地（定义为每千人所拥有的城乡建设用地面积，单位为km²/千人）、地均GDP（定义为区域GDP与该区域城乡建设用地面积之比，单位为百万美元/km²或百万元/km²）和增量占比（定义为单位增量占总体增量的百分比）。

（3）统计范围：以大洲、国家为主要统计单元，涵盖全球陆域范围（南极洲除外）。对于以国家为单元的统计分析，考虑到30m尺度遥感监测的局限性，陆地面积小于1000km²的国家不计入统计。

研究报告和相关数据由国家遥感中心和国家基础地理信息中心共同发布（www.nrscc.gov.cn/，www.chinageoss.org/gee/）。

二、全球城乡建设用地现状及变化

2.1 全球状况

2.1.1 全球城乡建设用地面积及变化

2010年全球城乡建设用地总面积 为118.75万km²，占全球陆表总面积的0.88%。按照各大洲统计（表2-1），2010年各大洲城乡建设用地面积占全球城乡建设用地面积比例依次为：亚洲（34.87%）、欧洲（27.30%）、北美洲（24.66%）、非洲（6.59%）、南美洲（5.09%）和大洋洲（1.50%）。其中，亚洲、欧洲和北美洲三个大洲的城乡建设用地面积总和占全球的86.83%。

2000年全球城乡建设用地总面积为113.01万km²，十年间增加了5.74万km²，变化率为5.08%。按照大洲统计，城乡建设用地面积十年变化率由高到低依次为：非洲（12.30%）、亚洲（6.41%）、北美洲（5.38%）、大洋洲（5.06%）、南美洲（4.12%）和欧洲（1.80%）。其中，非洲、亚洲和北美洲的变化率高于全球平均水平，其所占全球城乡建设用地面积的比例也在增加。从增量所占比例来看，亚洲对全球城乡建设用地增量的贡献率最大，达43.44%；其次是北美洲，为26.03%；其他依次为非洲、欧洲、南美洲和大洋洲。

表2-1　2000年和2010年全球城乡建设用地面积及变化

区域	2000年		2010年		变化率 / %	增量所占比例 / %
	面积 / 万km²	比例 / %	面积 / 万km²	比例 / %		
全球	113.01	100.00	118.75	100.00	5.08	100.00
亚洲	38.91	34.43	41.41	34.87	6.41	43.44
欧洲	31.85	28.18	32.42	27.30	1.80	9.96
非洲	6.97	6.16	7.82	6.59	12.30	14.92
北美洲	27.79	24.59	29.28	24.66	5.38	26.03
南美洲	5.80	5.13	6.04	5.09	4.12	4.16
大洋洲	1.70	1.50	1.78	1.50	5.06	1.50

注：不包含南极洲。数据计算过程保留小数点后8位，计算结果保留小数点后2位，下同。

2.1.2　主要国家城乡建设用地面积及变化

2010年全球城乡建设用地面积排在前十位的国家分别为美国、中国、俄罗斯、印度、乌克兰、巴西、德国、法国、日本和墨西哥（图2-1和表2-2），这十个国家的城乡建设用地面积总和占全球的61.26%。

2000～2010年，主要国家城乡建设用地面积排在前十位的国家位次没有变化。十年间，中国的变化率最大，为11.17%，居主要国家之首；而德国和乌克兰基本没有发生改变。在这些主要国家中，只有中国、墨西哥和美国的变化率高于全球平均水平。从增量所占比例来看，中国和美国新增城乡建设用地占全球的比例分别为28.17%和20.48%，两国之和接近全球新增总量的一半。

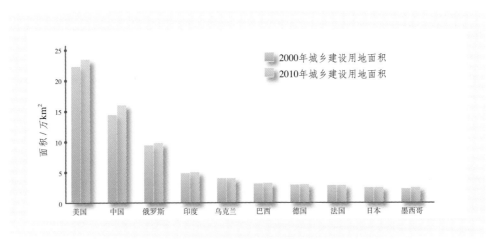

图2-1　2000年和2010年全球主要国家城乡建设用地面积

表2-2　2000年和2010年典型国家城乡建设用地面积及变化

国家（地区）	2000年面积 /万km²	2010年面积 /万km²	变化率 /%	增量所占比例 /%
美国	22.38	23.56	5.26	20.48
中国	14.49	16.10	11.17	28.17
俄罗斯	9.50	9.83	3.46	5.73
印度	4.90	4.99	1.79	1.53
乌克兰	4.09	4.09	<0.01	<0.01
巴西	3.18	3.24	1.83	1.01
德国	3.02	3.02	0.03	0.01
法国	2.86	2.90	1.29	0.64
日本	2.50	2.54	1.55	0.67
墨西哥	2.32	2.50	7.87	3.18

2.1.3 空间分布特征

1）经纬度分布特征

受海洋分割和地形地貌及气候条件的限制，全球城乡建设用地的空间分布很不均匀（图2-2）。从纬向上看，全球城乡建设用地82.28%分布于20°～60°N的中纬度地区。北半球的城乡建设用地面积占全球总量的90.69%，而且城乡建设用地面积较大的国家均分布在北半球，如美国、加拿大、中国、俄罗斯和印度等。南半球的城乡建设用地面积仅占全球总面积的9.31%，其中南半球97.39%的城乡建设用地分布于0～40°S的中低纬度地区。

从经向上看，东西半球城乡建设用地呈西多（67.66%）东少（32.34%）分布。东半球主要分布于60°～140°E，其城乡建设用地面积占东半球总面积的84.04%，西半球主要分布在50°～80°W和120°～180°W两个区间，这两个区域的城乡建设用地面积占西半球总面积的80.43%。

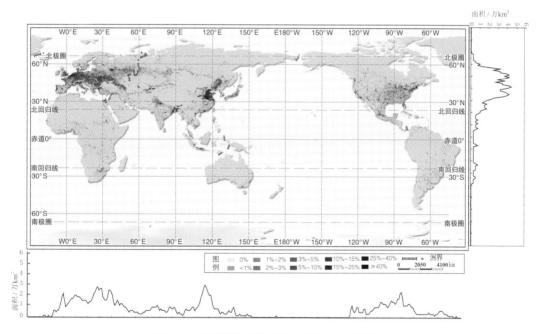

图2-2 2010年全球城乡建设用地分布密度图

2）气候区分布特征

根据柯本-盖格气候带分区（表2-3），全球城乡建设用地多分布于常湿冷温、常湿温暖和草原气候区，约占全球城乡建设用地总面积的60%。

根据十年的变化情况，草原和常湿温暖气候区城乡建设用地面积增长较大，超过

253

城乡建设用地分布状况

1万km²，其他气候区面积增长均小于1万km²；从变化率来看，荒漠气候带、热带干湿气候带、草原气候带和冬干冷温气候带增长率超过8%，高于全球平均水平；冰原气候带则出现负增长。

表2-3　2000年和2010年全球柯本气候分区城乡建设用地面积及变化

气候分区	2000年		2010年		变化率 / %	增量所占 比例 / %
	面积/ 万km²	比例 / %	面积/ 万km²	比例 / %		
全球	113.01	100.00	118.75	100.00	5.08	100.00
常湿冷温气候	31.65	28.01	31.98	26.93	1.04	5.75
常湿温暖气候	23.35	20.66	24.43	20.57	4.61	18.77
草原气候	13.99	12.38	15.15	12.76	8.32	20.27
冬干温暖气候	8.49	7.52	9.17	7.72	7.90	11.69
热带干湿季气候	7.93	7.02	8.60	7.24	8.35	11.54
荒漠气候	6.48	5.74	7.04	5.92	8.55	9.65
地中海式气候	6.36	5.62	6.67	5.62	4.96	5.49
冬干冷温气候	5.62	4.97	6.23	5.25	10.94	10.71
热带季风气候	3.77	3.33	3.93	3.31	4.39	2.88
热带雨林气候	2.29	2.02	2.39	2.02	4.63	1.84
夏干冷温气候	1.82	1.61	1.91	1.61	4.92	1.56
苔原气候	1.16	1.03	1.17	0.98	0.50	0.10
冰原气候	0.09	0.08	0.07	0.06	−17.49	0.00

3）海拔分布特征

根据500m间隔高差统计（表2-4），2010年全球城乡建设用地多分布于海拔0～500m，占全球总量的70%以上；海拔0～1000m的占85%以上；海拔0～2000m的占95%以上。

从十年的变化情况看，各段500m间隔高差范围的城乡建设用地的增长均超过4%，其中以海拔1000～1500m的城乡建设用地增长速度最快，达8.74%；以海拔0～500m的城乡建设用地面积增长量最大，达3.57万km²。

表2-4 2000年和2010年全球不同高程范围城乡建设用地面积及变化

高程 / m	2000年		2010年		变化率 / %
	面积 / 万km²	比例 / %	面积 / 万km²	比例 / %	
<0	0.71	0.63	0.72	0.61	2.12
≥0～<500	81.33	71.97	84.90	71.50	4.39
≥500～<1000	15.36	13.60	16.39	13.80	6.67
≥1000～<1500	7.47	6.61	8.12	6.84	8.74
≥1500～<2000	3.83	3.39	4.06	3.42	5.97
≥2000～<2500	1.89	1.67	2.02	1.70	6.99
≥2500～<3000	0.82	0.73	0.87	0.73	5.81
≥3000～<3500	0.49	0.43	0.51	0.43	4.24
≥3500～<4000	0.36	0.32	0.38	0.32	4.72
≥4000	0.74	0.66	0.78	0.65	4.83
合计	113.01	100.00	118.75	100.00	5.08

2.2 亚洲

2.2.1 总体特征

亚洲陆地面积约占全球陆地面积的33%,居各大洲陆地面积之首。2010年遥感监测的亚洲城乡建设用地面积为41.41万km²,占全球城乡建设用地面积的34.87%,居各大洲首位。

亚洲城乡建设用地分布不均匀、空间差异较大(图2-3),城乡建设用地主要集中在20°～50°N的中纬度地区,占亚洲城乡建设用地面积的85.58%;0～20°N的区域城乡建设用地占9.38%;60°N以北区域占1.76%。城乡建设用地主要位于东亚沿海地带、印度洋孟加拉湾,以及伊塞克湖和里海附近。

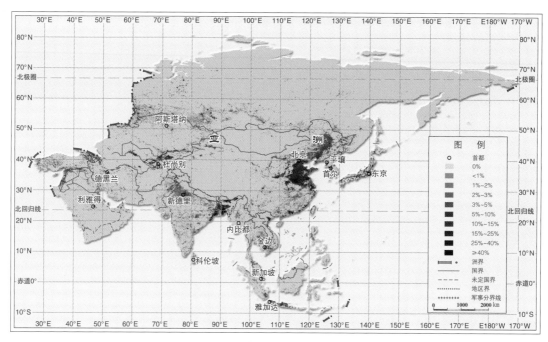

图2-3　2010年亚洲城乡建设用地分布密度图

按分区统计（表2-5），2010年亚洲城乡建设用地面积从大到小依次为：东亚、南亚、西亚、东南亚、北亚和中亚。其中东亚的城乡建设用地较其他地区分布规模大，占亚洲的46.28%；中亚城乡建设用地规模最小，仅占亚洲的7.31%。

根据十年变化分析，亚洲城乡建设用地变化率为6.41%，居全球各大洲第二位。亚洲城乡建设用地变化主要位于20°～50°N的中纬度地区。经向上变化主要分布在110°～130°E的地区。按分区变化分析（表2-5），城乡建设用地变化从大到小依次为东亚、中亚、北亚、东南亚、西亚、南亚。其中，东亚城乡建设用地变化最大，变化率为9.51%，一定程度上说明该地区十年间经济发展相对较快；而南亚城乡建设用地变化规模最小，变化率仅为1.14%。从增量所占比例看，东亚地区的贡献最大，占亚洲总量的66.72%；其他地区均未超过10%。

表2-5　2000年和2010年亚洲城乡建设用地面积及变化

区域	2000年		2010年		变化率 /%	增量所占比例 /%
	面积 / 万km²	比例 / %	面积 / 万km²	比例 / %		
北亚	3.01	7.73	3.18	7.68	5.72	6.90
东南亚	3.74	9.61	3.95	9.53	5.56	8.34

区域	2000年		2010年		变化率 / %	增量所占 比例 / %
	面积 / 万km²	比例 / %	面积 / 万km²	比例 / %		
东亚	17.50	44.97	19.16	46.28	9.51	66.72
南亚	7.30	18.75	7.38	17.82	1.14	3.34
中亚	2.85	7.32	3.03	7.31	6.35	7.25
西亚	4.52	11.62	4.71	11.37	4.12	7.46

注：东亚包括：日本、韩国、中国、朝鲜和蒙古；东南亚包括：新加坡、文莱、越南、马来西亚、菲律宾、泰国、印度尼西亚、柬埔寨、缅甸、老挝和东帝汶；南亚包括：孟加拉国、斯里兰卡、印度、巴基斯坦、尼泊尔、不丹和马尔代夫；西亚包括：巴林、以色列、科特威、卡塔尔、黎巴嫩、塞浦路斯、亚美尼亚、阿塞拜疆、阿联酋、格鲁吉亚、土耳其亚洲部分、叙利亚、伊拉克、约旦、伊朗、阿曼、沙特阿拉伯、阿富汗和也门；中亚包括：乌兹别克斯坦、塔吉克斯坦、吉尔吉斯斯坦、土库曼斯坦和哈萨克斯坦；北亚为俄罗斯亚洲部分。

2.2.2 主要国家城乡建设用地面积及变化

按主要国家统计（图2-4和表2-6），2010年亚洲城乡建设用地面积排在前十位的国家是：中国、印度、俄罗斯（亚）、日本、孟加拉国、印度尼西亚、乌兹别克斯坦、哈萨克斯坦（亚）、土耳其（亚）和伊朗，占亚洲的82.61%。其中中国城乡建设用地居亚洲之首，占38.87%。俄罗斯、哈萨克斯坦和土耳其横跨欧亚大陆，在统计时，仅计算其在亚洲的部分。

2000年，城乡建设用地面积较大的国家仍然是这十个（表2-6）。根据十年变化率分析，哈萨克斯坦(亚)和中国的变化率均超过11%；高于全球变化率平均水平的还有俄罗斯（亚）、印度尼西亚；其他国家变化率则低于全球平均水平。从增量所占比例来看，中国对亚洲新增城乡建设用地总量的贡献率最大，达64.86%，远远高于其他亚洲国家；另一个人口大国印度仅占亚洲新增总量的3.52%。

城乡建设用地分布状况

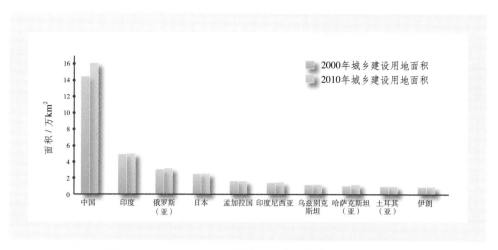

图2-4 2000~2010年亚洲典型国家城乡建设用地面积

表2-6 2000年和2010年亚洲典型国家城乡建设用地面积及变化

国家	2000年面积 / 万km²	2010年面积 / 万km²	变化率 / %	增量所占比例 / %
中国	14.49	16.10	11.17	64.86
印度	4.90	4.99	1.79	3.52
俄罗斯（亚）	3.01	3.18	5.72	6.90
日本	2.50	2.54	1.55	1.55
孟加拉国	1.59	1.59	<0.01	<0.01
印度尼西亚	1.45	1.52	5.43	3.15
乌兹别克斯坦	1.15	1.20	4.63	2.13
哈萨克斯坦（亚）	1.04	1.16	11.45	4.76
土耳其（亚）	0.96	0.99	3.97	1.52
伊朗	0.91	0.94	3.12	1.14

2.3 欧洲

2.3.1 总体特征

欧洲陆地面积约占全球陆地面积的7.4%，居全球第五。2010年遥感监测的欧洲城乡建设用地面积为32.42万km²，占全球城乡建设用地面积的27.30%，居全球第二位。

欧洲城乡建设用地分布特点为南多北少（图2-5）。40°～60°N的区域城乡建设用地面积占欧洲城乡建设用地总面积的93.69%，其中，50°N一线分布了英国伦敦、法国巴黎、德国鲁尔区、俄罗斯莫斯科等大型城市群；而其他纬度区域的城乡建设用地面积为2.80万km²，仅占欧洲城乡建设用地面积的8.64%。

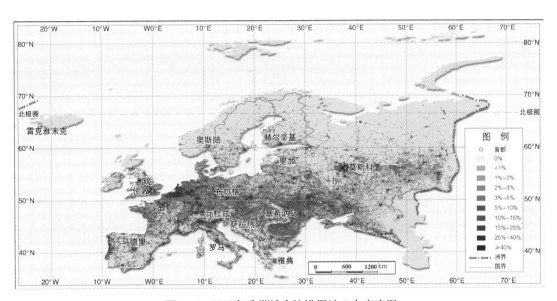

图2-5 2010年欧洲城乡建设用地分布密度图

按2010年城乡建设用地面积排序，东欧的城乡建设用地面积最大，为12.19万km²，占欧洲城乡建设面积的37.59%；北欧的城乡建设用地面积最小，仅为1.62万km²，占4.98%（表2-7）。

根据十年变化分析，欧洲各部分城乡建设用地的增加均低于全球平均水平，其中南欧的变化率最大，为4.32%；其他地区均低于2%，北欧的变化率仅为0.37%。从增量所占比例来看，南欧地区对欧洲新增总量的贡献率最大，达46.78%；北欧地区最小，仅为1.05%。

259

城乡建设用地分布状况

表2-7　2000年和2010年欧洲城乡建设用地面积及变化

区域	2000年		2010年		变化率 / %	增量所占比例/ %
	面积 / 万km²	比例 / %	面积 / 万km²	比例 / %		
东欧	12.07	37.91	12.19	37.59	0.95	19.97
西欧	5.74	18.02	5.83	17.98	1.58	15.85
南欧	6.20	19.47	6.47	19.95	4.32	46.78
北欧	1.61	5.06	1.62	4.98	0.37	1.05
中欧	6.22	19.55	6.32	19.49	1.50	16.34

注：东欧包括：爱沙尼亚、白俄罗斯、俄罗斯、拉脱维亚、立陶宛、摩尔多瓦、乌克兰、土耳其欧洲部分，以及哈萨克斯坦欧洲部分；西欧包括：爱尔兰、比利时、法国、荷兰、卢森堡、摩纳哥、英国和直布罗陀；南欧包括：安道尔、保加利亚、波黑、梵蒂冈、黑山、克罗地亚、罗马尼亚、马耳他、葡萄牙、前马其顿南斯拉夫共和国、塞尔维亚、圣马力诺、斯洛文尼亚、西班牙、希腊和意大利；北欧包括：冰岛、丹麦、法罗群岛、芬兰、挪威和瑞典；中欧包括：奥地利、波兰、德国、捷克、列支敦士登、瑞士、斯洛伐克和匈牙利。

2.3.2　主要国家城乡建设用地面积及变化

按国家和地区行政单元统计（图2-6和表2-8），2010年欧洲城乡建设用地面积较大的国家有：俄罗斯（欧）、乌克兰、德国、法国、意大利、英国、罗马尼亚、波兰、西班牙和白俄罗斯等，占欧洲城乡建设用地总面积的75.76%。俄罗斯、哈萨克斯坦和土耳其横跨欧亚大陆，在统计时，仅计算其欧洲部分。

根据十年变化分析，欧洲国家变化率均低于全球平均水平，波兰变化率较大，为4.72%；其他国家均低于3%。从增量所占比例来看，俄罗斯（欧）和波兰对欧洲新增总量的贡献率较大，分别为27.46%和10.61%。

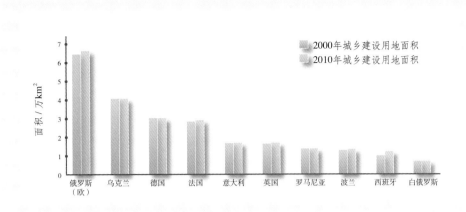

图2－6　2000年和2010年欧洲典型国家城乡建设用地面积

表2－8　2000年和2010年欧洲典型国家城乡建设用地面积与变化

国家	2000年面积 / 万km²	2010年面积 / 万km²	变化率 / %	增量所占比例 / %
俄罗斯（欧）	6.49	6.65	2.42	27.46
乌克兰	4.09	4.09	<0.01	<0.01
德国	3.02	3.02	0.03	0.15
法国	2.86	2.90	1.29	6.45
意大利	1.70	1.73	1.65	4.90
英国	1.65	1.70	2.47	7.13
罗马尼亚	1.37	1.37	<0.01	<0.01
波兰	1.29	1.35	4.72	10.61
西班牙	1.02	1.03	0.01	0.05
白俄罗斯	0.72	0.72	0.08	0.09

2.4 非洲

2.4.1 总体特征

非洲陆地面积约占全球陆地面积的20%，为世界第二大洲。2010年遥感监测的非洲城乡建设用地面积为7.82万km²，占全球城乡建设用地面积的6.59%，居全球第4位。

非洲城乡建设用地分布特点为中部多，南部次之，北部最少（图2-7）。南北纬15°之间的区域，城乡建设用地面积占非洲城乡建设用地总面积的53.66%；20°S以南的区域占22.84%；而约占非洲面积1/3的撒哈拉地区，沙漠广布，人居稀少，城乡建设用地面积仅占不到15%。

按分区统计（表2-9），城乡建设用地面积从大到小依次为南非、西非、北非、中非和东非。其中，南非地区是非洲城乡建设用地规模最大的地区，占非洲的33.09%；而东非城乡建设用地面积最小，占8.20%。

根据十年变化分析，非洲是全球城乡建设用地变化速度最快的大洲，变化率为12.30%。其中西非的变化率达到16.60%，其他区域的变化均超过9%，远高于全球平均水平。从增量所占比例来看，西非、南非和北非地区对非洲新增总量的贡献率较大，分别为33.63%、26.93%和21.51%。

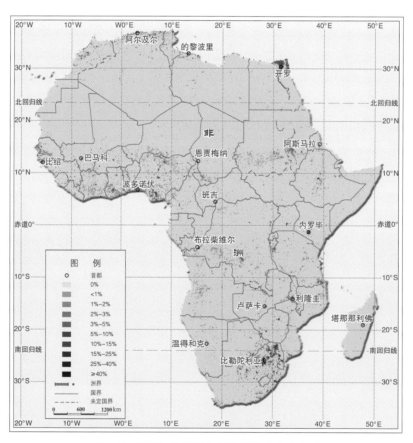

图2-7　2010年非洲城乡建设用地分布密度图

表2－9　2000年和2010年非洲城乡建设用地面积及变化

区域	2000年		2010年		变化率 /%	增量所占 比例 /%
	面积 / 万km²	比例 / %	面积 / 万km²	比例 / %		
北非	1.54	22.16	1.73	22.09	11.95	21.51
东非	0.59	8.43	0.64	8.20	9.34	6.40
南非	2.36	33.85	2.59	33.09	9.79	26.93
西非	1.74	24.94	2.03	25.89	16.60	33.63
中非	0.74	10.63	0.84	10.73	13.34	11.53

注：北非包括：阿尔及利亚、埃及、利比亚、马德拉、摩洛哥、苏丹和突尼斯；东非包括：埃塞俄比亚、布隆迪、厄立特里亚、吉布提、肯尼亚、卢旺达、塞舌尔、索马里、坦桑尼亚和乌干达；南非包括：安哥拉、博茨瓦纳、津巴布韦、科摩罗、莱索托、留尼旺岛、马达加斯加、马拉维、毛里求斯、莫桑比克、纳米比亚、南非、圣赫勒拿、斯威士兰和赞比亚；西非包括：贝宁、布基纳法索、多哥、佛得角、冈比亚、几内亚、几内亚比绍、加那利、加纳、科特迪瓦、利比里亚、马里、毛里塔尼亚、尼日尔、尼日利亚、塞拉利昂、塞内加尔和西撒哈拉；中非包括：赤道几内亚、刚果（布）、刚果（金）、加蓬、喀麦隆、马约特、圣多美和普林西比、乍得和中非。

2.4.2　主要国家城乡建设用地面积及变化

按国家和地区行政单元统计（图2－8和表2－10），城乡建设用地排在前十位的国家是：南非、尼日利亚、苏丹（北）、刚果（金）、埃及、阿尔及利亚、加纳、安哥拉、坦桑尼亚和摩洛哥，占非洲的63.17%。其中南非的城乡建设用地面积最大，为1.49万km²，占19.05%。

根据十年变化分析，非洲主要国家的城乡建设用地变化率均高于全球平均水平，南非变化率最小，为5.38%，尼日利亚、埃及、加纳、安哥拉等国家均超过13%。从增量所占比例来看，尼日利亚、安哥拉、南非和加纳等对非洲新增总量的贡献较大。

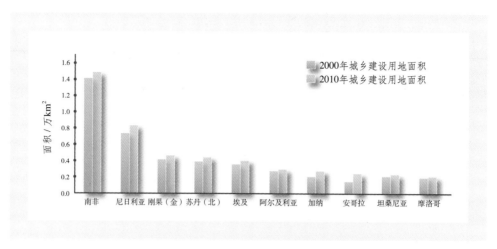

图2-8　2000年和2010年非洲主要国家城乡建设用地面积

表2-10　2000年和2010年非洲典型国家城乡建设用地面积及变化

国家	2000年面积 /万km²	2010年面积 /万km²	变化率 /%	增量所占比例 /%
南非	1.42	1.49	5.38	8.89
尼日利亚	0.74	0.84	14.52	12.47
刚果（金）	0.42	0.47	12.50	6.14
苏丹（北）	0.40	0.45	12.23	5.72
埃及	0.36	0.41	13.40	5.71
阿尔及利亚	0.28	0.30	8.96	2.90
加纳	0.21	0.28	33.17	8.03
安哥拉	0.15	0.25	70.01	11.89
坦桑尼亚	0.22	0.24	6.16	1.59
摩洛哥	0.20	0.21	7.02	1.60

2.5　北美洲

北美洲陆地面积约占全球陆地面积的16.5%，为世界第三大洲。2010年遥感监测的北美洲城乡建设用地面积为29.28万 km²，占全球城乡建设用地面积的24.66%，居全球第三位。

北美洲的城乡建设用地依太平洋和大西洋沿岸平原及内陆河湖（五大湖、大奴湖和密西西比河等）分布，南北少，中部多（图2-9）。20°～60°N的中纬度区域城乡建设用地面积占北美洲城乡建设用地总面积的94.38%。

北美洲城乡建设用地面积排在前十位的国家或地区为：美国、墨西哥、加拿大、古巴、危地马拉、波多黎各、多米尼加、洪都拉斯、巴拿马和萨尔瓦多。美国、墨西哥和加拿大的城乡建设用地面积总和为28.44万 km²，占北美洲的97.13%。

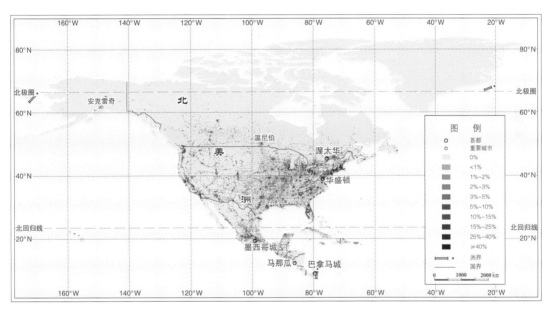

图2-9　2010年北美洲城乡建设用地分布密度图

根据十年变化分析，北美洲城乡建设用地的变化率为5.38%，居全球第三位。变化的区域集中在五大湖城市群附近。从主要国家看（表2-11），城乡建设用地变化大的国家有墨西哥、加拿大和美国，变化率超过5%；古巴、危地马拉、波多黎各、多米尼加和巴拿马等变化不明显。从增量所占比例来看，美国对北美洲新增总量的贡献最大，达78.69%；其他贡献较大的国家有墨西哥和加拿大；这三个国家的增量所占比例总和达到99.08%。

表2-11 2000年和2010年北美洲典型国家城乡建设用地面积及变化

国家	2000年面积 /万km²	2010年面积 /万km²	变化率 /%	增量所占比例 /%
美国	22.38	23.56	5.26	78.69
墨西哥	2.32	2.50	7.87	12.21
加拿大	2.25	2.38	5.42	8.18
古巴	0.14	0.14	<0.01	<0.01
危地马拉	0.11	0.11	1.61	0.11
波多黎各	0.08	0.08	1.82	0.09
多米尼加	0.06	0.07	1.72	0.07
洪都拉斯	0.06	0.07	2.58	0.11
巴拿马	0.04	0.04	0.44	0.01
萨尔瓦多	0.04	0.04	2.33	0.06

2.6 南美洲

南美洲陆地面积约占全球陆地面积的13%，为世界第四大洲。2010年南美洲城乡建设用地面积为6.04万km²，占全球城乡建设用地面积的5.09%，居全球第五位。

南美洲城乡建设用地分布区域差异不明显（图2-10）。在30°S以南及10°S以北地区的城乡建设用地面积占南美洲城乡建设用地面积的比例分别为22.84%和24.04%。中部地区（10°~30°S）的城乡建设用地面积占53.12%。

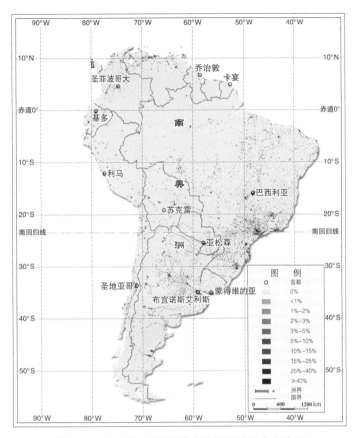

图2－10　2010年南美洲城乡建设用地分布密度图

　　按国家统计（图2－11和表2－12），南美洲2010年城乡建设用地面积排在前十位的国家依次为巴西、阿根廷、委内瑞拉、智利、秘鲁、哥伦比亚、玻利维亚、巴拉圭、厄瓜多尔和乌拉圭。巴西的城乡建设用地面积为3.24万 km^2，居南美洲城乡建设用地面积首位，占53.64%。

　　根据十年变化分析，南美洲城乡建设用地变化率为4.12%。南美洲城乡建设用地变化特点为中部多，南北少。10°～35°S区域的城乡建设用地变化占南美洲的65.94%。而在10°S以北的区域中，仅在加勒比海附近有较大的变化，其余地区十年间变化很少。智利、玻利维亚、秘鲁、委内瑞拉、厄瓜多尔的变化率超过全球平均水平，巴西的变化率仅为1.83%。从增量所占比例来看，巴西、阿根廷、智利、委内瑞拉和秘鲁等国家贡献较大（表2－12）。

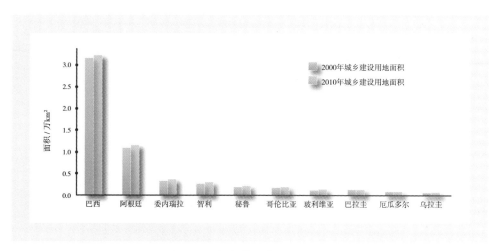

图2-11　2000年和2010年南美洲典型国家城乡建设用地面积

表2-12　2000年和2010年南美洲典型国家城乡建设用地面积及变化

国家	2000年面积 /万km²	2010年面积 /万km²	变化率 /%	增量所占比例 /%
巴西	3.18	3.24	1.83	24.32
阿根廷	1.11	1.17	4.91	22.88
委内瑞拉	0.34	0.37	8.73	12.36
智利	0.27	0.31	16.51	18.41
秘鲁	0.20	0.23	11.72	10.04
哥伦比亚	0.19	0.20	3.26	2.66
玻利维亚	0.13	0.15	12.40	6.97
巴拉圭	0.15	0.15	<0.01	<0.01
厄瓜多尔	0.10	0.10	5.44	2.24
乌拉圭	0.08	0.08	4.90	1.62

2.7 大洋洲

大洋洲陆地面积约占全球陆地面积的6%，居各大洲之末。2010年大洋洲城乡建设用地面积为1.78万km²，占全球城乡建设用地面积的1.50%，规模最小。

大洋洲城乡建设用地主要分布在澳大利亚东部沿海、西南沿海和新西兰（图2-12）。沿纬向统计，25°～40°S区域城乡建设用地面积占大洋洲城乡建设用地总面积的82.96%。而其他区域仅占17.04%。

大洋洲城乡建设用地面积前五位的国家为澳大利亚、新西兰、巴布亚新几内亚、北马里亚纳群岛和新喀里多尼亚。其中，澳大利亚城乡建设用地面积最大，占大洋洲的85.96%。

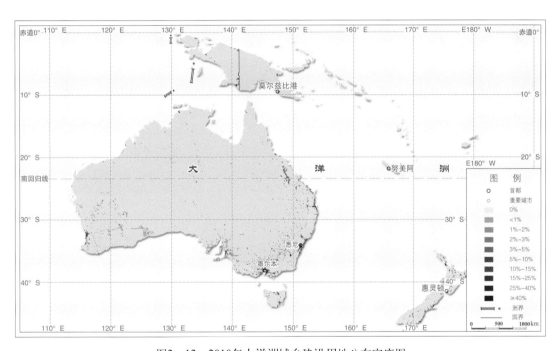

图2-12　2010年大洋洲城乡建设用地分布密度图

　　根据十年变化分析，大洋洲城乡建设用地变化率为5.06%，略低于全球平均水平。其变化主要集中在澳大利亚的东部沿岸地区，即140°～155°E的区域，该区域城乡建设用地变化量占变化总量的69.47%，其他区域仅为30.53%。按国家分析（表2-13），城乡建设用地变化最大的国家是澳大利亚，为6.09%，其他国家则变化很小。从增量所占比例来看，澳大利亚贡献最大，达98.50%，远高于其他国家。

表2-13　2000年和2010年大洋洲典型国家城乡建设用地面积及变化

国家	2000年面积 /万km²	2010年面积 /万km²	变化率 / %	增量所占比例 / %
澳大利亚	1.44	1.53	6.09	98.50
新西兰	0.18	0.18	<0.01	<0.01
巴布亚新几内亚	0.03	0.02	<0.01	<0.01
北马里亚纳群岛	0.01	0.01	<0.01	<0.01
新喀里多尼亚	0.01	0.01	15.34	1.49

三、城乡建设用地时空差异对比分析

3.1 经济发展关联分析

3.1.1 主要经济共同体对比

按照全球主要经济共同体进行统计分析（表3-1），八国集团联盟（以下简称G8），即世界八大工业国（美国、英国、法国、德国、意大利、加拿大、日本及俄罗斯）的城乡建设用地占全球总量的40%以上，其中美国的城乡建设用地占G8的近50%。金砖五国（巴西、俄罗斯、印度、中国和南非）的城乡建设用地占全球总量的30%以上，其中，中国占金砖五国城乡建设用地的近45%。欧盟的城乡建设用地占全球总量的近16.56%，其他经济共同体包括拉美及加勒比国家共同体、南美洲国家联盟、南亚、非盟、东盟、阿盟及东北亚等的城乡建设用地占全球总量的比例均低于10%。

表3-1 2000年和2010年全球主要经济共同体城乡建设用地面积及变化

共同体	2000年		2010年		变化率 / %	增量所占比例 / %
	面积 / km²	比例 / %	面积 / km²	比例 / %		
全球	113.01	100.00	118.75	100.00	5.08	100.00
G8	45.88	40.60	47.65	40.13	3.86	30.87
金砖五国	33.49	29.63	35.66	30.02	6.48	37.77
欧盟	19.28	17.06	19.67	16.56	2.04	6.84
拉美及加勒比国家共同体	8.78	7.77	9.22	7.76	4.93	7.54
南美洲国家联盟	8.15	7.21	8.57	7.22	5.13	7.29
南亚	7.30	6.46	7.38	6.21	1.14	1.45
非盟	6.34	5.61	7.13	6.01	12.56	13.86
东盟	3.74	3.31	3.95	3.32	5.59	3.63
阿盟	3.38	2.99	3.68	3.10	9.04	5.32
东北亚	2.96	2.62	2.99	2.52	1.21	0.62

注：G8包括：法国、美国、英国、德国、日本、意大利、加拿大和俄罗斯；金砖五国包括：巴西、俄罗斯、印度、中国和南非；东盟包括：文莱、柬埔寨、印度尼西亚、老挝、马来西亚、缅甸、菲律宾、新加坡、泰国和越南；东北亚包括：朝

城乡建设用地分布状况

鲜、韩国和日本；南亚包括：不丹、马尔代夫、尼泊尔、巴基斯坦、印度、斯里兰卡和孟加拉国；欧盟包括：奥地利、比利时、保加利亚、克罗地亚、塞浦路斯、捷克、丹麦、爱沙尼亚、芬兰、法国、德国、希腊、匈牙利、爱尔兰、意大利、拉脱维亚、立陶宛、卢森堡、马耳他、荷兰、波兰、葡萄牙、罗马尼亚、斯洛伐克、斯洛文尼亚、西班牙、瑞典、英国；拉美及加勒比国家共同体包括：安提瓜和巴布达、阿根廷、巴哈马、巴巴多斯、伯利兹、玻利维亚、巴西、智利、哥伦比亚、哥斯达黎加、古巴、多米尼克、多米尼加共和国、厄瓜多尔、萨尔瓦多、格林纳达、危地马拉、圭亚那、海地、洪都拉斯、牙买加、墨西哥、尼加拉瓜、巴拿马、巴拉圭、秘鲁、圣基茨和尼维斯、圣卢西亚、圣文森特和格林纳丁斯、苏里南、特立尼达和多巴哥、乌拉圭、委内瑞拉；南美洲国家联盟包括：安第斯山国家共同体成员国（玻利维亚、哥伦比亚、厄瓜多尔、秘鲁）、南方共同市场成员国（阿根廷、巴西、巴拉圭、乌拉圭、委内瑞拉）、其他成员国（智利、圭亚那、苏里南）和观察员国（巴拿马、墨西哥）；非盟包括：阿尔及利亚、安哥拉、贝宁、博茨瓦纳、布基纳法索、布隆迪、喀麦隆、佛得角、乍得、科摩罗、刚果（布）共和国、刚果民主共和国、科特迪瓦、吉布提、赤道几内亚、厄立特里亚、埃塞俄比亚、加蓬、冈比亚、加纳、几内亚、肯尼亚、莱索托、利比里亚、利比亚、马达加斯加、马拉维、马里、毛里塔尼亚、毛里求斯、莫桑比克、纳米比亚、尼日尔、尼日利亚、卢旺达、阿拉伯撒哈拉民主共和国、圣多美和普林西比、塞内加尔、塞舌尔、塞拉利昂、索马里、南非、南苏丹、苏丹、斯威士兰、坦桑尼亚、多哥、突尼斯、乌干达、赞比亚和津巴布韦；阿盟包括：埃及、苏丹、阿尔及利亚、摩洛哥、伊拉克、沙特阿拉伯、也门、叙利亚、突尼斯、索马里、利比亚、约旦、阿联酋、黎巴嫩、巴勒斯坦、科威特、毛里塔尼亚、阿曼、卡塔尔、巴林、吉布提和科摩罗。

从近十年的变化看，非盟的变化速度居首，变化率达12.56%，其他变化较大的经济共同体有阿盟、金砖五国和东盟，均高于全球平均水平。从增量所占比例来看，金砖五国贡献最大，达37.77%，其中，中国的增量占金砖五国新增总量的近75%；G8对全球城乡建设用地新增总量的贡献其次，达30.87%，其中，美国的增量占G8新增总量的近67%；非盟的变化率最高，但其增量所占比例仅为13.86%；其他经济共同体包括欧盟、拉美及加勒比国家共同体、南美洲国家联盟、南亚、东盟、阿盟及东北亚等的城乡建设用地增量所占比例均低于10%。

2010年全球地均人口、人均占地和地均GDP分别为5776人/ km²、173.13m²/人和52.11百万美元/km²（表3-2）。通过对主要经济共同体的城乡建设用地与经济的关联分析，全球只有G8和欧盟的地均人口远低于全球平均水平，拉美及加勒比国家共同体和南美洲国家联盟接近全球平均水平，其他国家均高于全球平均水平，其中，非盟、东盟和南亚则远高于全球平均水平。从人均占地来看，G8在500m²/人以上，远高于全球平均水平，其他经济共同体均低于全球平均水平，其中，非盟、东盟和南亚低于100m²/人。从地均GDP来看，只有东北亚高于全球平均水平4倍以上，G8和欧盟也明显高于全球平均水平，拉美及加勒比国家共同体、南美洲国家联盟、阿盟略高于全球平均水平，其他经济共同体则明显低于全球平均水平，其中，非盟约为全球平均水平的1/3。

从变化情况看（表3-1和表3-2），非盟城乡建设用地增加快，人口增长也快；南亚城乡建设用地增长不显著，但人口增长较为显著，反映了这些地区地均人口增长较快，而人均占有面积下降较多。从地均GDP变化情况看，金砖五国和南亚地区的用地效率提高很快，近十年提高了200%以上；提高100%以上的经济共同体有东盟、非盟、阿盟、南美洲国家联盟和拉美及加勒比国家共同体；G8、欧盟和东北亚地区增速则较缓。

表3-2　2000年和2010年全球主要经济共同体城乡建设用地利用效率及变化

国家	地均人口 / (人/km²)			人均占地 / (m²/人)			地均GDP / (百万美元/km²)		
	2000年	2010年	变化率 / %	2000年	2010年	变化率 / %	2000年	2010年	变化率 / %
全球	5387	5776	7.23	185.64	173.13	−6.74	28.13	52.11	85.26
G8	1842	1852	0.53	542.90	540.01	−0.53	46.54	69.88	50.16
金砖五国	8028	8293	3.30	124.56	120.58	−3.19	8.57	32.99	284.78
欧盟	2532	2576	1.74	394.95	388.20	−1.71	44.16	82.91	87.74
拉美及加勒比国家共同体	5877	6343	7.93	170.16	157.66	−7.35	23.57	54.18	129.85
南美洲国家联盟	5521	5940	7.58	181.12	168.36	−7.05	23.60	54.84	132.41
南亚	18810	21663	15.17	53.16	46.16	−13.17	8.28	28.08	239.15
非盟	11063	12494	12.94	90.39	80.04	−11.46	7.11	19.46	173.81
东盟	13967	14986	7.30	71.60	66.73	−6.80	16.23	47.20	190.75
阿盟	8163	9333	14.33	122.50	107.15	−12.53	20.38	53.75	163.76
东北亚	6654	6723	1.03	150.28	148.74	−1.02	175.88	217.60	23.72

3.1.2　主要国家对比

利用人口和GDP统计数据，计算全球典型国家的地均人口、人均占地和地均GDP等指标，对城乡建设用地利用效率进行初步分析（表3-3和图3-1），国家间差异十分明显，基本可以分为发达国家、发展中国家和欠发达国家三个集团。

表3-3 2000年和2010年全球典型国家城乡建设用地利用效率及变化

国家		地均人口 / (人/km²)			人均占地 / (m²/人)			地均GDP / (百万美元/km²)		
		2000年	2010年	变化率 / %	2000年	2010年	变化率 / %	2000年	2010年	变化率 / %
欠发达国家	尼泊尔	54382	66773	22.79	18.39	14.98	−18.54	12.26	34.99	185.40
	布隆迪	52978	63932	20.68	18.88	15.64	−17.16	5.82	12.20	109.62
	马达加斯加	43990	58824	33.72	22.73	17.00	−25.21	11.17	24.71	121.22
	埃塞俄比亚	49165	53669	9.16	20.34	18.63	−8.41	6.15	19.22	212.52
	尼日利亚	16802	18792	11.84	59.52	53.21	−10.60	6.25	22.98	267.68
	尼日尔	12464	16943	35.94	80.23	59.02	−26.44	2.05	6.01	193.17
	几内亚比绍	12852	15596	21.35	77.81	64.12	−17.59	2.07	9.27	347.83
	刚果（金）	11796	13937	18.15	84.78	71.75	−15.37	1.02	2.77	171.57
	莫桑比克	9856	11751	19.23	101.46	85.10	−16.12	2.27	4.82	112.33
	乍得	9298	10707	15.15	107.55	93.40	−13.16	1.58	7.25	358.86
发展中国家	菲律宾	26834	31734	18.26	37.27	31.51	−15.45	28.12	67.92	141.54
	印度	21507	24550	14.15	46.50	40.73	−12.41	9.39	34.66	269.12
	哥伦比亚	20411	23013	12.75	48.99	43.45	−11.31	51.54	143.26	177.96
	印度尼西亚	14762	15738	6.61	67.74	63.54	−6.20	11.41	46.36	306.31
	泰国	14930	15214	1.90	66.98	65.73	−1.87	29.01	70.17	141.88
	中国	8765	8355	−4.68	114.09	119.69	4.91	9.48	37.90	299.79
	委内瑞拉	7187	7840	9.09	139.14	127.55	−8.33	34.62	105.47	204.65
	土耳其	6649	7312	9.97	150.41	136.76	−9.08	27.86	73.90	165.25
	巴西	5483	6018	9.76	182.37	166.16	−8.89	20.27	64.46	218.01
	智利	5789	5515	−4.73	172.73	181.34	4.98	28.23	65.54	132.16
	马来西亚	4549	5279	16.05	219.85	189.44	−13.83	18.22	44.20	142.59

国家	地均人口 / (人/km²)			人均占地 / (m²/人)			地均GDP / (百万美元/km²)		
	2000年	2010年	变化率/%	2000年	2010年	变化率/%	2000年	2010年	变化率/%
发展中国家 墨西哥	4310	4534	5.20	232.02	220.57	-4.93	25.07	41.56	65.78
阿根廷	3320	3463	4.31	301.19	288.77	-4.12	25.55	31.59	23.64
南非	3105	3348	7.83	322.06	298.72	-7.25	9.38	24.36	159.70
波兰	2989	2834	-5.19	334.54	352.80	5.46	13.32	34.78	161.11
希腊	2759	2798	1.41	362.45	357.42	-1.39	31.74	75.39	137.52
俄罗斯	1540	1444	-6.23	649.45	692.70	6.66	2.73	15.05	451.28
发达国家 日本	5068	5014	-1.07	197.30	199.45	1.09	186.46	216.28	15.99
美国	1261	1313	4.16	793.33	761.63	-4.00	44.22	61.89	39.96
英国	3559	3671	3.15	280.94	272.43	-3.03	89.31	132.49	48.35
意大利	3351	3501	4.48	298.43	285.59	-4.30	64.57	118.76	83.92
德国	2721	2706	-0.55	367.50	369.56	0.56	62.89	109.51	74.13
法国	2130	2247	5.49	469.46	445.08	-5.19	46.38	88.39	90.58
加拿大	1365	1436	5.20	732.61	696.40	-4.94	32.16	66.24	105.97

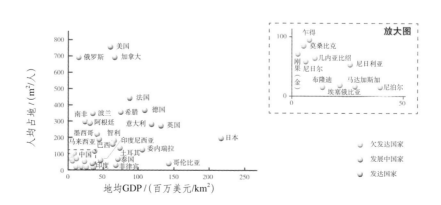

图3-1 2010年各国城乡建设用地利用效率图

城乡建设用地分布状况

2010年发达国家地均人口普遍低于5000人/km²，而欠发达国家普遍高于10000人/km²，发展中国家差异较大，如菲律宾高达31734人/km²，俄罗斯则低于1500人/km²。中国为8355人/km²，高于世界平均水平。

2010年发达国家人均占地远高于世界平均水平，欠发达国家远低于世界平均水平，发达国家人均占地约为欠发达国家人均占地平均水平的5倍以上；发展中国家则差异较大。中国人均占地为119.69m²/人，低于世界平均水平。

2010年发达国家地均GDP普遍高于60百万美元/km²，欠发达国家普遍低于35百万美元/km²，发展中国家差异较大，哥伦比亚高达143.26百万美元/km²，俄罗斯则低至15.05百万美元/km²。中国为37.90百万美元/km²，居世界平均水平之下。

综合三种指标分析，各国城乡建设用地的利用效率，欠发达国家的人均占地和地均GDP远低于世界水平。其中，人均占地最小的国家为尼泊尔，仅为14.98m²/人，地均GDP最低的国家为刚果（金），仅为2.77百万美元/km²。与上述两项指标相反，欠发达国家的地均人口远高于世界平均水平，特别是尼泊尔，其每平方千米上的人口数高达66773人，表明这些国家地均人口大，可利用资源较少且利用率低。

对于人口少国土面积大的国家，如俄罗斯，其人均占地相对较高，地均人口相应较低，从一定层面上反映出该国人均可利用资源较高；但同时，俄罗斯地均GDP较低（15.05百万美元/km²），从资源利用的角度表明该国经济发展潜力较大。对于人口较多的国家，如中国、印度等，其地均人口较高，人均占地较低，如印度每平方千米的人口数为24550人，人均占地为40.73m²/人。其地均GDP仅为34.66百万美元/km²，表明该国人口过多而资源利用率较低。对于人口适中的国家，地均人口适中，如委内瑞拉为7840人/km²，地均GDP也较高，为105.47百万美元/km²，表明该国人均资源较多，资源利用率较为合理。

从十年变化情况看，欠发达国家的地均人口增长很快，人均占有城乡建设用地面积减少也很快，变化率普遍超过10%；而发达国家的地均人口增长较缓，人均占有城乡建设用地减少也较缓，甚至部分国家出现少量增长。同时，欠发达国家地均GDP增长迅速，普遍高于100%，部分国家甚至超过300%；而发达国家地均GDP增长较缓，普遍低于100%。发展中国家在地均人口、人均占地和地均GDP这三项指标变化上，则兼具欠发达国家和发达国家的变化特征。

3.2 区域发展对比分析

3.2.1 中国城乡建设用地现状及变化

2010年中国城乡建设用地面积为16.10万km²（图3-2），占我国陆地面积的1.67%，是全球城乡建设用地面积第二大的国家。中国城乡建设用地面积由2000年的14.49万km²增加至2010年的16.10万km²，变化率为11.17%。

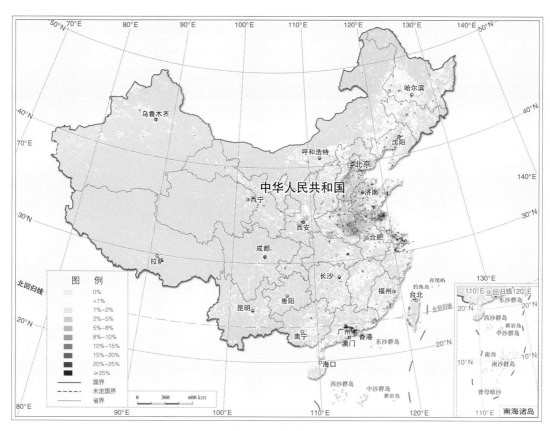

图3-2　2010年中国城乡建设用地分布密度图

3.2.2　中国城乡建设用地省域差异

根据分省份统计（表3-4），2010年城乡建设用地超过10000km²的省份共有五个，均集中在中东部地区，面积由大到小依次为山东、河南、河北、江苏和安徽，其中山东和河南的城乡建设用地面积均占到全国城乡建设用地面积的10%以上。2010年城乡建设用地面积排在后五位的是海南、青海、西藏、香港和澳门。

从十年变化来看，四个直辖市（北京、上海、天津和重庆），以及浙江、江苏和湖南的变化率均超过20%，反映出这些省份在城乡建设用地上的急剧扩张，其中重庆的变化率高达45.69%，反映出重庆作为新兴直辖市的强劲发展态势。从增量所占比例来看，只有江苏和山东两个省份的增量所占比例超过10%。

城乡建设用地分布状况

表3-4 2000年和2010年中国各省份城乡建设用地面积及变化

省份	2000年		2010年		变化率 / %	增量所占比例 / %
	面积 / km²	比例 / %	面积 / km²	比例 / %		
北京	1574.11	1.09	2034.16	1.26	29.23	2.84
天津	1326.94	0.92	1625.14	1.01	22.47	1.84
河北	11800.55	8.15	13033.06	8.09	10.44	7.61
山西	3979.14	2.75	4493.52	2.79	12.93	3.18
内蒙古	7670.79	5.30	8299.19	5.15	8.19	3.88
辽宁	8752.72	6.04	8935.01	5.55	2.08	1.13
吉林	5732.37	3.96	6007.17	3.73	4.79	1.70
黑龙江	8495.55	5.86	8775.95	5.45	3.30	1.73
上海	1764.21	1.22	2408.65	1.50	36.53	3.98
江苏	10175.91	7.02	12444.59	7.73	22.29	14.01
浙江	3697.12	2.55	4696.38	2.92	27.03	6.17
安徽	9687.31	6.69	10814.46	6.71	11.64	6.96
福建	3186.15	2.20	3399.00	2.11	6.68	1.31
江西	2776.18	1.92	2981.11	1.85	7.38	1.27
山东	15545.90	10.73	17586.96	10.92	13.13	12.60
河南	15536.25	10.73	16458.46	10.22	5.94	5.69
湖北	3208.76	2.22	3530.00	2.19	10.01	1.98
湖南	1999.80	1.38	2504.68	1.56	25.25	3.12
广东	7014.64	4.84	7646.55	4.75	9.01	3.90
广西	2387.64	1.65	2514.76	1.56	5.32	0.78
海南	508.12	0.35	558.32	0.35	9.88	0.31
重庆	508.45	0.35	740.74	0.46	45.69	1.43
四川	1871.91	1.29	2029.53	1.26	8.42	0.97

省份	2000年		2010年		变化率 / %	增量所占比例 / %
	面积 / km²	比例 / %	面积 / km²	比例 / %		
贵州	655.66	0.45	744.82	0.46	13.60	0.55
云南	2227.92	1.54	2434.17	1.51	9.26	1.27
西藏	243.82	0.17	260.29	0.16	6.75	0.10
陕西	4078.96	2.82	4473.62	2.78	9.68	2.44
甘肃	1414.99	0.98	1586.62	0.99	12.13	1.06
青海	500.44	0.35	521.49	0.32	4.21	0.13
宁夏	733.15	0.51	814.99	0.51	11.16	0.51
新疆	3896.69	2.69	4528.45	2.81	16.21	3.90
台湾	1727.41	1.19	1991.36	1.24	15.28	1.63
香港	163.12	0.11	163.20	0.10	0.05	0.00
澳门	13.74	0.01	13.74	0.01	0.00	0.00

3.2.3 中国部分城市群城乡建设用地差异

按照八大城市群统计（表3-5），2010年长三角地区的城乡建设用地面积最大，达到30822.43km²，其次是京津冀地区为16692.36km²，成渝地区的城乡建设用地面积在5000km²以下。

从十年变化率来看，变化最大的是长株潭地区，达到25.63%，东部沿海的长三角和山东半岛地区的变化率都达到20%以上，而辽中南的变化率仅为2.45%。

表3-5 2000年和2010年中国部分城市群城乡建设用地分布统计表

城市群	2000年面积 / km²	2010年面积 / km²	变化率 / %
长三角	25614.61	30822.43	20.33
京津冀	14701.60	16692.36	13.54
山东半岛	6506.50	7826.30	20.28
辽中南	5524.99	5660.20	2.45

续表

城市群	2000年面积 / km²	2010年面积 / km²	变化率 / %
珠三角	4721.54	5412.07	14.62
成渝	2052.03	2398.93	16.91
武汉都市圈	1645.17	1700.25	3.35
长株潭	1312.26	1648.59	25.63

注：长江三角洲包括：江苏、浙江、安徽、上海；重点地区：上海和江苏的南京、苏州、无锡、常州、镇江、扬州、泰州、南通、盐城、淮安；浙江的杭州、宁波、湖州、嘉兴、绍兴、舟山、台州、金华、衢州；安徽的合肥和马鞍山；京津冀包括：北京、天津、河北三省份，重点地区：北京、天津和河北的石家庄、唐山、保定、秦皇岛、廊坊、沧州、承德、张家口；山东半岛包括：济南、青岛、淄博、潍坊、东营、烟台、威海的县市区，以及日照辖区及滨州的邹平县；辽中南包括：沈阳、大连、鞍山、抚顺、本溪、丹东、辽阳、营口、盘锦等城市；珠三角包括：广东、香港、澳门；重点地区：广州、深圳、珠海、佛山、江门、东莞、中山、惠州和肇庆；成渝包括：重庆和四川的成都、德阳、绵阳、眉山、资阳、遂宁、乐山、雅安、自贡、泸州、内江、南充、宜宾、达州、广安；武汉都市圈包括：武汉、黄石、咸宁、黄冈、孝感、鄂州、仙桃、天门、潜江；长株潭包括：长沙、株洲、湘潭，岳阳、常德、益阳、娄底、衡阳。

从2010年地均人口指标看，成渝地区地均人口最大，达到39917人/km²，其次是长株潭地区，地均人口为24313人/km²，地均人口最小的是辽中南地区，仅为5373人/km²。从2010年地均GDP指标看，土地利用效率最高的地区也是成渝地区，地均GDP达到96718.51万元/km²，其次是长株潭地区和珠三角地区，地均GDP均在75000万元/km²左右，地均GDP最低的地区是京津冀，仅为26331.85万元/km²。从地均GDP年均增速来看，经济发展较快的地区是珠三角、辽中南和京津冀地区，地均GDP年均增速均在15%以上（表3-6）。

表3-6　2000年和2010年中国部分城市群人口密度与地均产出统计表

城市群	地均人口 / (人/km²)		地均GDP / (万元/km²)		地均GDP 年均增速 / %
	2000年	2010年	2000年	2010年	
长三角	7589	6995	8781.00	32071.68	13.83
京津冀	6129	6255	6443.04	26331.85	15.12
山东半岛	5987	5501	8510.85	32665.26	14.40

城市群	地均人口 / (人/km²)		地均GDP / (万元/km²)		地均GDP 年均增速 / %
	2000年	2010年	2000年	2010年	
辽中南	5115	5373	7269.72	30828.13	15.54
珠三角	11204	12579	17126.17	74098.55	15.78
成渝	48533	39917	25535.37	96718.51	14.24
武汉城市圈	18658	17787	15190.75	56375.17	14.01
长株潭	28975	24313	19730.04	76179.13	14.46

3.2.4　国际部分城市化热点地区建设用地差异

通过部分城市化热点地区的国际比较可以看出（表3-7），在城乡建设用地总量上，长江三角洲城市群仅次于美国五大湖城市群，面积达到3万km²以上，美国东北部城市群城乡建设用地总量也在2.6万km²以上，日本东海道城市群建设用地总量为8115.96km²，其他几个地区规模较小，城乡建设用地面积在2000km²左右。

从地均人口来看，几大城市群中，日本东海道城市群达到8305人/km²，呈现出典型的亚洲高密度城市化地区的特征，中国长三角城市群达到6995人/km²，这两个地区的地均人口都远远超过欧美地区，而美国两大城市群地区的地均人口仅为1000~2000人/km²，反映出不同经济发展水平和发展阶段的地区在城乡建设用地人口集聚程度上的显著差异。

表3-7　2010年部分城市化热点地区城乡建设用地与地均人口统计表

地区名称	建设用地面积 / km²	人口 / 万人	地均人口 / (人/km²)
日本东海道地区	8115.96	6740	8305
中国长江三角洲地区	30822.43	21561	6995
英国东南部地区	2039.51	863	4234
美国东北部地区	26797.81	4475	1670
美国五大湖区地区	45607.10	4821	1057
大墨西哥都市区	2427.82	2116	8717
莱茵-鲁尔都市区	2603.76	1094	4200

城乡建设用地分布状况

注：日本东海道地区包括：宇都宫都市圈、前桥都市圈、茨城县都市圈、东京都市圈、富士山区、静冈都市圈、浜松都市圈、丰桥都市圈、名古屋都市圈、大阪都市圈、奈良都市圈；英国东南部地区包括：伯克希尔白金汉、东萨塞克斯郡、新罕布什尔、怀特岛、肯特、牛津郡、萨里和西萨塞克斯；美国东北部地区包括：阿伦敦－伯利恒、大西洋城、巴尔的摩、波士顿、哈里斯堡，纳舒厄，纽瓦克、纽约、诺福克、费城、波特兰（ME）、普罗维登斯、里士满，斯普林菲尔德和哈特福德，特伦顿、弗吉尼亚海岸、华盛顿州、威尔明顿、伍斯；美国五大湖地区包括：芝加哥、底特律、明尼阿波利斯－圣保罗、圣路易斯、克利夫兰 － 阿克伦、匹兹堡、辛辛那提、印第安纳波利斯、堪萨斯城、哥伦布、密尔沃基、路易斯维尔、大溪城、布法罗、罗切斯特、代顿、托莱多、麦迪逊、南本德－米沙沃卡－埃尔克哈特、兰辛、罗克福德、韦恩堡、达文波特－岩岛－莫林、狐狸城市、绿湾、伊利、德卢斯地区；大墨西哥都市区包括：墨西哥和伊达尔戈州的16个行政区和41个相邻直辖市；莱茵－鲁尔都市区包括：鲁尔城市带、杜塞尔多夫城市带、门兴格拉德巴赫城市带、伍珀塔尔城市带、科隆城市带、波恩城市带。

3.3　新增城乡建设用地主要土地来源分析

2000～2010年，全球新增城乡建设用地5.74万km^2，从占有地表覆盖类型看（表3-8），占用最多的是耕地，为2.89万km^2，占总量的50.26%；其次是草地，为1.21万km^2，占总量的21.01%；其他依次为林地（13.46%）、灌丛（6.81%）、裸地（5.13%）、湿地（1.69%）和水体（1.64%）。

从各大洲新增城乡建设用地情况来看，亚洲主要占用了耕地和草地类型，占亚洲新增总量的87.04%；欧洲主要占用了耕地、草地和水体类型，占欧洲新增总量的82.34%；非洲主要占用了草地、耕地和林地类型，占非洲新增总量的83.29%；北美洲主要占用了耕地、林地、草地和灌丛地类型，占北美洲新增总量的90.92%；南美洲主要占用了草地、耕地、林地、灌丛地和裸地等，占南美洲新增总量的98.15%；大洋洲主要占用了草地、林地和耕地类型，占大洋洲新增总量的82.55%。

表3-8　新增城乡建设用地占用其他类型用地面积统计表

		亚洲	欧洲	非洲	北美洲	南美洲	大洋洲	全球
耕地	面积 / km^2	17968.43	3457.04	2525.80	4074.99	666.82	179.34	28872.41
	比例 / %	72.01	60.43	29.47	27.26	27.91	20.86	50.26
林地	面积 / km^2	1756.84	416.31	1134.09	3859.18	376.62	185.92	7728.96
	比例 / %	7.04	7.28	13.23	25.82	15.76	21.62	13.46
草地	面积 / km^2	3749.71	643.80	3479.60	3093.45	755.19	344.52	12066.26
	比例 / %	15.03	11.25	40.59	20.69	31.61	40.07	21.01

		亚洲	欧洲	非洲	北美洲	南美洲	大洋洲	全球
灌丛	面积 / km²	158.09	284.31	517.68	2563.72	306.59	82.71	3913.11
	比例 / %	0.63	4.97	6.04	17.15	12.83	9.62	6.81
湿地	面积 / km²	33.68	127.33	27.54	743.92	17.93	20.46	970.87
	比例 / %	0.13	2.23	0.32	4.98	0.75	2.38	1.69
水体	面积 / km²	2.21	609.83	39.98	241.20	26.11	24.19	943.52
	比例 / %	0.01	10.66	0.47	1.61	1.09	2.81	1.64
裸地	面积 / km²	1282.04	182.18	849.38	372.80	240.00	22.83	2949.24
	比例 / %	5.14	3.18	9.91	2.49	10.04	2.66	5.13
小计	面积 / km²	24951.00	5720.80	8574.07	14949.26	2389.26	859.97	57444.37
	比例 / %	43.44	9.96	14.93	26.02	4.16	1.50	100.00

城乡建设用地分布状况

四、结 论

1）全球城乡建设用地总面积占全球陆表面积不到1%，美、中两国占1/3

2010年全球城乡建设用地总面积为118.75万 km²，占全球陆表面积的0.88%。全球各大洲城乡建设用地面积从大到小依次为亚洲（34.87%）、欧洲（27.30%）、北美洲（24.66%）、非洲（6.59%）、南美洲（5.09%）和大洋洲（1.50%）。城乡建设用地面积最大的十个国家为美国、中国、俄罗斯、印度、乌克兰、巴西、德国、法国、日本和墨西哥，其中，美、中两国共占全球城乡建设用地的1/3。

2）2000～2010年全球新增城乡建设用地5.08%，近半数分布在中国和美国

2000～2010年全球城乡建设用地面积增加了5.74万 km²，变化率为5.08%。变化率由高到低依次为，非洲（12.30%）、亚洲（6.41%）、北美洲（5.38%）、大洋洲（5.06%）、南美洲（4.12%）和欧洲（1.80%）。十年间主要国家城乡建设用地面积排在前十位的国家或地区位次没有变化。从增量所占比例来看，中国和美国新增城乡建设用地占全球的比例分别为28.17%和20.48%，两国之和占全球新增总量近一半。

3）中国受快速城镇化影响，城乡建设用地增加显著

中国城乡建设用地面积由2000年的14.49万 km²增加至2010年的16.10万 km²，变化率达11.17%。2010年城乡建设用地超过10000 km²的五个省份依次为山东、河南、河北、江苏和安徽，其中山东和河南的城乡建设用地面积均占到全国城乡建设用地面积的10%以上。四个直辖市（北京、上海、天津和重庆），以及浙江、江苏和湖南的变化率均超过20%，其中重庆最高，达45.69%。

4）城乡建设用地效率与社会经济发展水平密切相关

2010年全球地均人口、人均占地和地均GDP分别为5776人、173.13 m²/人和52.11百万美元/km²。国家间差异十分明显，基本可以分为发达国家、发展中国家和欠发达国家三个集团。发达国家地均人口普遍低于5000人/km²，而欠发达国家普遍高于10000人/km²；发达国家人均占地约为欠发达国家人均占地平均水平的5倍以上；发达国家地均GDP普遍高于60百万美元/km²，欠发达国家普遍低于35百万美元/km²。

5）新增城乡建设用地的土地来源半数是耕地

全球新增的5.74万 km²城乡建设用地中，占用最多的是耕地，占总量的50.26%；其次是草地，占总量的21.01%；其他依次为林地（13.46%）、灌丛地（6.81%）、裸地（5.13%）、湿地（1.69%）和水体（1.64%）。

致 谢

本报告得到了国家高技术研究发展计划（863计划）的支持，在地球观测与导航技术领域相关项目（No.2009AA122001和No.2013AA122802）成果基础上，由国家遥感中心组织实施，国家基础地理信息中心联合武汉大学、中国城市规划设计院和中国科学院地理科学与资源研究所共同编写。在全球城乡建设用地面积分布状况研究中，环境保护部卫星环境应用中心提供了环境卫星数据。

城乡建设用地分布状况

附 录

1. 数据

1）美国陆地卫星影像（Landsat）

Landsat是美国陆地探测卫星系统，从1972年开始发射第一颗卫星Landsat 1，目前最新的是Landsat 8，其中，Landsat 5于1984年发射，设计寿命为3年，实际在轨运行已超过25年，是目前在轨运行时间最长的光学遥感卫星，成为全球广泛应用、成效显著的地球资源遥感卫星之一。Landsat 7卫星于1999年发射，装备有增强型专题制图仪（Enhanced Thematic Mapper Plus, ETM+）设备，ETM+被动感应地表反射的太阳辐射和散发的热辐射，有8个波段的感应器，覆盖了从可见光到红外的不同波长范围，其多光谱数据空间分辨率为30m。

2）中国环境减灾卫星影像（HJ-1）

全称中国环境与灾害监测预报小卫星星座，是中国专用于环境与灾害监测预报的卫星，由A、B两颗中分辨率光学小卫星和2013年发射升空的一颗合成孔径雷达小卫星C星组成，主要用于对生态环境和灾害进行大范围、全天候动态监测，及时反映生态环境和灾害的发生、发展过程，对生态环境和灾害发展变化趋势进行预测，对灾情进行快速评估，为紧急救援、灾后救助和重建工作提供科学依据，采取多颗卫星组网飞行的模式，每两天可实现一次全球覆盖。其中两颗中分辨率光学小卫星均装载CCD相机，A星还装载一台高光谱成像仪，B星装载一台红外多光谱相机。CCD相机有可见光和近红外四个波段，空间分辨率为30m，幅宽700km。

2. 方法

1）技术方法

城乡建设用地的提取主要基于人造覆盖的光谱、形态的复杂度，综合利用现有的分类技术，将像元分类器、对象分割和知识化判别有机结合，采取了基于"像元-对象-知识"的POK分类方法（图1）。该流程以对象化图像处理技术为基础，按照人造覆盖几何形态特征进行多尺度对象分割，结合光谱特征，将像素级分类与对象类别进行有机转换，通过网络化的协同检核技术，开展基于先验知识的交互式对象处理，以适应基于遥感的全球范围内多样、复杂的信息提取，提高分类精度。

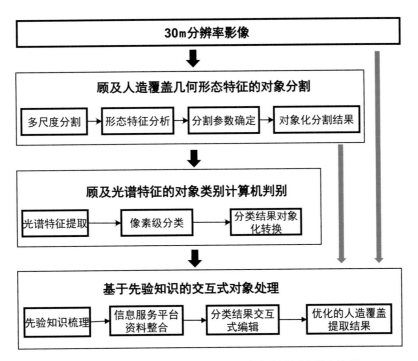

30m分辨率影像

↓

顾及人造覆盖几何形态特征的对象分割

多尺度分割 → 形态特征分析 → 分割参数确定 → 对象化分割结果

↓

顾及光谱特征的对象类别计算机判别

光谱特征提取 → 像素级分类 → 分类结果对象化转换

↓

基于先验知识的交互式对象处理

先验知识梳理 → 信息服务平台资料整合 → 分类结果交互式编辑 → 优化的人造覆盖提取结果

图1 基于POK分类方法对象的全球城乡建设用地提取流程

2）验证

为了保证全球城乡建设用地提取数据成果精度评估的客观性，精度评估采用"背靠背"的方式，即数据生产和精度评价由不同的单位承担。精度评价采用空间数据二级抽样检验模型，即第一级图幅抽样以"图幅"为抽样单元；第二级要素抽样以"图幅内空间分类要素"为抽样单元，计算每一级抽样单元需要抽取的样本量，结合空间变异性分析来合理布设样本，以相当数量的样本检验地表覆盖分类的准确性。通过全球范围抽取125个图幅，分别利用29687个（2000年）和31155个（2010年）样本数据，对2000年和2010年的全球数据产品进行精度评价，结果显示，两期数据判对率均高于80%，且存在较好的空间一致性。

3.创新性

（1）研制出世界上首套全球两期30m全球城乡建设用地数据产品，在空间分辨率、时间分辨率及分类精度方面均达到国际领先水平，填补了国际、国内空白。该数据集全面地反映出全球乡村居民地等尺度较小的人造覆盖的分布状况，为研究人类活动对地球表面的影响提供更完整的数据。

城乡建设用地分布状况

（2）提出了基于"像元-对象-知识"的POK分类方法，将像元分类器、对象分割和知识化判别有机结合，创建了全球30m城乡建设用地精细化分类提取技术，有效地提高了全球30m城乡建设用地制图的分类精度。

（3）首次建成了全球地表覆盖大数据集成服务系统，提出了异质参考资料的服务化整合、异构信息资源的网络化集成思路与技术方法，实现了异质数据资料的web统一服务发布、异构服务资源的有效接入，提供了浏览、检索、比对、标注、下载、分发等功能，为地表覆盖数据产品的网络化协同研制提供了生产支持能力。

4. 参考文献

Angel S, Parent J, Civco D, et al. 2011. The dimensions of global urban expansion: Estimates and projections for all countries, 2000−2050. Progress in Planning, 75(2): 53～107.

Bossard M, Feranec J, Otahel J. 2000. Corine land cover technical guide: Addendum 2000. European Environment Agency.

Elvidge C, Tuttle B, Sutton P, et al. 2007. Global distribution and density of constructed impervious surfaces. Sensors, 7(9): 1962～1979.

Hoymann J. 2012. Quantifying demand for built−up area—A comparison of approaches and application to regions with stagnating population. Journal of Land Use Science, 7(1): 67～87.

Homer C, Huang C, Yang L, et al. 2004. Development of a 2001 national land−cover database for the United States. Photogrammetric Engineering & Remote Sensing, 70(7): 829～840.

Loveland T, Reed B, Brown J, et al. 2010. Development of a global land cover characteristics database and IGBP DISCover from 1 km AVHRR data. International Journal of Remote Sensing, 21 (6−7), 1303～1330.

Potere D, Schneider A. 2007. A critical look at representations of urban areas in global maps. GeoJournal, 69(1−2): 55～80.

Schneider A, Friedl M, Potere D. 2009. A new map of global urban extent from MODIS satellite data. Environmental Research Letters, 4 (4):DOI:10.1088/1748−9326/4/4/044003.

Xian G, Homer C. 2010. Updating the 2001 National Land Cover Database impervious surface products to 2006 using Landsat imagery change detection methods. Remote Sensing of Environment, 114(8): 1676～1686.

附　表

2000年和2010年全球各大洲主要国家和地区城乡建设用地面积及变化

序号	主要国家和地区	城乡建设用地面积 / km²		变化率 / %	增量所占比例 / %
		2000年	2010年		
		亚	洲		
1	中国	14.49	16.10	11.17	28.17
2	印度	4.90	4.99	1.79	1.53
3	俄罗斯（亚）	3.01	3.18	5.72	3.00
4	日本	2.50	2.54	1.55	0.67
5	孟加拉国	1.59	1.59	<0.01	<0.01
6	印度尼西亚	1.45	1.52	5.43	1.37
7	乌兹别克斯坦	1.15	1.20	4.63	0.93
8	哈萨克斯坦（亚）	1.04	1.16	11.45	2.07
9	土耳其（亚）	0.96	0.99	3.97	0.66
10	伊朗	0.91	0.94	3.12	0.50
11	沙特阿拉伯	0.65	0.70	7.38	0.83
12	巴基斯坦	0.62	0.63	1.33	0.14
13	越南	0.56	0.63	12.14	1.18
14	马来西亚	0.51	0.54	4.52	0.40
15	泰国	0.42	0.45	7.41	0.55
16	阿塞拜疆	0.36	0.36	0.60	0.04
17	韩国	0.35	0.35	0.86	0.05
18	缅甸	0.32	0.32	<0.01	<0.01
19	叙利亚	0.30	0.31	1.09	0.06
20	菲律宾	0.29	0.29	2.01	0.10
21	伊拉克	0.29	0.29	0.81	0.04
22	土库曼斯坦	0.26	0.27	1.07	0.05
23	吉尔吉斯斯坦	0.22	0.22	2.38	0.09
24	塔吉克斯坦	0.18	0.18	0.46	0.01

城乡建设用地分布状况

续表

序号	主要国家和地区	城乡建设用地面积 / km²		变化率 / %	增量所占比例 / %
		2000年	2010年		
		亚 洲			
25	以色列	0.17	0.17	<0.01	<0.01
26	格鲁吉亚	0.15	0.15	3.35	0.08
27	斯里兰卡	0.14	0.14	<0.01	<0.01
28	阿联酋	0.11	0.14	24.63	0.47
29	柬埔寨	0.12	0.12	3.17	0.06
30	阿曼	0.09	0.11	33.32	0.50
31	阿富汗	0.10	0.10	3.93	0.07
32	朝鲜	0.10	0.10	<0.01	<0.01
33	亚美尼亚	0.10	0.10	1.34	0.02
34	约旦	0.08	0.08	<0.01	<0.01
35	科威特	0.07	0.08	6.99	0.09
36	蒙古	0.06	0.07	19.34	0.19
37	也门	0.05	0.06	2.25	0.02
38	尼泊尔	0.04	0.04	<0.01	<0.01
39	黎巴嫩	0.04	0.04	<0.01	<0.01
40	卡塔尔	0.04	0.04	4.27	0.03
41	文莱	0.03	0.03	1.33	0.01
42	塞浦路斯	0.02	0.03	15.91	0.07
43	新加坡	0.03	0.03	<0.01	<0.01
44	巴林	0.03	0.03	<0.01	<0.01
45	老挝	0.01	0.01	25.10	0.05
		欧 洲			
1	俄罗斯（欧）	6.49	6.65	2.42	2.73
2	乌克兰	4.09	4.09	<0.01	<0.01
3	德国	3.02	3.02	0.03	0.01
4	法国	2.86	2.90	1.29	0.64
5	意大利	1.70	1.73	1.65	0.49
6	英国	1.65	1.70	2.47	0.71
7	罗马尼亚	1.37	1.37	<0.01	<0.01
8	波兰	1.29	1.35	4.72	1.06

序号	主要国家和地区	城乡建设用地面积 / km²		变化率 / %	增量所占比例 / %
		2000年	2010年		
欧	洲				
9	西班牙	1.02	1.03	0.01	0.05
10	白俄罗斯	0.72	0.72	0.08	0.01
11	瑞典	0.59	0.59	1.20	0.12
12	比利时	0.59	0.59	<0.01	<0.01
13	匈牙利	0.58	0.58	0.10	0.01
14	保加利亚	0.52	0.52	0.11	0.01
15	捷克	0.51	0.52	0.77	0.07
16	荷兰	0.50	0.50	1.25	0.11
17	芬兰	0.45	0.45	<0.01	<0.01
18	葡萄牙	0.40	0.42	4.24	0.29
19	希腊	0.40	0.40	2.22	0.15
20	奥地利	0.37	0.38	1.16	0.08
21	塞尔维亚	0.32	0.32	1.26	0.07
22	丹麦	0.32	0.32	<0.01	<0.01
23	摩尔多瓦	0.28	0.28	<0.01	<0.01
24	斯洛伐克	0.27	0.27	0.59	0.03
25	挪威	0.24	0.26	10.14	0.42
26	立陶宛	0.23	0.23	<0.01	<0.01
27	瑞士	0.18	0.20	11.74	0.37
28	克罗地亚	0.19	0.19	1.11	0.04
29	爱尔兰	0.12	0.13	8.64	0.17
30	拉脱维亚	0.11	0.11	<0.01	<0.01
31	爱沙尼亚	0.10	0.10	<0.01	<0.01
32	波黑	0.09	0.09	2.62	0.04
33	斯洛文尼亚	0.07	0.07	4.11	0.05
34	阿尔巴尼亚	0.06	0.06	<0.01	<0.01
35	哈萨克斯坦（欧）	0.05	0.05	<0.01	<0.01
36	马其顿	0.04	0.04	3.93	0.03
37	卢森堡	0.02	0.02	<0.01	<0.01
38	黑山	0.02	0.02	3.81	0.01

城乡建设用地分布状况

序号	主要国家和地区	城乡建设用地面积 / km²		变化率 / %	增量所占比例 / %
		2000年	2010年		
	非 洲				
1	南非	1.42	1.49	5.38	1.33
2	尼日利亚	0.74	0.84	14.52	1.86
3	刚果（金）	0.42	0.47	12.50	0.92
4	苏丹（北）	0.40	0.45	12.23	0.85
5	埃及	0.36	0.41	13.40	0.85
6	阿尔及利亚	0.28	0.30	8.96	0.43
7	加纳	0.21	0.28	33.17	1.20
8	安哥拉	0.15	0.25	70.01	1.77
9	坦桑尼亚	0.22	0.24	6.16	0.24
10	摩洛哥	0.20	0.21	7.02	0.24
11	利比亚	0.17	0.21	19.71	0.59
12	莫桑比克	0.18	0.20	7.79	0.25
13	科特迪瓦	0.17	0.19	17.43	0.50
14	埃塞俄比亚	0.13	0.15	15.88	0.37
15	赞比亚	0.14	0.15	7.43	0.18
16	博茨瓦纳	0.12	0.13	13.22	0.27
17	喀麦隆	0.12	0.12	6.26	0.13
18	突尼斯	0.11	0.12	8.27	0.16
19	津巴布韦	0.12	0.12	4.87	0.10
20	肯尼亚	0.11	0.12	5.96	0.12
21	塞内加尔	0.09	0.11	16.32	0.27
22	乍得	0.09	0.10	18.58	0.29
23	马里	0.08	0.10	19.46	0.28
24	尼日尔	0.09	0.09	4.48	0.07
25	几内亚	0.07	0.08	10.86	0.13
26	纳米比亚	0.07	0.08	2.64	0.03
27	马拉维	0.07	0.07	3.24	0.04
28	布基纳法索	0.05	0.07	32.65	0.29
29	贝宁	0.06	0.06	13.23	0.13
30	中非	0.05	0.05	11.84	0.09

序号	主要国家和地区	城乡建设用地面积 / km²		变化率 / %	增量所占比例 / %
		2000年	2010年		
		非 洲			
31	刚果（布）	0.04	0.05	33.92	0.22
32	多哥	0.04	0.05	9.89	0.08
33	乌干达	0.04	0.05	6.62	0.05
34	马达加斯加	0.03	0.04	0.82	<0.01
35	利比里亚	0.03	0.03	16.16	0.08
36	索马里	0.03	0.03	18.96	0.10
37	加那利	0.03	0.03	6.29	0.03
38	塞拉利昂	0.02	0.03	20.20	0.08
39	加蓬	0.03	0.03	2.70	0.01
40	苏丹（南）	0.02	0.02	23.09	0.08
41	毛里塔尼亚	0.02	0.02	<0.01	<0.01
42	冈比亚	0.02	0.02	17.57	0.05
43	留尼旺岛	0.02	0.02	0.60	<0.01
44	厄立特里亚	0.02	0.02	2.64	0.01
45	斯威士兰	0.01	0.01	11.12	0.02
46	毛里求斯	0.01	0.01	6.02	0.01
47	卢旺达	0.01	0.01	25.90	0.05
48	布隆迪	0.01	0.01	8.98	0.02
		北 美 洲			
1	美国	22.38	23.56	5.26	20.48
2	墨西哥	2.32	2.50	7.87	3.18
3	加拿大	2.25	2.38	5.42	2.13
4	古巴	0.14	0.14	<0.01	<0.01
5	危地马拉	0.11	0.11	1.61	0.03
6	波多黎各	0.08	0.08	1.82	0.02
7	多米尼加	0.06	0.07	1.72	0.02
8	洪都拉斯	0.06	0.07	2.58	0.03
9	巴拿马	0.04	0.04	0.44	<0.01
10	萨尔瓦多	0.04	0.04	2.33	0.02
11	牙买加	0.04	0.04	0.26	<0.01

续表

序号	主要国家和地区	城乡建设用地面积 / km²		变化率 / %	增量所占比例 / %
		2000年	2010年		
		北　美　洲			
12	哥斯达黎加	0.03	0.03	0.66	<0.01
13	尼加拉瓜	0.03	0.03	2.15	0.01
14	巴哈马	0.03	0.03	8.61	0.04
15	特立尼达和多巴哥	0.02	0.03	25.01	0.10
16	五大湖	0.02	0.03	1.33	0.01
17	海地	0.02	0.02	0.27	<0.01
18	伯利兹	0.02	0.02	10.01	0.03
		南　美　洲			
1	巴西	3.18	3.24	1.83	1.01
2	阿根廷	1.11	1.17	4.91	0.95
3	委内瑞拉	0.34	0.37	8.73	0.51
4	智利	0.27	0.31	16.51	0.77
5	秘鲁	0.20	0.23	11.72	0.42
6	哥伦比亚	0.19	0.20	3.26	0.11
7	玻利维亚	0.13	0.15	12.40	0.29
8	巴拉圭	0.15	0.15	<0.01	<0.01
9	厄瓜多尔	0.10	0.10	5.44	0.09
10	乌拉圭	0.08	0.08	4.90	0.07
11	圭亚那	0.02	0.02	<0.01	<0.01
12	苏里南	0.01	0.01	2.17	0.01
		大　洋　洲			
1	澳大利亚	1.44	1.53	6.09	1.53
2	新西兰	0.18	0.18	<0.01	<0.01
3	巴布亚新几内亚	0.03	0.03	<0.01	<0.01
4	北马里亚纳群岛	0.01	0.01	<0.01	<0.01
5	新喀里多尼亚	0.01	0.01	15.34	0.02
6	法属玻利尼西亚	0.01	0.01	<0.01	<0.01
7	斐济	0.01	0.01	0.86	<0.01

附　图

1. 北美洲规模最大的城市群——美国东北部大西洋沿岸城市群

该城市群从波士顿到华盛顿,包括波士顿、纽约、费城、巴尔的摩、华盛顿等几个大城市。该城市带长965km,宽48~160km,面积13.8万km²,占美国面积的1.5%。该区人口6500万,占美国总人口的20%,城市化水平达到90%以上。是美国最大的生产基地和商贸中心,世界最大的国际金融中心(附图1)。

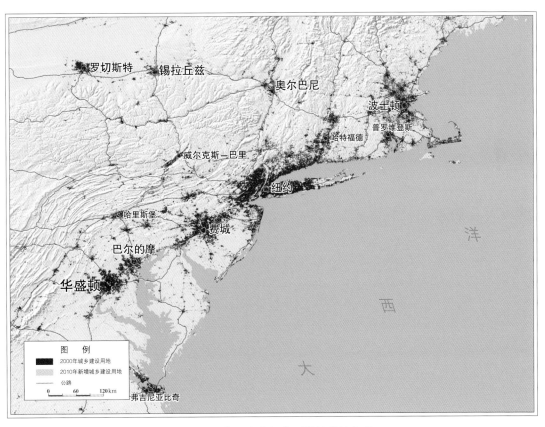

附图1　美国东北部大西洋沿岸城市群

2.世界人口最为密集的城市群——日本东海道城市群

日本东海道城市群位于太平洋沿岸，从千叶向西，经过东京、横滨、静冈、名古屋，到京都、大阪、神户的范围，一般分为东京、大阪、名古屋三个城市圈。该区域面积3.5万km²，占日本国土面积的6%。人口将近7000万，占日本总人口的61%（附图2）。

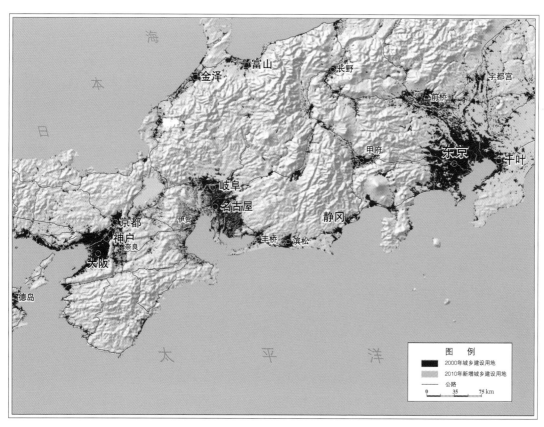

附图2 日本东海道城市群

3.欧洲规模最大的城市群——英国东南部地区城市群

该城市带以伦敦－利物浦为轴线，包括伦敦北部地区的城市（大伦敦都市区、伯明翰、谢菲尔德、利物浦、曼彻斯特等大城市）及众多小城镇，是产业革命后英国主要的生产基地。该城市带面积为4.5万km²，人口3650万，是英国产业密集带和经济核心区（附图3）。

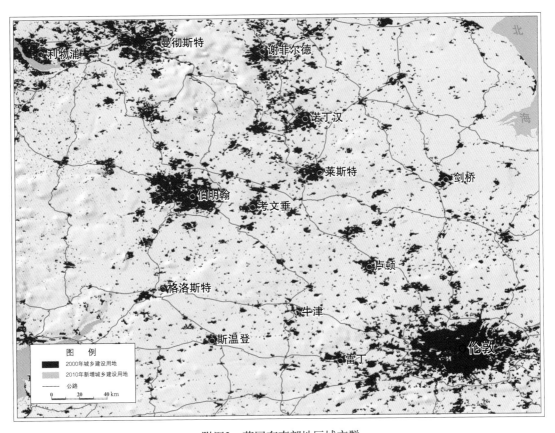

附图3　英国东南部地区城市群

4.美洲人口最多的城市——墨西哥城

墨西哥城是墨西哥合众国的首都，位于墨西哥中南部高原的山谷中，海拔2240m，其与周围的卫星城市被独立划分为一个联邦行政区，称为墨西哥联邦特区。墨西哥城面积达1500km²，人口多达1800多万。它集中了全国约1/2的工业、商业、服务业和银行金融机构，是全国的政治、经济、文化和交通中心（附图4）。

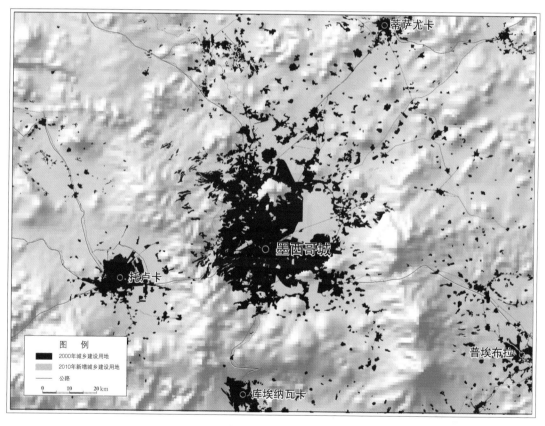

附图4　墨西哥城

5.中国规模最大的城市群——长三角城市群

以上海为中心的长江三角洲城市群。这个城市群由苏州、无锡、常州、扬州、南京、南通、镇江、杭州、嘉兴、宁波、绍兴、舟山、湖州等城市与上海一起组成，面积10万km²，人口超过7240万（附图5）。

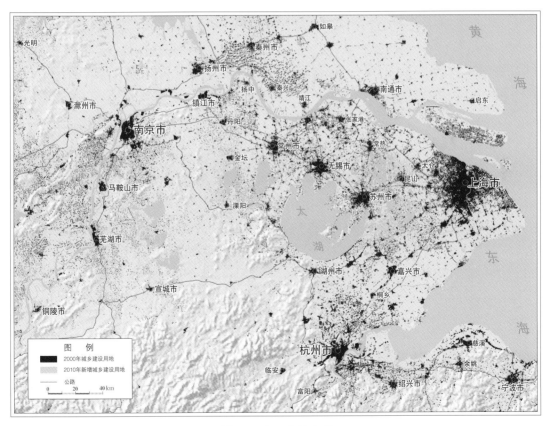

附图5　长三角城市群

6. 中国京津唐城市群

京津唐都市经济圈，是指首都北京、中央直辖市天津和冀东重要城市唐山之间三角地带的广大地区，以北京这一政治、经济、文化中心为轴，是聚集竞争力最高、发展最快的都市经济圈之一。该区域位于华北平原东北部，华北地区与东北地区间的结合部，土地总面积4.2万km²，人口2975.8万人（附图6）。

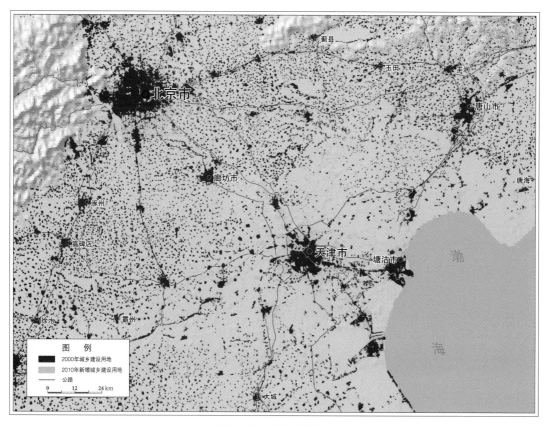

附图6　中国京津唐城市群

7. 中国珠三角城市群

珠三角城市群以广州、深圳、香港为核心，包括珠海、惠州、东莞、肇庆、佛山、中山、江门、澳门等城市所形成的珠三角城市群，是我国三大城市群（其他两个是长三角城市群，京津唐环渤海湾城市群）中经济最有活力、城市化率最高的地区（附图7）。

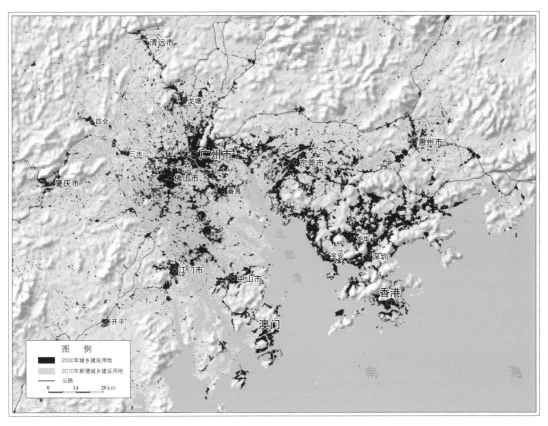

附图7　中国珠三角城市群